U0314580

钛系列丛书

主编 莫畏

钛 冶 炼

（第2版）

莫　畏　温旺光　董鸿超　吴享南　编著

北 京

冶 金 工 业 出 版 社

2020

内 容 简 介

本书是《钛系列丛书》之一，主要介绍了克劳尔法（即镁法）和亨特法（即钠法）生产海绵钛工艺全过程，包括富钛料的氯化、四氯化钛的精制、镁还原法生产海绵钛和钠还原生产海绵钛工艺。现在又增加了无筛板流化炉流态化氯化工艺。同时高纯钛生产也采用克劳尔工艺，所以一并在书内作介绍。

本书可作为钛业生产人员培训教材，也可供钛业科技人员、管理人员和大专院校师生阅读参考。

图书在版编目（CIP）数据

钛冶炼/莫畏等编著. —2版. —北京：冶金工业出版社，2020.5

（钛系列丛书）

ISBN 978-7-5024-8416-3

Ⅰ.①钛… Ⅱ.①莫… Ⅲ.①钛—轻金属冶金

Ⅳ.①TF823

中国版本图书馆 CIP 数据核字（2020）第 055780 号

出版人　陈玉千

地　　址　北京市东城区嵩祝院北巷 39 号　邮编 100009　电话　(010)64027926
网　　址　www.cnmip.com.cn　电子信箱　yjcbs@cnmip.com.cn
责任编辑　高　娜　美术编辑　彭子赫　版式设计　孙跃红
责任校对　郑　娟　责任印制　李玉山
ISBN 978-7-5024-8416-3
冶金工业出版社出版发行；各地新华书店经销；三河市双峰印刷装订有限公司印刷
2011 年 7 月第 1 版，2020 年 5 月第 2 版，2020 年 5 月第 1 次印刷
850mm×1168mm　1/32；11.125 印张；295 千字；334 页
59.00 元
冶金工业出版社　投稿电话　(010)64027932　投稿信箱　tougao@cnmip.com.cn
冶金工业出版社营销中心　电话　(010)64044283　传真　(010)64027893
冶金工业出版社天猫旗舰店　yjgycbs.tmall.com
（本书如有印装质量问题，本社营销中心负责退换）

《钛系列丛书》编委会名单

主　编　莫　畏

编　委　莫　畏　　张　蓄　　谢成木　　马济民

　　　　谢水生　　董天颂　　杨绍利　　盛继孚

　　　　罗远辉　　贺金宇　　张树立　　刘长河

　　　　赵云豪　　叶镇焜　　邓青元　　朱祖芳

　　　　王群骄　　林乐耘　　蔡建明　　王武育

　　　　唐志今　　马　兰　　姚　超　　徐斌海

　　　　庞克昌　　李四清　　敖进清　　闫晓东

　　　　董鸿超　　吴享南　　温旺光　　徐恒厚

本分册主编　莫　畏（北京有色金属研究总院）

本分册编委　温旺光（广州有色金属研究院）

　　　　　　吴享南（北京有色金属研究总院）

本分册审校　董鸿超（国资委有色金属老干部局）

《钛系列丛书》（第2版）序

我国钛工业是随着国家国民经济的崛起而发展的。今天，随着我国钛业几代人的奋斗，我国已成为世界产钛大国。现在我国经济正处于转型升级的新时代，故钛工业也要转型升级，要从重产量转变为重质量，使钛产品升级换代，使我国成为产钛强国。这也是钛工业发展的必由之路。

为了助力钛工业发展，增加开发创新能力，提高本丛书的技术含金量，我们计划适时对本丛书中部分分册进行修订再版，使本丛书成为精品书。这次修订再版是在一些技术有长足进步或某工艺有突破性进展的分册中进行，以便于及时增加和丰富该分册新的技术内容。

本次修订再版得到北京有色金属研究总院集团公司赞助和同行专家的协助，在此一并表示谢意。

主编　莫畏

2019 年 6 月

《钛系列丛书》（第1版）序

　　钛是一种新金属，钛及钛合金也是一种性能优异的新材料，它被誉为现代金属。

　　钛及钛合金具有密度小、比强度高、耐蚀性能好、耐热性能优良、无磁等一系列特性，获得了广泛的应用。钛的工业化仅有六十余年历史，但已获得了迅速发展。2008年，全世界钛材年产量已达近13万吨。

　　随着国民经济持续、高速发展，我国对钛的需求量迅速增长。2006年我国海绵钛和钛材的年产量均超过万吨，已进入世界产钛大国的行列，且已形成持续发展的态势。2008年我国海绵钛和钛材年产量分别达到4.96万吨和2.77万吨，名列世界前茅，成为产钛大国。这是件喜忧参半的事，喜的是我国钛工业已经崛起；忧的是钛业的产能已过剩，会影响产品经济效益。它表明钛业市场风险很大，投资应该谨慎。

　　与美、日、俄等世界产钛强国相比，我国钛业的技术水平仍有差距。我国要成为世界产钛强国还有相当长的路要走。其中，一件重要的基础性的工作是必须提高我国钛业的科研和生产技术水平。

　　为此，根据钛业技术的发展要求，我们编撰了《钛系列丛书》。这套丛书共9册，是许多专家智慧的结晶，也是为了总结钛业技术发展情况和提高我国钛业国际竞争力，我们做出的力所能及的贡献。

在编写过程中力求理论与实践相结合，做到既有理论论述，也有工艺实践；以工艺实践为重点，保持适当的理论深度和广度，同时在论述中力求做到避虚务实。

该丛书在编写过程中得到了许多同行专家的大力支持，特别是北京有色金属研究总院及其领导给予了大力支持和赞助，在此一并表示谢意。

该丛书涉及的技术领域很宽，而我们的写作水平有限，丛书中难免有不足之处，恳请读者批评指正。

本书所附参考文献，为了精简整理，将旧文献条目，即 1985 年以前出版的删去，望读者见谅。

主编 莫畏

2009 年 7 月于北京

前言（第2版）

我国钛冶炼生产工艺，经过钛业几代人的研究和开发，已经掌握了海绵钛生产用的镁还原法和钠还原法两种钛冶炼工艺的全面技术，大体已达到世界先进水平。另外，我国科技人员也有独创，在开发攀矿钛资源的研究中，开发出无筛板流化氯化炉流化氯化的新技术，为利用攀矿钛资源闯出了一条新路。本书修订再版时重点介绍了该技术。

本次修订再版由莫畏全权负责，其中温旺光撰写第3章，吴享南撰写第7.3节，董鸿超审校。同时，在这次修订时，得到崔凤龙的协助，在此表示衷心的感谢。

编者 莫畏

2019年6月

前言（第1版）

中国钛冶金工业是依靠我国钛冶金专家和广大干部、工人一起自力更生、奋发图强创业和研发发展起来的。我国自 1954 年开始了钛冶金的研发，经过 20 世纪以后约 46 年的研发和创业，相继逐步建立了钛工业体系，使钛冶金工业初具规模。进入 21 世纪后，随着我国国民经济的飞速发展，钛工业迅速崛起。时至今日，我国已成为世界产钛大国。现在我国的海绵钛无论产能还是实际产量，都成为世界第一。

我国虽已成为产钛大国，但要成为世界钛业强国还需要走漫长的路。还必须要继续艰苦奋斗，继续提高我国钛冶金工业的技术水平和管理水平，同时，还必须要向国外同行学习先进技术和先进的管理。

本书主要介绍采用克劳尔法生产海绵钛工艺，包括制备四氯化钛、精制四氯化钛和镁还原制备海绵钛。同时，还介绍了高纯钛制备和肯特法生产海绵钛和钛粉。本书又总结了国内外海绵钛生产工艺的实践经验，以及我国需要改进的措施。

在 20 世纪，我国冶金工业开展了攀枝花矿的综合利用攻关。其中，为攀矿钛资源的利用开展了全国性的研发攻关。今天，为了更好地总结这一科研成果，特地在制备四氯化钛一章中，集中总结了攀矿钛资源研发的成果。从而便于更好地总结经验，吸取教训，又可提高氯化冶金工艺的水平。

本书编写过程中参考了一些文献，对专家们的辛勤劳动在此表示感谢。此外，北京有色金属研究总院李文良和朱露对本书的编写工作提供了不少帮助，在此一并表示感谢。

本书编写分工为：第 1 章～第 4 章，由莫畏（北京有色金属研究总院）编写，由董鸿超（国资委有色金属老干部局）审校；第 5 章由莫畏和吴享南（北京有色金属研究总院）共同编写；第 6 章由莫畏编写。

由于水平所限，书中难免有不足之处，恳请读者批评指正。

编者　**莫畏**

2011 年 4 月

目 录

1 概　　述

1.1　钛冶金工业的发展和展望

1.1.1　钛工业发展史

1791 年，英国牧师 W. 格雷戈尔（Gregor）在黑磁铁矿中发现了一种新的金属元素。1795 年，德国化学家 M. H. 克拉普鲁斯（Klaproth）在研究金红石时也发现了该元素，并以希腊神 Titans 命名之。1910 年，美国科学家 M. A. 亨特（Hunter）首次用钠还原 $TiCl_4$ 制取了纯钛。1940 年，卢森堡科学家 W. J. 克劳尔（Kroll）用镁还原 $TiCl_4$ 制得了纯钛。从此，镁还原法（又称为克劳尔法）和钠还原法（又称为亨特法）成为生产海绵钛的工业方法。美国在 1948 年用镁还原法制出 2t 海绵钛，从此进入了工业生产规模。随后，日本、苏联和中国也相继进入工业化生产，先后陆续成为主要的产钛大国。

钛是一种新金属，由于它具有一系列优异特性，被广泛用于航空、航天、化工、石油、冶金、轻工、电力、海水淡化、舰艇和日常生活器具等工业生产中，它被誉为现代金属。

金属钛生产从 1948 年至今，才有半个世纪多的历史，它是伴随着航空和航天工业而发展起来的新兴工业。它的发展经受了数次大起大落，这是因为钛与飞机制造业有关的缘故。但总的来说，钛发展的速度是很快的，它超过了任何一种其他有色金属的发展速度。这从全世界海绵钛工业发展情况可以看出：海绵钛生产规模 20 世纪 60 年代为 60kt/a，80 年代为 100kt/a，1990 年实际产量达到 105kt/a。世界几家海绵钛生产厂家及其生产能力见表 1-1。

表 1-1　世界几家海绵钛生产厂家及其生产能力　　（kt）

国别	厂商	2006 年		2007 年		2008 年	
		产能	产量	产能	产量	产能	产量
日本	住友钛	15	15	16	16	16	16
	东邦钛	24	24	24	24	24	24
美国	Timet	8.9	8.9	12	12	12	12
	ATI	3.4	3.4	5.1	5.1	7	6.8
俄罗斯	Avisma	29.5	29.5	38	36	38	32
乌克兰	Zaporozhye	9	9	12	11	12	9.5
中国	遵义钛业	30	18	58	45.2	71	49.6
总　计		142.8	125.8	188.1	170.3	203	172.9

2000 年后，因国际市场上以美国波音 B777 和欧洲空客 A380 为代表的大型民用飞机大批量采购单对钛的需求，加上民用工业用钛也大幅度增加，钛市场出现供不应求的状况，各厂家正满负荷生产。2005 年，海绵钛实际产量超过 100kt。预计今后数年世界钛产能会继续增长，钛工业将呈现出一派欣欣向荣的景象。现在，各厂家纷纷扩建或新建。2006 年，海绵钛产能达到创纪录的 120kt/a 规模，其中，中国海绵钛产量也达 18kt/a，这表明中国已成为名副其实的世界产钛大国。中国钛工业正在稳步和迅速前进，并已经开始崛起。2008 年，海绵钛生产已达到创纪录的水平。世界海绵钛年产量已达 173kt，中国海绵钛年产能已超过 71kt，实际产量为 49.6kt，居世界第一。

目前，生产海绵钛的国家主要有日本、美国、俄罗斯、哈萨克斯坦、乌克兰和中国。

妨碍钛应用的主要原因是价格贵。可以预料，随着科学技术的进步和钛生产工艺的不断完善，以及企业生产能力的扩大和管理水平的提高，钛制品的成本会进一步降低，这样就必然会开拓出更广泛的钛市场。

1.1.2 钛冶金的发展方向

1.1.2.1 克劳尔法的技术进步

克劳尔法是以镁还原—真空蒸馏法（MD 法）为代表的海绵钛生产工艺。目前有了长足的进步，其中以日本住友公司和东邦公司的技术最先进，具体表现在以下 4 个方面：

（1）规模大，流程封闭。钛厂的规模都在 10kt/a 以上，均为镁钛联合企业。这些企业实现了流程封闭，使 Mg、$MgCl_2$ 和 Cl_2 在系统内部循环。电解氯气直接送氯化车间，还原产物 $MgCl_2$ 直接送电解车间，电解出的热镁直接送至还原炉内，减少了热能的损耗。流程内吨钛净镁耗降至 11kg 的水平，并且减少了"三废"，改善了环境。

（2）技术革新成功，采用了最先进的技术。氯化中采用了流态化氯化技术；精制中采用了矿物油除钒方法；还原采用了还原—蒸馏一体化工艺，使用了倒 U 形和 I 形大型联合法设备；镁电解中采用了新型的双极性电解槽的电解工艺。

（3）设备大型化。采用大型的流态化氯化炉，日炉产 $TiCl_4$ 达 100t 以上。镁还原炉炉产海绵钛达 8~10t。双极性镁电解槽电解电流达 100~110kA，电流效率达 80%，镁电解生产能力增加 40%，镁电解能耗已降至 9500~9300kW·h/t，吨钛总电耗降至 15700kW。

（4）产品质量优质化。优质海绵钛（HB≤90）率达 70%。

（5）生产过程实现机械化和自动化。各工序作业采用了计算机自动控制，极大地提高了劳动生产率，而且技术指标先进。

海绵钛生产的技术进步，使生产能力增加，产品质量提高，能耗降低，产品成本大大降低。

1.1.2.2 亨特法制钛的新进展

美国国际钛粉末公司（ITP）重新启用了钠还原法实现钛和钛合金粉的连续化生产，2007 年生产钛粉 1800 多吨，为制钛连续化开创了先例。

1.1.2.3　科研动向

人们在改造老工艺的同时，还对许多新工艺进行了研究，力图寻找一种产品成本更低廉的工艺方法，这包括对本书所论述的许多方法进行了探索性的研究。如对钛化合物电解的研究，目前认为进展最快的是 $TiCl_4$ 的熔融盐电解法和 TiO_2 熔盐电解法。

（1）$TiCl_4$ 电解法。美国、日本、苏联、意大利、法国和中国都对该法进行了长期和深入的研究。早期的电解槽构型为隔膜式和篮筐式。20 世纪 80 年代初，美国道-豪梅特（D-H）钛公司曾一度建厂试生产，后停产关闭。1988 年，意大利马克吉纳塔（EMG）公司宣布采用双电极的新型电解槽工艺建厂进行试生产，其后由于未达到预计的技术经济指标，也被迫停产关闭。

（2）TiO_2 电解法。1998 年，英国剑桥大学 Fray 教授提出了 TiO_2 在 $CaCl_2$ 熔盐中电解还原制取海绵钛的新方法并发表了专利，它工艺简捷，被称为 FFC 剑桥工艺。按此工艺英国钛公司试验厂已经生产出 1kg 钛，钛呈粉末状，粒级约为 $100\mu m$，其氧含量为 0.1，并在继续扩大试验，向更大规模发展。预计如果试验成功，并实现工业生产，生产成本将大大下降。

钛材成本高是由于海绵钛成本高造成的。传统的钛冶金工业是一个高耗能间歇作业过程，它很难使成本降低，只有研发新的低成本工艺代替该工艺方能达到降低成本的目的。

目前，正在研发的改进工艺，包括很多新方法，获得应用的很少，大多不实用。从目前研究开发来看，二氧化钛直接电解法可能有希望获得成功，这也是国内外众多专家盼望的。所以本书下面重点介绍该法。

1.1.2.4　电解法（FFC 剑桥工艺）

A　FFC 剑桥工艺的基本原理

关于 TiO_2 在 $CaCl_2$ 熔盐中的电化学脱氧，已有人做过描述，提出的机理是：当钙沉积在二氧化钛阴极上时，会与阴极上的氧反应生成 CaO，CaO 则溶于 $CaCl_2$ 熔盐中。而对机理的另一种解释是：与钙沉积相比，氧的电离能够在相对低的阴极电势下发生，钛氧化物就可以通过电化学法直接还原成金属钛，而不是通过与钙的化学反应来实现。将钛氧化物和 CaO 的吉布斯自由能做对比的结果与上述的机理是一致的。以上两种机理可概括为式 (1-1)~式(1-3)。其中，式 (1-1) 和式(1-2) 表示钙在相对较高的阴极电势下沉积，式 (1-3) 表示氧在相对较低的阴极电势下电离：

$$Ca^{2+} + 2e \Longrightarrow Ca \qquad (1-1)$$

$$TiO_x + xCa \Longrightarrow Ti + xCaO \qquad (1-2)$$

$$TiO_x + 2xe \Longrightarrow Ti + xO^{2-} \qquad (1-3)$$

B FFC 剑桥工艺的实验方法

TiO_2 预成形电极的制备：以不同等级的锐钛矿型和金红石型的 TiO_2 粉末（粒度为 0.25~5μm）为原料，采用压制或粉浆浇铸法制备 TiO_2 预成形电极，然后在空气中 800~950℃ 的条件下，烧结 2~48h，烧结温度越高，烧结时间则越短，使得预成形电极的强度增加，在制成的 TiO_2 预成形电极上钻孔，实验时串在铬铝电热丝上。TiO_2 预成形电极的孔隙度通常为 40%~60%。TiO_2 电解制取金属钛的实验装置如图 1-1 所示。

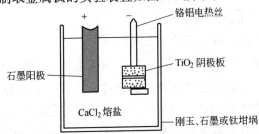

图 1-1　TiO_2 电解制取金属钛的实验装置

FFC 电解过程：整个电解过程要在密闭的反应器中进行，并通氩气保护。为了去除熔盐中的水分，实验中需在 2.5~2.7V 的电压下进行 2h 以上的预电解。由 TiO_2 粉末制成直径 5~10mm、厚度 2~10mm 的薄片，然后挂在铝铬电热丝上，电解坩埚为钛质、石墨质或刚玉质（见图 1-1），$CaCl_2$ 熔盐的温度为 $850 \sim 950℃$。在阴极和阳极之间加上 $3.0 \sim 3.2V$ 的电压，这时在 TiO_2 薄片的表面电流密度约为 $10^4 A/m^2$，在随后的 $5 \sim 24h$ 的电解过程中，发现 TiO_2 薄片逐渐被还原生成钛颗粒，并烧结成海绵钛。

C　FFC 剑桥工艺存在的问题

FFC 剑桥工艺获得了实验室研究的成功，并在国际上引起轰动，被各国科学家重视。因此，美国国防部和剑桥大学合作，投入巨资进行扩大规模的试验，并在千克级的试验中进展顺利。

目前的问题是电流效率偏低，反应速度慢，生产率低；电解过程不平稳，电解质 CaO 吸水严重，工业应用困难等。针对上述问题，FFC 剑桥工艺必须在扩大实验规模的同时，克服上述问题。

D　中国和其他各国参与的研究

与此同时，许多国家积极参与了类似的试验研究。如日本进行了钙热还原氧化钛新工艺的研究。而澳大利亚、英国、挪威等国进行了 FFC 实验验证，挪威还确定与中国北京航空航天大学合作，对 FFC 实验研究进一步开发。中国一些院校积极参与进行 FFC 工艺实验室研究。

综上所述，FFC 剑桥工艺的流程为：

$$TiO_2 \text{ 粉末} \rightarrow \text{压制成形} \rightarrow \text{熔盐电解} \rightarrow \text{海绵钛}$$

很明显它具有工艺流程短的优势，而且由于摆脱了氯化冶金对环境造成的污染，因此可称为是一种绿色的冶金技术。

尽管它的实验室研究取得了成功，但随后研究进展缓慢，它要想成为一种新生产工艺还需要继续走艰苦的路途。这从 20 世纪 $TiCl_4$ 熔盐电解的工艺研究可知。全世界许多国家参与工业实验研究，而且连续奋斗了约 $20 \sim 30$ 年，最后因为技术经济指标取代不了克劳尔工艺而失败。由此可见，新工艺的诞生并非易事。

1.1.2.5　高纯钛的生产

伴随着现代计算机产业和电子产业的飞速发展，在电子材料领域，特别是作为溅射靶材，需要高纯钛。高纯钛生产工艺仍然采用钛冶金法。在中国，高纯钛生产工艺是正在开发的一项技术，需要进一步研发。本章的论述仅提供参考。

1.2　海绵钛工业生产方法

1.2.1　制取钛的各种途径

以含 TiO_2 的富钛料为原料制取金属钛的途径很多，已研究过的方法概括在图 1-2 中。

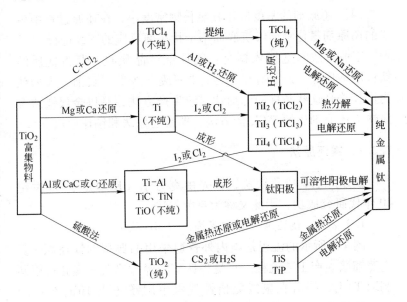

图 1-2　制取金属钛的可能途径

制取金属钛的方法归纳起来大致有以下几类：氧化钛的还原法、卤化钛的还原法、钛化合物的电解法、卤化钛的热分解法和其他方法。

　　经过无数科学家的探索研发，比较后认为亨特法和克劳尔法具有众多的优点，形成后来的工业生产方法。

　　目前，海绵钛的工业生产方法是以 $TiCl_4$ 为原料的金属热还原法，也就是必须将 TiO_2 转化为 $TiCl_4$（详见第 7 章）。作为 $TiCl_4$ 的还原剂，应满足下列要求：

　　（1）还原剂具有足够的还原能力，能将 $TiCl_4$ 完全还原为金属钛，并且有较快的反应速度；

　　（2）还原剂不与钛生成稳定的化合物或合金，生成的金属钛容易从还原剂及其氯化物中分离出来；

　　（3）还原剂容易从它的氯化物中再生，其生产成本低廉并且资源丰富；

　　（4）还原剂的密度应比其氯化物密度小，在还原过程中生成的还原剂氯化物能够沉底而不干扰还原反应的继续进行。

　　工业方法的选择依据是：能保证产品质量，获得优质纯钛；成本低廉，产品有竞争力；"三废"少等。目前，人们认为比较符合这些条件的海绵钛工业生产方法，是以金属镁或金属钠为还原剂还原 $TiCl_4$ 的方法，即镁还原法和钠还原法。

1.2.2　镁还原法

　　镁还原法，简称镁法，首先由克劳尔（Kroll）于 20 世纪 40 年代研究成功，因此又称为克劳尔法。

1.2.2.1　镁还原—真空蒸馏法（MD 法）

　　图 1-3 所示的流程是国内外普遍采用的典型的镁还原—真空蒸馏法生产工艺流程。它是将钛矿物经过富集—氯化—精制制取 $TiCl_4$，接着在氩或氦惰性气氛中用镁还原 $TiCl_4$ 为海绵钛，然后进行真空蒸馏分离除去镁和 $MgCl_2$，最后经过产品处理即为成品海绵钛。其典型工艺将在后面详细介绍。

1.2.2.2　镁还原—酸浸法

　　镁还原—酸浸法又称为 ML 法。美国钛金属公司针对真空设备价高、生产周期长、电耗大等缺点，自 1965 年开始采用

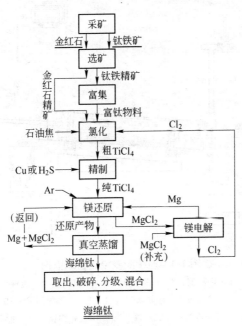

图 1-3 镁还原法生产工艺流程

连续酸浸法代替真空蒸馏，用盐酸和硝酸的混合液从还原产物中溶解出剩余镁和残留 $MgCl_2$，经水洗干燥后得到海绵钛产品。采用的连续酸浸浸出器示意图如图 1-4 所示。该设备为一个用纯钛板（厚度为 6.25cm）制作的直径为 2.4m、长为 20m、质量为 20t 的大型浸出筒，筒内共有 47 个螺旋刮板。全长分为 3 个区：主要浸出区（9.75m）、次要浸出区（7.2m）和洗涤区（3m）。将还原完毕的反应器冷却后，在干燥室中取出还原产物。还原产物经破碎后从浸出器的始端进入，经过主要浸出区和次要浸出区与逆流而来的浸出液接触，此时还原产物中的剩余镁和 $MgCl_2$ 便溶解在浸出液中，海绵钛经过洗涤区被洗涤水洗去浸出液，最后从末端卸出，经干燥后即为产品。整个浸出操作过程是连续自动控制的。

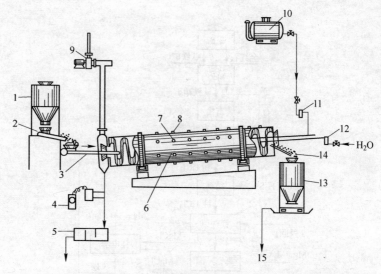

图 1-4　连续酸浸浸出器示意图

1—料箱；2—计量进料器；3—振动进料器；4—pH 计；5—废液出口和沉降槽；
6—浸出器；7—取样口；8—接触式温度计；9—废气排风机；10—酸高位槽；
11，12—流量计；13—洗涤槽；14—海绵钛；15—排水

　　酸浸法克服了真空蒸馏法的一些缺点，大大提高了生产能力。据报道，酸浸法可降低生产成本 18% 左右。但酸浸法产品的质量不如真空蒸馏法的好，其中氧和氯含量较高。这主要是因为在浸出过程中 $MgCl_2$ 发生水解，这些水解产物在其后的熔炼过程中发生分解，给熔铸操作造成了一定困难。此外，酸浸法还不便于直接回收利用还原产物中的镁和残留的 $MgCl_2$。

　　1.2.2.3　镁还原—氩气循环蒸馏法

　　镁还原—氩气循环蒸馏法又称 MH 法。美国俄勒冈冶金公司采用了卧式还原反应器和氩气循环蒸馏法分离还原产物。其还原—蒸馏设备如图 1-5 所示。卧式还原反应器直径为 1.8m，长为 6.7m，炉生产能力为 6 ~ 10t。在罐内水平放置一块栅板，用以支撑还原产物。还原器组装后在煤气炉中加热，在氩气保护下加入液体镁（按理论过量 25%），然后加热至 800℃ 开始加入

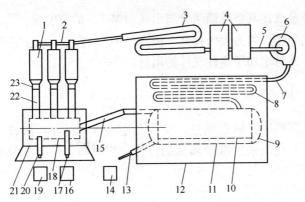

图 1-5 镁还原—氦气循环蒸馏生产海绵钛设备示意图

1—热过滤器；2—气体管道；3—水冷却器；4—冷过滤器；5—气体管道；6—鼓风机；
7—连接管；8—蛇形加热管；9—密封盖；10—栅板；11—反应器或蒸馏罐；
12—煤气加热炉；13—MgCl$_2$ 排出口；14—MgCl$_2$ 容器；15—连接管；
16—Mg 容器；17—Mg 液排出口；18—冷凝器；19—MgCl$_2$ 容器；
20—MgCl$_2$ 排出口；21—煤气加热炉；22—竖管；23—上部冷凝器

TiCl$_4$，控制 TiCl$_4$ 的加入速度以保持反应器温度在 850~900℃
范围内。还原过程中定期排出副产物 MgCl$_2$，以保持罐内的料
层高度。还原反应完毕后，将 MgCl$_2$ 排出。当炉产量为 6.3t
时，在还原产物内约残留 1.4t MgCl$_2$。为了从还原产物中分离
出剩余镁和残留 MgCl$_2$，随后进行氦气循环蒸馏。氦气的循环
由循环鼓风机驱动，鼓风机出口压力控制为 0.03MPa。循环的
氦气经还原反应器上部的蛇形加热管预热后进入保持温度为
1000℃ 的还原产物中，从中带出蒸发的镁和 MgCl$_2$，在冷凝器
中冷凝收集。循环氦气从冷凝器出来后经过热过滤器、冷过滤
器，净化后温度降 65℃，最后返回鼓风机进入下一次循环。为
使海绵钛中 Cl$^-$ 含量小于 0.1%，炉产 6.3t 的氦气循环蒸馏时
间为 60h 左右。

卧式还原反应器的炉产能力比通常的竖式反应器高 4~5 倍，
由于卧式反应器反应面积大，散热快，还原时间缩短，同时，氦

气循环蒸馏比真空蒸馏法分离出镁和 $MgCl_2$ 的速度快,因此,单位时间的生产能力大为提高。但产品中 Cl^- 含量比真空蒸馏产品略高,并且增加了惰性气体的用量。

1.2.3 钠还原法

钠还原法,简称钠法,又称为亨特(Hunter)法或 SL 法,是最早研究用来制取金属钛的方法,其原则生产工艺流程如图 1-6 所示。

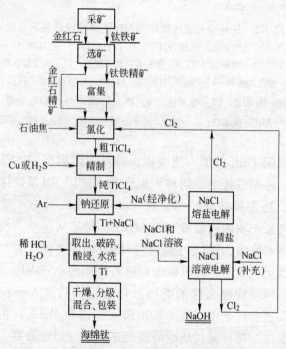

图 1-6 钠还原法生产海绵钛原则生产工艺流程

钠还原法的 $TiCl_4$ 生产过程与镁还原法完全相同。然后,在惰性气氛保护下,用钠还原 $TiCl_4$ 生产海绵钛,它的主要反应为:

$$TiCl_4 + 2Na \Longrightarrow TiCl_2 + 2NaCl \qquad (1-4)$$

$$TiCl_2 + 2Na \Longrightarrow Ti + 2NaCl \qquad (1-5)$$

$$TiCl_4 + 4Na \Longrightarrow Ti + 4NaCl \qquad (1-6)$$

将制得的还原产物进行水洗除盐操作，最后经过产品后处理即得成品海绵钛。

按照还原过程进行的方式，钠法工艺可分为一段法和两段法。反应过程如果按式（1-6）一次完成还原反应制取海绵钛的工艺称为一段法。反应过程如果第一步按式（1-4）制取 $TiCl_2$，然后第二步按式（1-5）继续将 $TiCl_2$ 还原为海绵钛的工艺称为两段法。目前，这两种方法在工业生产中均得到应用。

美国活性金属公司采用半连续的两段钠还原法，其设备示意图如图 1-7 所示。第一段还原设备是一个内有搅拌装置的连续反应器，$TiCl_4$ 和液体钠从反应器顶部加入，每加入 1mol $TiCl_4$ 同时加入 2mol 钠，在 230~300℃下进行一段还原反应，反应主要按式（1-4）进行，生成物主要是 $TiCl_2$ 和 NaCl，反应器充氩气以保持 0.01~0.02MPa 的正压操作。第二段还原设备为一只大型烧结锅，间歇操作。大型烧结锅组装后充入氩气，把它放在第一段反应器下面的支撑架上，加入进行第二段还原反应所需要的钠，并与第一段反应器出料管道连接，由螺旋输送器将第一段还原产物 $TiCl_2$ 和 NaCl 加入烧结锅中。当加入的 $TiCl_2$ 量与预加钠达到平衡时，将大型烧结锅取下，放入加热炉中加热至 900~950℃下进行第二段还原反应，反应主要按式（1-5）进行，生成物为钛和 NaCl。反应后生成的 NaCl 从纤维状的海绵钛中排出，然后冷却、取出海绵钛，海绵钛破碎后，在旋转连续浸出器中用 0.5% 的 HCl 浸出 NaCl，经水洗、真空干燥后成为产品。该公司对实现第二段还原的连续化进行了许多研究，并已在实验室规模的试验中取得了一些进展。

日本曹达公司采用了一段预加钠法，其工艺为：先在还原

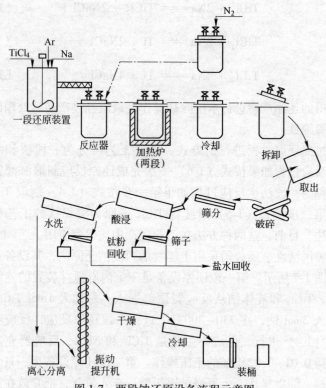

图 1-7 两段钠还原设备流程示意图

反应器内预加钠，再徐徐加入 $TiCl_4$，保持反应温度为 850～880℃，反应按式（1-6）一步生成金属钛和 NaCl。海绵钛在反应器中间，钛坨四周为盐。反应完毕经冷却后，取出产物。产物经破碎、浸出、水洗、真空干燥，再经分级和组批即为海绵钛产品。

一段法和两段法各有优缺点。一段法工艺简单，两段法工艺较复杂，但第一段可以连续生产，所产海绵钛质量也好。

1.2.4 镁还原法和钠还原法的比较

镁还原法和钠还原法的比较见表 1-2。

表 1-2 镁还原法与钠还原法的比较

序号	项 目	钠还原法	镁还原法
1	还原剂特点	钠的熔点低，易于净制和输送	镁的熔点高，净制和输送较困难
2	还原产物处理方法	$NaCl$ 不吸水，不潮解，可用水洗净	$MgCl_2$ 易吸水，易潮解，宜用真空蒸馏除去
3	投资情况	设备较简单，投资较低	设备复杂，投资大
4	海绵钛特点	含铁氧少，而含 Cl^- 多；海绵钛块小，且疏松，粉末多，松装密度小（0.1~0.8g/cm³）	含 Cl^- 低；海绵钛块大且致密，粉末少，松装密度大（1.2~1.3g/cm³）
5	产品熔铸性能	较差，挥发分多	好，挥发分少
6	还原作业情况	速度快，放热量大，操作简单；炉产能小	速度稍慢，放热量稍少，操作较复杂；炉产能大

海绵钛工业生产已有 60 余年的历史，直至 20 世纪 80 年代中期，镁还原—真空蒸馏法、镁还原—酸浸法、钠还原法和镁还原—氩气循环蒸馏法都用于工业生产。但到了 20 世纪 80 年代后期，钠还原法和镁还原—酸浸法都已被淘汰。稍后，美国俄勒冈冶金公司采用镁还原—氩气循环蒸馏法，后也停产，于 2001 年关闭。其余工厂全部采用镁还原—真空蒸馏法。在海绵钛工业生产中，镁还原—真空蒸馏法（MD 法）现已占据主导地位，成为主要的生产工艺。

1.2.5 提高企业竞争力的措施

钛冶金属高新产业，因科技含量高，企业整体实力，包括企业的科技实力和管理水平及开发能力，会影响到产品的质量和经济效益。

钛是一种风险很高的金属，它与价廉的铝、钢等基础结构材料不同，它是种因价格贵仍然只能在某些场合下才能应用的特种结构材料。如大量钛材常用作飞机的耐热结构材料。所以钛材生产量常与飞机工业兴衰有直接关系。每年钛生产量是不均衡的，常常出现大起大落。这是每个经营者必须要有的风险意识。

为了提高企业的竞争力，企业力争做到：

（1）生产规模适度大型化。镁法钛厂规模宜在 5~10kt/a 以上，钠法钛厂宜在 1kt/a 以上，甚至更大。

（2）流程必须封闭。镁法钛厂必须是镁钛联合企业，而且炼镁车间必须采用镁电解工艺。在有条件时，最好钛厂和氯碱厂联营。自然，钠法钛厂应采用钛—氯碱—钠联合企业。这样才易使镁（或钠）和氯中间产品在系统内循环。

（3）建立一支技术过硬的队伍。

（4）尽量采用新技术，企业必须不断创新。

（5）重视环境保护。

（6）加强管理，提高产品质量和技术经济指标。从表 1-3 所列出的中国和日本海绵钛厂间的技术经济指标相比较可见，中国钛业的管理水平落后，与日本等国先进水平相比差距大。必须加强管理，才能增强竞争力。

表 1-3　中国与日本海绵钛厂间的技术经济指标比较

指　标	中国	日本
氯耗/$t \cdot t^{-1}$	2.8~3.8	0.9
镁耗/$kg \cdot t^{-1}$	50~70	10
总电耗/$MW \cdot h \cdot t^{-1}$	约 35	<25
全流程金属实收率/%	>80	>90
还原—蒸馏电耗/$MW \cdot h \cdot t^{-1}$	5	2.5
单炉产能/$t \cdot 炉^{-1}$	5，8，12	8，10
BHN≤100 产品（即 MHTi-O）所占比例/%	<10	>70

（7）钛业企业间提倡集团化和集约化，这样可以提高企业抗风险能力。提倡钛业间，或钛冶金—加工、钛—钢、钛加工—设备制造业间展开多种形式的联营或联合，或相互参股等形式的协作。

$\mathcal{2}$ 制备四氯化钛（1）——流态化氯化工艺

2.1　氯化反应热力学

2.1.1　氯化冶金

　　氯化冶金是往物料中添加氯化剂使欲提取的金属成分转变为氯化物，为制取纯金属做准备的冶金方法。由于各种氯化剂的活性很强，它几乎能将物料中所有的有价金属成分转变为氯化物。这些氯化物又具有熔点低、挥发性高而相互间的物理化学性质差别大，易于分离提纯的特点，很容易制取纯化合物。纯化合物可进一步用还原或电解方法制取纯金属。借助于氯化冶金能较容易地达到金属的分离、提纯、富集和精炼等目的，它在钛等稀有金属冶金中得到了广泛的应用。

　　氯化冶金又有氯化焙烧和氯化浸出之分。一般根据需要处理物料的性质选择不同的氯化方法和适宜的氯化剂。在钛冶金中，采用氯化焙烧法制取 $TiCl_4$，氯化剂为氯气；而氯化浸出制取人造金红石时常使用 NH_4Cl、HCl 和 $FeCl_3$ 等氯化剂。

　　氯化焙烧是往固体物料中添加氯化剂，在物料不发生熔融的高温下进行氯化的反应过程。它又有中温焙烧和高温焙烧之分。本章所述的制取 $TiCl_4$ 属于高温焙烧。

　　氯化冶金有下列特点：

　　（1）对原料的适应性强，甚至能用于处理成分复杂的贫矿；

　　（2）作业温度较其他火法冶金低；

　　（3）物料中的有价组分分离效率高，综合利用好。它的缺点是氯化剂腐蚀性强，易侵蚀设备、恶化劳动条件并污染环境。

2.1.2 加碳氯化反应

2.1.2.1 直接氯化的可行性

制备 $TiCl_4$ 无论选用何种钛矿原料，其主要有价成分都为 TiO_2。TiO_2-Cl_2 系的直接氯化反应为：

$$TiO_2 + 2Cl_2 \Longrightarrow TiCl_4 + O_2 \qquad (2-1)$$

$$\Delta G_T^{\ominus} = 184300 - 58T(409 \sim 1940K)$$

$T = 2000K$ 时，$\Delta G_T^{\ominus} > 0$。由此可见，在热力学上标准状态下是无法实现自发氯化反应的。事实上该反应是一个可逆反应，在标准态下逆反应的趋势很大。要使该反应正向顺利进行，必须改变状态。在标准状态下则有：

$$\Delta G_T = \Delta G_T^{\ominus} + RT(p_{TiCl_4}^{0.5}\, p_{O_2}^{0.5}\, p_{Cl_2}^{-1})$$

此时，为降低反应自由能，使 $\Delta G_T < 0$，必须向系统里不断地通入氯气和不断地排出 $TiCl_4$ 和氧气，直接氯化方能实现。但是这需要消耗大量的氯气，而且氯气的利用率很低，在经济上是不可取的。

2.1.2.2 加碳氯化

造成直接氯化困难的原因主要是该系统里氧气分压（p_{O_2}）太高。为了改变该系统的状态，常常加入一种还原剂，如 CO，在还原剂的参与下，系统中的氧会发生下列反应：

$$2CO + O_2 \Longrightarrow 2CO_2 \qquad (2-2)$$

这时改变了系统的气氛，使系统从氧化气氛转变为还原气氛，降低了氧的分压并导致 $\Delta G_T^{\ominus} < 0$，使氯化反应能正向顺利进行，此时的反应称为还原氯化。常用的还原剂有碳和 CO，但不可用氢气，因为系统中有氢气时会生成 HCl 气体，HCl 气体会腐蚀设备。当使用 CO-Cl_2 氯化时，氯化反应式为：

$$TiO_2 + 2CO + 2Cl_2 \Longrightarrow TiCl_4 + 2CO_2 \qquad (2-3)$$

$$\Delta G_T^{\ominus} = -389100 + 125T(409 \sim 1940K)$$

当作业温度为 1100℃ 时，$\Delta G_T^{\ominus} < 0$，反应能够自发进行。

使用 C-Cl_2 氯化时，称为加碳氯化。在正常反应温度下，$t <$

1100℃（即 $T < 1373K$）时，碳的直接还原几率甚微。但因为存在碳的气化反应，即布多尔反应：

$$C + CO_2 === 2CO \qquad (2-4)$$

此时，固体碳转变为 CO，CO 起到了决定性的还原作用，并改变了还原剂的状态，使式（2-3）反应顺利进行。加碳氯化时，将式（2-3）和式（2-4）联立，按照不同的配碳比可得出下列两式：

$$TiO_2 + 2C + 2Cl_2 === TiCl_4 + 2CO \qquad (2-5)$$
$$\Delta G_T^\ominus = -48000 - 226T (409 \sim 1940K)$$
$$TiO_2 + C + 2Cl_2 === TiCl_4 + CO_2 \qquad (2-6)$$
$$\Delta G_T^\ominus = -210000 - 58T (409 \sim 1940K)$$

在正常作业条件下，式（2-5）和式（2-6）中的 $\Delta G_T^\ominus < 0$，反应均可自发进行。可以把上两式看成是布多尔反应和 TiO_2-CO-Cl_2 系反应的复合式。假定生成 CO 反应（即式（2-5））的几率为 η，则 $\eta = p_{CO}/(p_{CO} + p_{CO_2})$，综合上述两式可以表述为：

$$TiO_2 + (1 + \eta)C + 2Cl_2 === TiCl_4 + 2\eta_{CO} + (1 - \eta)CO_2 \qquad (2-7)$$

式（2-7）全面地表达了 TiO_2 加碳氯化各成分间的数量关系。

当 TiO_2 加碳氯化系统达到平衡时，氧势（即氧位）$\mu_{O_2} - \mu_{O_2}^\ominus$ 值和氧分压存在对应关系，即氧分压高，氧势也高。氧势按其定义可表述为：

$$\mu_{O_2} - \mu_{O_2}^\ominus = RT\ln p_{O_2} \qquad (2-8)$$

由式（2-2）可知：

$$p_{O_2} = K_p (p_{CO}/p_{CO_2})^{-2} \qquad (2-9)$$

因此，系统里 p_{CO}/p_{CO_2} 比值越大，p_{CO_2} 分压越低，其氧势相应越低，氯化时的还原性越强。所以气相中 p_{CO}/p_{CO_2} 值控制着反应的方向。当需要判断反应能否进行时，用 p_{CO}/p_{CO_2} 值比用 p_{CO_2} 值或 K_p 值更直观，更易测量。

如在氧势图（即 $G^\ominus$-T 图）中，可以找出 1200K 时的平衡区。当要求 $p_{CO_2} \leqslant 0.1Pa$ 时，则有 $p_{CO}/p_{CO_2} \geqslant 10^{-5}Pa$，该反应可顺

利进行，判断迅速便捷。

在加碳氯化工艺中，因系统中 CO 存在，降低了系统中的氧位，也降低了反应自由能（$\Delta G^{\ominus}$）值，在热力学上使反应顺利进行。由此可见还原剂的效用。故工艺上必须采用还原氯化，氯化方可顺利进行。

2.1.2.3　杂质的氯化

富钛料中含有多种杂质，如 FeO、Fe_2O_3、CaO、MgO、Al_2O_3、SiO_2 等。如果富钛料是钛渣时，还有 TiO、Ti_2O_3、Ti_3O_5 等低价氧化物。与 TiO_2 类似，这些杂质均能发生类似式（2-5）和式（2-6）的反应。反应生成物分别为相应的氯化物，如 $FeCl_2$、$FeCl_3$、$CaCl_2$、$MgCl_2$、$AlCl_3$、$SiCl_4$ 等。以 FeO 为例，反应为：

$$\left\{ \begin{array}{l} FeO + C + Cl_2 = FeCl_2 + CO \\ FeO + 0.5C + Cl_2 = FeCl_2 + 0.5CO \end{array} \right. \qquad (2\text{-}10)$$

其中，FeO 可以生成 $FeCl_2$ 和 $FeCl_3$ 两种氯化物，而且在一定条件下，它们之间存在着下列关系：

$$2FeCl_2 + Cl_2 = 2FeCl_3 \qquad (2\text{-}11)$$

从 TiO_2 和其他杂质加碳氯化反应的 $\Delta G_T^{\ominus}$ 计算值绘制成图 2-1

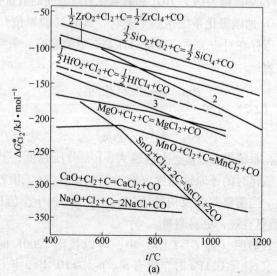

(a)

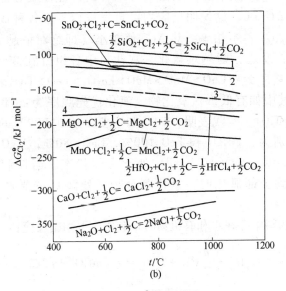

图 2-1 $\Delta G^{\ominus}$-T 关系图

(a) $\dfrac{1}{n}Me_2O_n+C+Cl_2 = \dfrac{2}{n}MeCl_n+CO$ 的 $\Delta G^{\ominus}$-T 图:

$$1—\dfrac{1}{2}TiO_2+C+Cl_2 = \dfrac{1}{2}TiCl_4+CO;$$

$$2—\dfrac{1}{3}Al_2O_3+C+Cl_2 = \dfrac{2}{3}AlCl_3+CO;$$

$$3—\dfrac{1}{3}Fe_2O_3+C+Cl_2 = \dfrac{2}{3}FeCl_3+CO$$

(b) $\dfrac{1}{n}Me_2O_n+\dfrac{1}{2}C+Cl_2 = \dfrac{2}{n}MeCl_n+\dfrac{1}{2}CO$ 的 $\Delta G^{\ominus}$-T 图:

$$1—\dfrac{1}{2}ZrO_2+\dfrac{1}{2}C+Cl_2 = \dfrac{1}{2}ZrCl_4+\dfrac{1}{2}CO_2;$$

$$2—\dfrac{1}{2}TiO_2+\dfrac{1}{2}C+Cl_2 = \dfrac{1}{2}TiCl_4+\dfrac{1}{2}CO_2;$$

$$3—\dfrac{1}{3}Al_2O_3+\dfrac{1}{2}C+Cl_2 = \dfrac{2}{3}AlCl_3+\dfrac{1}{2}CO_2;$$

$$4—\dfrac{1}{3}Fe_2O_3+\dfrac{1}{2}C+Cl_2 = \dfrac{2}{3}FeCl_3+\dfrac{1}{2}CO_2$$

所示的 $\Delta G_T^\ominus\text{-}T$ 关系图。从图中可以看出，各种成分加碳氯化反应的 $\Delta G_T^\ominus<0$，这说明反应均可自发进行。但各种成分氯化反应的 $\Delta G_T^\ominus$ 各不相等，其 $\Delta G_T^\ominus$ 值越小（即绝对值越大），越易氯化；反之，则越难氯化。富钛料中各组分在 800℃ 下优先氯化顺序为：$CaO>MnO>MgO>Fe_2O_3>FeO>TiO_2>Al_2O_3>SiO_2$。其中如有低价钛氧化物，氯化优先顺序为：$TiO>Ti_2O_3>Ti_3O_5>TiO_2$。实践表明，$TiO_2$ 和主要杂质在 800℃ 的相对氯化率分别为：Fe_2O_3 和 FeO 100%，$CaO>80\%$，$MgO>60\%$，Al_2O_3 0.4%，SiO_2 1%，TiO_2 处于中间状态。当控制反应使 TiO_2 达到全部氯化时，氯化剩余物（残渣）主要是 SiO_2 和 Al_2O_3。

当物料中存在水和有机物时，会发生下列副反应：

$$C_mH_n + \frac{n}{2}Cl_2 + \frac{m}{2}O_2 = mCO + nHCl \qquad (2\text{-}12)$$

$$H_2O + Cl_2 + C = 2HCl + CO \qquad (2\text{-}13)$$

$$CO + Cl_2 = COCl_2 \qquad (2\text{-}14)$$

$$TiO_2 + 2COCl_2 = TiCl_4 + 2CO_2 \qquad (2\text{-}15)$$

应该指出的是，$COCl_2$（光气）是一种强氯化还原剂，很容易进行氯化反应。但由于它在高温时易分解，因此仅存在于低温下的副反应中。

2.1.3 气相平衡组成和配碳比

在加碳氯化过程中，炉气成分复杂。但从主反应方程式可见，关联的主要气相成分是 CO、CO_2、$TiCl_4$、Cl_2 和 $COCl_2$。当反应达到平衡时，彼此间存在着某种定量关系，称为气相平衡组成。它们的平衡组成可通过建立五组方程式求解得出。一些通过理论计算得出的气相平衡组成分压数据见表 2-1。表中总气压 Σp 按 0.1MPa 计算获得的结果。

表 2-1 理论气相平衡组成分压数据

温度 $t/℃$	p_{TiCl_4}	p_{CO}	p_{CO_2}	p_{Cl_2}	p_{COCl_2}
400	$0.500×10^{-1}$	$0.54×10^{-3}$	$0.435×10^{-1}$	$0.138×10^{-7}$	$0.23×10^{-8}$
527	$0.483×10^{-1}$	$0.67×10^{-2}$	$0.449×10^{-1}$		
600	$0.455×10^{-1}$	$0.175×10^{-1}$	$0.370×10^{-1}$	$0.147×10^{-5}$	$0.57×10^{-7}$
727	$0.386×10^{-1}$	$0.475×10^{-1}$	$0.148×10^{-1}$		
800	$0.353×10^{-1}$	$0.600×10^{-1}$	$0.46×10^{-2}$	$0.74×10^{-4}$	$0.49×10^{-7}$
927	$0.338×10^{-1}$	$0.650×10^{-1}$	$0.13×10^{-2}$		
1000	$0.335×10^{-1}$	$0.662×10^{-1}$	$0.27×10^{-3}$	$0.112×10^{-4}$	$0.99×10^{-8}$

由表 2-1 可以看出，平衡气相中 p_{Cl_2}，很小，这表明加碳氯化能够进行完全。反之，若氯化炉气中含氯较高时，则有可能是氯化反应不正常或者是操作出现故障。

另外，由于存在布多尔反应，而 $p_{CO}/p_{CO_2} = f(t)$，即氯化反应处在平衡态时，p_{CO}/p_{CO_2} 仅取决于温度。它们的关系与正常的碳的气化反应曲线吻合。当 $T = 980K$ 时，$p_{CO} = p_{CO_2}$；当 $T < 980K$ 时，$p_{CO} > p_{CO_2}$；当 $T > 980K$ 时，$p_{CO} < p_{CO_2}$。因此，炉气组成中上述已假定 $p_{CO}/(p_{CO}+p_{CO_2}) = \eta$，则 η 是个小于 1 的变数。

但是，实测的炉气组成与平衡气相组成是有偏差的。造成偏差的原因是反应很难达到平衡（有时甚至是有意识地破坏这种平衡）造成的。由于式（2-4）所发生的碳的气化反应是个缓慢过程，它比式（2-3）反应慢得多，因此式（2-4）反应生成的 CO 被式（2-3）反应作为还原剂而消耗掉，使得 p_{CO} 量远比平衡态低。具体地说，η 值不仅与反应温度有关，还与其他操作工艺参数，如配碳比的大小和是否增氧加大发热量等因素有关。尽管实际炉气组成偏离平衡气相组成，但它仍有一定参考价值，可作为定性分析加碳氯化过程的依据。

理论配碳比可按式（2-7）来计算，从式中可知，1mol TiO$_2$ 的理论配碳比为 $(1+\eta)$ mol 碳。理论配碳比计算的一些结果见表 2-2。由表 2-2 可见，高温时的理论配碳比 $(1+\eta)$ 接近 2。

表 2-2　理论配碳比

温度 t/℃	527	727	800	927
配碳比$(1+\eta)$/mol	1.07	1.62	1.929	1.98

由于生产作业的实际炉气组成偏离平衡，假设实际生成 CO 的比例为 η^*，则 η^* 值可实测得到。$\eta^* = p_{CO}^* / (p_{CO}^* + p_{CO_2}^*)$，其中有 * 者为实际数值。一般情况下，$\eta^* < \eta$，$1 + \eta^* < 1 + \eta$。为了计算实际配碳比，应该采用 η^* 值，即用矿碳比值 TiO_2/C $=(1+\eta^*)$mol 比较准确。事实上，η^* 可在很宽的范围内波动，即 η^* 在 0.01~0.99 之间。

无论选用何种富钛料，其所含的杂质均需要配碳。因此，可以不考虑富钛料的 TiO_2 品位。但选用石油焦等中的碳时，因碳含量的差异应适当增加焦量。

计算举例：某氯化炉作业温度为 900℃，炉气中 CO 的体积分数为 53.2%，CO_2 的体积分数为 21.5%，计算得出 $1+\eta^* = 1.712$；按式（2-7）计算得出（实际）配碳量，即碳矿比为 25.7%；若石油焦中碳的质量分数为 95%，则得出碳矿比为 27.1%；若石油焦中碳的质量分数为 93%，则得出碳矿比为 27.6%。

2.1.4　反应热效应

先按式（2-7）计算出生成 1mol $TiCl_4$ 的反应物料反应热 $\Delta H_T^\ominus$ 和物料吸热 $Q_{T吸}$。忽略散热，绝热过程中反应的余热 ΣQ_T 为：

$$\Sigma Q_T = \Delta H_T^\ominus + Q_{T吸} \qquad (2\text{-}16)$$

按上述计算得出的 TiO_2 加碳氯化的反应热效应结果见表 2-3。需要说明的是，表 2-3 中温度为 1173K 的值是按 $\eta^* = 0.712$ 计算的，其他值均按 η 值计算。

表2-3 TiO₂加碳氯化的反应热效应结果

项目名称	T/K		
	800	1000	1173
η	0.07	0.62	0.712(η^*)
$\Delta H_T^{\ominus}$/kJ·mol⁻¹	−217	−129	−127
Q_T/kJ·mol⁻¹	−135	−26.1	33.0

计算结果表明，TiO₂加碳氯化反应的温度越高，反应热效应越低。因为布多尔反应的规律是温度越高反应生成物中 η（或 η^*）也越大，这是由于式（2-4）反应的生成物 CO 与 CO₂ 的热焓相差很大造成的。如生成物为 CO 时，$\Delta H_{298}^{\ominus} = -110.4\text{kJ/mol}$；如生成物为 CO₂ 时，$\Delta H_{298}^{\ominus} = -393.1\text{kJ/mol}$。在工业流态化炉内正常氯化温度（低于800℃）下，在平衡气相组成的状态时，金红石型 TiO₂ 维持自热比较困难。实践表明，如使用高钛渣作原料，由于存在低价钛，反应热大，同时炉气组成也达不到平衡态，所以能达到自热反应，而且炉型越大越易达到自热。

1000℃下 TiO₂ 加碳氯化时不同 η^* 值下的反应热效应见表2-4。由表2-4可见，在相同温度下，不同的 η^* 值热效应相差很大。这种情况表明，采用金红石型富钛料，采用 $\eta^* < 0.5$ 时可达到自热反应。

表2-4 1000℃下 TiO₂ 加碳氯化时不同 η^* 值下的反应热效应

热效应项目	η^*				
	0	0.2	0.4	0.5	1
$\Delta H_{1273K}^{\ominus}$/kJ·mol⁻¹	−246.6	−212.0	−177	−160.2	−74.0
Q_{1273K}/kJ·mol⁻¹	−84.7	−46.4	−8.2	11.0	106.0

为了节能，采用低 η^* 值的工艺条件，使反应按式（2-6）向生成 CO₂ 的方向进行。因此，可以采取适当减少配碳量，同时鼓进部分氧气的措施，来达到降低配碳比的目的。此时 CO 消耗多，补充来不及，因而远远偏离了布多尔反应的平衡，$\eta^* \ll \eta$，

这也是生产中 η^* 值可在很大范围内波动的原因。在制取人造金红石加碳选择氯化工艺中尤其是这样。

2.2 流态化氯化动力学

2.2.1 流态化

流态化氯化俗称沸腾氯化。流态化，简称流化，它利用流动流体的作用，将固体颗粒群悬浮起来，而使固体颗粒具有某些流体表观特征，因此强化了气—固间或液—固间的接触过程。这种使固体颗粒具有某些流体特征的技术被称为流态化技术，近年来在化工、冶金等生产中得到了广泛的应用。

2.2.1.1 概述

当流体自下而上通过直立式容器内的固体颗粒物料层时，随着流体流速的变化，物料层的性质也随之发生相应的变化，参见图 2-2。图 2-2 所示为不同体系中的流化特性曲线，它反映出流体速率 u 与物料颗粒孔隙率 ε、床层压力降 Δp 之间的关系。这

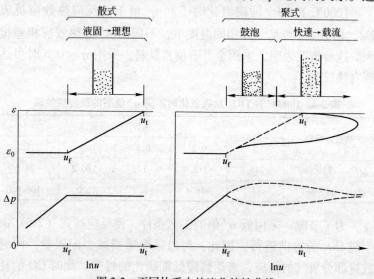

图 2-2　不同体系中的流化特性曲线

些关系可能出现下列几种流动状况：

（1）在低流速时（$u<u_f$），固体颗粒不动（$\varepsilon=\varepsilon_0$），床层压降 Δp 随流速增加而增加，此时称为固定床阶段。

（2）流速增加到某一临界值（$u=u_f$）时，床层开始膨胀，固体颗粒开始松动（ε 略大于 ε_0），此时床层压降等于物料浮重。该流速称为临界流速（u_f），它是流态化初始状态。

（3）流速继续增大（$u_f<u<u_t$），床层膨胀。固体颗粒可以做自由运动（$\varepsilon_0<\varepsilon<1$），床层压降 Δp 基本保持不变，并存在清晰的床层自由面。固体颗粒和流体强烈的返混合湍动，如同液体的沸腾，此时属流化床或沸腾床阶段。

（4）流速继续增大，超过某一值时（$u>u_t$），固体颗粒开始带出容器，并处于悬浮状态（$\varepsilon>1$），床层自由面消失，床层压降 Δp 随着固体带出量增加而下降。u_t 称为带出速度或逸出速度，此时称为稀相流化或气体输送阶段。

流态化的特点是流体和物料间高度混合，并开始具有流体的特性，它消除了各种梯度；传热好，床层内温度均匀；传质好，物料处于"沸腾"状态，混合充分，组成均匀。在小直径床层内，流体逆向混合较差，但在大直径床层内完全可以混合。伴随有化学反应的床层内，由于固体颗粒强烈湍动，一般其扩散阻力可不计。但是，它的缺点是由于在床层内有强烈的返混，致使物料在床层内停留时间分布不好（见图 2-3），又对床层器壁有一定磨损。

2.2.1.2　流化类型

实际流化状况与上述理想状况有出入，可以分为两种流化类型。常用弗劳德数 Fr 来区分。

$$Fr = u^2 g^{-1} d_p^{-1} \qquad (2\text{-}17)$$

式中　u——流体流速或称空塔速度；

　　　g——重力加速度；

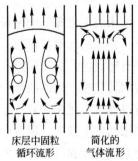

床层中固粒　　简化的
循环流形　　　气体流形

图 2-3　流化床层内物料和流体的返混

d_p——固体颗粒平均粒径。

当 $Fr < 0.13$ 时，固体颗粒分散，流化平稳，接近理想流化状态，床层压降基本上不随流速的变化而变化（可以认为是一个定值），称为散式流态化。一般液—固系流化属此类型。

当 $Fr > 1.3$ 时，固体颗粒成团湍动，流化不平稳，床层自由面上下波动剧烈，床层压降也随之在一区间内波动着，称为聚式流态化。工业中常见的气—固系流化属于此种类型。因此，对它研究的实用意义更大。自然，高钛渣和金红石的流态化氯化属于此种类型。

聚式流态化远比散式流态化复杂。当气流通过流态化层时，多余的气体呈气泡的形式逸出床层，气泡一出床层立即破裂，被夹带的较粗颗粒物料又落回床内，引起床面波动。所以，气泡的形成、长大和崩裂会引起床层物料密度分布的不均匀性和压力的波动，大气泡的产生和运动会导致气体的短路，从而破坏气固两相间的接触，所以对流化床层气泡行为的研究具有重要意义。通常用床层压降的波动和流态化层密度的变化、温度的分布、气体停留时间的分布等参数来评价流化状态的好坏，从本质上看，影响这些参数的主要原因都是由气泡引起的。气泡的大小随气速和床高的增加而增加，此时的流态化床又称为鼓泡床。

床层中出现气泡是聚式流态化的基本特征。较小的气泡呈球形，较大的气泡呈帽形。气泡的中心基本是不含颗粒的空穴；泡底有尾涡区，称为尾迹；气泡的外层称为晕，这是渗透着气泡气流的乳化相。尾迹的体积约为气泡体积的 20%~30%。在气泡上升过程中，尾迹的颗粒不断脱落，并不断引入新的颗粒气泡上升到床面发生破裂，尾迹中颗粒撒于床面，返回乳化相中。晕和尾迹是气泡相和乳化相间发生物质交换的媒介，它们对于流化床中发生的过程起着重要的作用。鼓泡床中气体和颗粒流形如图 2-4 所示。

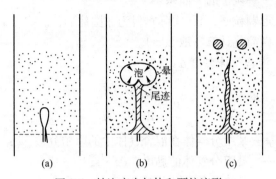

图 2-4 鼓泡床中气体和颗粒流形
（a）气泡形成；（b）气泡上升；（c）气泡破裂

2.2.1.3 流体力学计算

有关流态化过程中临界流速、带出速度等流体力学数值的计算方法很多，各种方法的计算误差较大，这除了由于流态化过程十分复杂的原因之外，同时还受到具体工艺条件的影响。如本工艺中随着流化过程中发生的化学反应，反应物和生成物间相态和物料颗粒间大小都发生了变化，相应的物料颗粒特性也产生了变化。因此，在进行流体力学计算时，物料的组成和颗粒特性数值取正常流化时流化层内的实测值是合适的。

现列举下列计算公式供参考。

A 基本数据

（1）固体物料平均粒径 d_p：

$$d_p = \left(\Sigma \frac{x_i}{d_{pi}} \right)^{-1} \tag{2-18}$$

式中 x_i——组分 i 的质量分数，%；

d_{pi}——组分 i 筛分的平均粒径，m。

（2）颗粒形状系数 φ_s：

$$\varphi_s = 4.87 V_p^{\frac{2}{3}} S_p^{-1} \tag{2-19}$$

式中 V_p——粒子的体积；

S_p——粒子的表面积。

圆球形颗粒 $\varphi_s = 1$；实际物料为非圆球形，$\varphi_s < 1$。若无 φ_s 数据时，可做简化计算，取 $\varphi_s = 1$。

（3）混合气体黏度 μ：

$$\mu = \frac{\Sigma y_i \mu_i \sqrt{M_i}}{10 \Sigma y_i \sqrt{M_i}} \qquad (2\text{-}20)$$

式中　y_i——某组分气体在混合气体中的摩尔分数，%；

　　　μ_i——某组分气体的黏度，Pa·s；

　　　M_i——某组分气体的相对分子质量。

由于黏度随温度而变化，因此应注意床层内轴向温度的变化。一般床层内的温度可取反应温度。

B　临界流速 u_{mf}

（1）方法一（李阀式）：

$$u_{mf} = 0.00923 d_p^{1.82} (\rho_s - \rho_f)^{0.94} \mu^{-0.88} \rho_f^{-0.06} \qquad (2\text{-}21)$$

式中　u_{mf}——临界流速，m/s；

　　　ρ_s——固体颗粒的密度，下角 s 表示固体物料；

　　　ρ_f——流体的密度，下角 f 表示流体。

该式仅适用于临界雷诺数 $Re_{mf} < 10$ 时的情况，当 $Re_{mf} > 10$ 时，应按图 2-5 进行校正，此式平均误差为 22%。其中，$Re_{mf} = d_p u_{mf} \rho_f \mu_f^{-1}$。

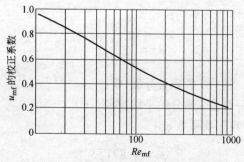

图 2-5　u_{mf} 的校正系数（$Re_{mf} > 10$ 时）

（2）方法二（白井隆式）。先按下式进行粗算：

$$u'_{mf} = 0.001 g d_p^2 (\rho_s - \rho_f) \mu_f^{-1} \qquad (2\text{-}22)$$

然后，再按 $Re'_{mf} = d_p u'_{mf} \rho_f \mu_f^{-1}$ 的大小，利用图 2-6 进行校正，找出 u_{mf}。

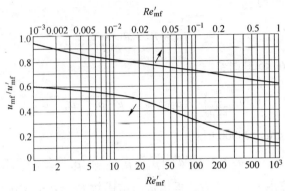

图 2-6 u'_{mf} 的校正系数

此法所根据的实验数据基本上同李阀式，只是在处理上稍有差别，按此法求得的 u_{mf} 略低于李阀式，但它更接近于实验值。

（3）方法三。先估选下面一公式进行计算。

当 $Re_{mf} < 0.2$、$d_p < 0.25mm$ 和 $\rho_s < 3g/mL$ 时：

$$u_{mf} = 0.008(\rho_s - \rho_f) d_p^2 \mu_f^{-1} \qquad (2\text{-}23)$$

当 $Re_{mf} > 0.2$、$d_p > 0.5mm$ 和 $\rho_s > 3g/mL$ 时：

$$1.75\rho_f u_{mf}^2 + 180(1 - \varepsilon_{mf}^3)\mu_{mf} d_p^{-1} - \varepsilon_{mf}^3 d_p (\rho_s - \rho_f) g = 0 \qquad (2\text{-}24)$$

当 $Re_{mf} > 0.2$，$\rho_s < 3g/mL$ 和 $0.25mm < d_p < 0.5mm$ 时：

$$u_{mf} = \frac{1}{180} d_p^2 \varphi_s^2 (\rho_s - \rho_f) \mu_f^{-1} g \varepsilon_{mf}^3 (1 - \varepsilon_{mf})^{-1} \qquad (2\text{-}25)$$

式中 ε_{mf}——临界孔隙率，如无 ε_{mf} 数据时，可以认为 $\varepsilon_{mf} = \varepsilon_0$。

计算时，先选取式（2-23），待算出 u_{mf} 后，再用 $Re_{mf} =$

$d_p u_{mf} \rho_f \mu_f^{-1}$ 值进行验证，看公式是否选用得当。此法计算稍繁，但较准确。

C   带出速度 u_t

（1）方法一。先估选下面一公式进行计算。

$Re_t < 2$ 时：

$$u_t = \frac{1}{18} d_p^2 (\rho_s - \rho_f) g \varphi_s \mu_f^{-1} \tag{2-26}$$

$2 < Re_t < 500$ 时：

$$u_t = \left(\frac{4}{225} \right)^{1/3} (\rho_s - \rho_f)^{2/3} g^{2/3} \rho_f^{-1/3} \mu_f^{-1/3} d_p \varphi_s \tag{2-27}$$

$500 < Re_t < 20000$ 时：

$$u_t = 3.1^{1/2} d_p^{1/2} (\rho_s - \rho_f)^{1/2} g^{1/2} \rho_f^{-1/2} \varphi_s \tag{2-28}$$

待算出 $u_t(\mathrm{m/s})$ 后，再用带出雷诺数 $Re_f = d_p u_f \rho_f \mu_f^{-1}$ 进行验证，看公式是否选用得当。

（2）方法二（多捷斯式）：

$$u_t = Re_t \mu_f d_p^{-1} \rho_f^{-1} \tag{2-29}$$

式中 $Re_t = Ar (18 + 0.61 \sqrt{Ar})^{-1}$

$$Ar = d_p^3 (\rho_s - \rho_f) g \mu_f^{-2}$$

（3）方法三，按颗粒沉降理论推算的公式：

$$u_t = \left[\frac{4}{3} g d_p (\rho_s - \rho_f) \right]^{1/2} \rho_f^{-1/2} \xi^{-1/2} \tag{2-30}$$

式中 ξ——颗粒与流体间的阻力系数。

D   沸腾层床层压力降（Δp）

临界流化状态时：

$$\Delta p = (1 - \varepsilon_{mf})(\rho_s - \rho_f) g h_0 \approx (1 - \varepsilon_{mf}) \rho_s g h_0 \tag{2-31}$$

流化状态时：

$$\Delta p = \varphi \rho_s g h_0 \tag{2-32}$$

式中 h_0——静止料层高度或料层堆积高度；

　　φ——压降缩小系数，一般情况下 $\varphi < 1$。

2.2.1.4　不正常流化状态

大概存在着下列两种不正常流化状态，如图 2-7 所示。

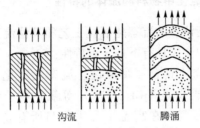

沟流　　　　　　腾涌

图 2-7　不正常流态化示意图

A　沟流

当固体物料颗粒间黏结，使气体在床层的固体黏结块旁通过；或者说，大量气体短路，穿过床层内一些狭窄通道，而其他物料并未流态化，床层内仅部分流态化时，称为沟流。此时，床层压降远比物料浮重小，同时上下波动。出现孔道时，压降下降；孔渠坍塌时，压降上升。

产生沟流时，床层径向温度差增大，失流的物料易烧结，气体利用率低，生产率下降，直至床温不能维持为止。

过细的固体颗粒或没有一定比例的颗粒物料，及湿度大的物料，采用高度与直径比大的反应器时，都易形成沟流。

B　腾涌（气结）

当流态化层内气泡逐渐汇合长大，甚至气泡直径可能接近小反应器直径时，床层上部物料呈活塞状向上运动，料层达到某一高度的气泡崩裂又坠下，称为腾涌。

产生腾涌时，床层压降急剧波动，料层不均匀，气—固系接触不良，不少物料被吹跑，气体利用率下降，炉衬因强烈的冲击易脱落。

过大的固体颗粒或过大的气体速度，以及沸腾床直径过小

（小于 0.5m）等都是产生腾涌的原因。

　　在流化操作中，必须避免产生不正常流态化。一旦出现不正常流态化现象，必须针对产生的原因，采取适当措施加以克服。

2.2.2　流态化氯化中物料和流体的特性

　　金红石和高钛渣的流态化氯化工艺和其他流态化过程相比，所使用的物料和流体具有下列 3 点特性：

　　（1）气体介质具有强腐蚀性。流态化氯化的气体介质是氯气，反应生成物是 $TiCl_4$、$FeCl_3$ 等氯化物，都具有强腐蚀性能，特别是氯气，在高温下几乎能与所有物质反应，因此炉衬必须耐腐蚀，设备必须密封。而用来制造流态化炉内阻挡器、冷却器和内收尘器等内部构件的高温耐腐蚀金属材料难以解决。

　　（2）炉气中含粉尘多。在流态化氯化过程中，床层内固体颗粒由于强烈的湍动，不断地被粉碎和磨损，容易产生粉尘。同时，氯化反应生成物都是气体，而固体物料参加反应是一个颗粒逐渐变小的过程，这些未反应完的小颗粒物料易被气流带出炉外，成为炉气中的粉尘，使物料的利用率降低。目前，减少粉尘的方法有两个：

　　1）采用外旋风收尘器的方案。炉气通过外旋风收尘，将粉尘物料又带回炉内，此时炉气带走的粉尘量约占物料的 13% ～ 15%。当原料为金红石时，收尘率高，达 80%，粉尘中含金红石为 20%，但是物料经摩擦，不能形成氯化物保护层。外旋风收尘器的钢质材料寿命仅为 2 个月。当原料为高钛渣时，炉气中固体粉尘更多，常堵塞管道而无法使用。所以此法的收尘效果还不十分理想。

　　2）采用自由沉降的方法，即在炉体流态化段上面加一扩大段，炉气夹带粉尘进入扩大段后，由于操作时进入扩大段的气速骤降，粉尘不易带出炉外。这种炉型结构简单，收尘效果尚好。

（3）两种固体物料密度相差较大。流态化氯化制取 TiCl₄ 所使用两种固体混合物料间，密度相差约为 2.5~3 倍。为了使两种混合物料在流态化氯化时保持良好的流化状态，较妥当的办法是调节固体物料的粒径，使其平均颗粒的单粒质量相近，在同一气速下得到相近的真速度，以利于达到流态化层物料不分层的目的。

假定固体颗粒均为球形时，则有下列近似理论计算式：

$$d_{p碳} = \rho_{钛料}^{1/3} \, \rho_{碳}^{-1/3} \, d_{p钛料} \qquad (2-33)$$

当 $\rho_{钛料} = 4g/cm^3$、$\rho_{碳} = 1.5g/cm^3$ 时：

$$d_{p碳} \approx 1.4 d_{p钛料} \qquad (2-34)$$

式中　d_p——固体颗粒平均粒径；

　　　ρ——物料密度。

式（2-34）计算表明，在固体物料中采用油焦的平均颗粒粒径应比金红石（或钛渣）粒径理论值约大 1.4 倍左右。

实测以空气为流体，钛渣和石油焦不同的粒径在常温下与临界流速的关系如图2-8所示。它表明两种物料在同一个 u_f 值下，相应的石油焦粒径要大一些。

在试验中，曾采用高钛渣 0.18~0.075mm 和石油焦 0.25~0.1mm 的混合物料，也采用过高钛渣小于 0.18mm 和石油焦小于 0.5mm 的混合物料，在常温下以空气作流体进行流化，均未发现明显的分层现象。由此可以看出，流态

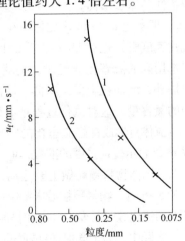

图 2-8　临界流速与物料
粒径的变化
1—钛渣；2—石油焦

化时一般气体流速较大，物料混合强烈，所以料层中的分层现象并不显著，两种物料粒径的比例允许保持较宽的范围。

2.2.3　建立良好流态化状态的条件

流态化氯化既是一个氯化过程，也是一个流态化过程。它同时要受到两方面的制约，它们相互间又互为影响，其中，建立良好的流态化即流化质量好是流态化氯化的基础。当然也不能忽视动力学因素的影响，否则要进一步提高反应速率也是不可能的。下面就建立良好流态化条件的 3 个主要因素进行分析。但应该指出，它们之间是紧密联系又互为影响的。

2.2.3.1　流态化速度

选择适宜的流态化操作速度是建立良好流化的十分重要的条件。流态化氯化的流体介质是氯气（或稀释的氯气），因此，必须确定适宜的氯气流量，保持适宜的流态化速度。

流态化速度的选择涉及的因素较多，与流体的性质、物料颗粒特性和床层结构有关。可以选择的范围比较宽，按定义，$u_f < u < u_t$，事实上 u_t 与 u_f 之比值约在 $50 \sim 100$ 范围内。当选用较低的流化速度时，也就是 u 接近 u_f 时，氯化速度低，生产率也低；当选用高的流态化速度时，也就是 u 接近 u_t 时，易将细粉料带出炉外，增加粉尘量，降低了氯在炉内停留时间，也增加了尾气中的氯含量，这对氯化过程是不利的。

流体对形成良好流态化的影响还可以用流化数来衡量。流化数 W 是表示搅动强度的准数，$W = u/u_f$。当 $W \approx 2$ 时，流态化层中央部分固体物料颗粒做上升运动，沿床壁的颗粒则向下移动，当 W 为 $5 \sim 6$ 时，物料颗粒沿床壁做螺旋运动。W 越大，搅动越剧烈。过大的流化数时易发生气泡和腾涌，破坏了流化料层的均匀性。

实践中，为了既保证良好的流化状况，又能取得高的生产率，常选择适宜的流化操作速度 $u_{宜}$，即确定适宜的流化数 $W_{宜}$。目前，主要依靠经验来确定，有下列经验公式可供参考：

$$u_{宜} = (0.20 \sim 0.40) u_t \qquad (2\text{-}35)$$

$$u_{宜} = (2 \sim 10) u_f \qquad (2\text{-}36)$$

一般取 $u_{宜} = (5 \sim 10) u_f$，即取 $W_{宜}$ 为 5~10。

2.2.3.2 炉体的结构

流态化氯化炉的炉体结构对形成良好流化有很大影响。流态化炉炉膛若采用较大的流态化段高度，即取流态化段高度与直径比为较大值时，容易产生气泡，造成不正常流化。因此，适当增大设备直径并降低流态化层高度，可以改善流化状况，提高流态化层的均匀性。相反，若采用较低的流态化段高度，易增加粉尘量，对氯化过程也是不利的。实践中常常兼顾这两者关系来确定适宜的流态化段高度与直径比。

气体分布板对流态化层的均匀性影响也比较大。采用较大阻力的气体分布板，有利于改善流化状况，因此，最好采用侧流型分布板。

2.2.3.3 物料颗粒特性

物料颗粒特性包括颗粒的粒径、密度、球形度和颗粒粒径分布、体积密度、孔隙率、黏度等，它与流化状况密切相关。

选择适宜的物料颗粒极为重要。一般来说，密度小、粒径也较小的球形颗粒，粒径分布广，颗粒间黏结性小，则流动性好，有利于形成良好流化。对于伴随有多相反应的流态化氯化而言，采用的物料颗粒越细，反应界面积越大，氯化反应速度也越快。流化操作一般采用 0.043mm 至几毫米的物料颗粒。平均粒径为 0.03~0.15mm 的细粒与平均粒径大于 0.5mm 的粗粒比较，不但比表面积大，流动性和传热性能也较好，并能降低物料的黏度。但是，过细的物料粒度易产生沟流，这是需要避免的。

实践中，常常不是采用相同粒径的物料，而是采用较宽的粒径分布，使粗粒和细粒成一定比例混合的物料，这可使流态化层流化平稳、均匀和气泡较小，并增大相界面积。所以，采用调配适宜的粒径分布的物料，也是形成良好流化的重要条件之一。目前，完全是凭经验来进行调配的。

物料的黏度越大，对形成良好的流化状况越不利。特别是采用的物料中含有黏性成分时，在流化作业中物料便会黏结制粒或结块，容易破坏正常流化。如在流态化氯化过程中，当物料中含有一定量的杂质 CaO 和 MgO 时，相应地氯化生成 $CaCl_2$ 和 $MgCl_2$。这两种氯化物杂质熔点低而沸点高，$CaCl_2$ 的熔点为 772℃，沸点大于 1600℃；$MgCl_2$ 的熔点为 714℃，沸点为 1412℃。在较宜氯化温度（800~1000℃）下它们呈熔融状态，易停留在流态化层内，挥发性小，难以有效地排除。随着氯化过程的进行，熔融 $CaCl_2$ 和 $MgCl_2$ 具有黏性，使物料黏度增大，还能黏结其他成分，影响流态化层的均匀性。当流态化层内物料中的 $CaCl_2$ 和 $MgCl_2$ 富集至一定程度时，物料开始制粒或结块。此时，床层压降增高，并且波动剧烈，排渣困难，排出的炉渣也制粒或制块，氯化速度大大降低，并增高尾气的氯含量。最后，直至流化被破坏。实践表明，采用高钙镁盐的钛渣（或金红石）较难进行流态化氯化。

2.2.4　加碳氯化动力学

2.2.4.1　加碳氯化反应机理

TiO_2 加 CO 氯化是个气—固类复杂反应过程，反应在 TiO_2 固粒表面进行，而且，属于两种气体同时在固粒表面进行着氯化—还原的两种反应。由于对于该反应机理认识不足，常用的方法是先提出假说，即设计一套反应历程，再进行实验检验。在 1980 年前后，文献上已有两种机理（假说）方案。第一种方案是中国学者提出的，设计的氯化剂是 COCl 类产物。第二种方案是苏联学者泽里克曼（参考文献 [9]）提出的，设计的氯化剂是 Cl^-。经过多年的潜心研究，认为第二种方案更为合理。第一种方案已在本分册第一版上介绍过。现介绍第二种假说方案的反应历程。它是由下列反应串联而成：

$$Cl_2 == 2Cl^- \tag{2-37}$$

$$TiO_2 + Cl^- == TiOCl + O^- \tag{2-38}$$

$$TiOCl + Cl^- == TiOCl_2 \tag{2-39}$$

$$TiOCl_2 + Cl^- == TiCl_3 + O^- \tag{2-40}$$

$$TiCl_3 + Cl^- \rule[0.5ex]{2em}{0.4pt} TiCl_4 \qquad (2\text{-}41)$$

$$O^- + CO \rule[0.5ex]{2em}{0.4pt} CO_2 \qquad (2\text{-}42)$$

该氯化过程依序即按氯化剂生成→扩散→吸附→反应→脱附→扩散等步骤进行,其中,化学反应是在 TiO_2 颗粒表面上进行的。微观动力学可用缩粒模型(固粒半径随着反应的进行逐渐缩小)来描述(见图 2-9)。其中以式(2-38)的反应最慢,所以式(2-38)成为控制步骤,此时则有:

$$-\frac{dW_{TiO_2}}{dt} = \frac{dW_{TiOCl}}{dt}$$

按此进一步导出下列动力学方程式:

$$-\frac{dW}{dt} = kAp_{Cl_2}^{0.5}p_{CO} \qquad (2\text{-}43)$$

式中 W——TiO_2 的质量,代替 W_{TiO_2};

p——气体压力;

A——固粒比表面积。

经实验验证,式(2-43)是成立的。

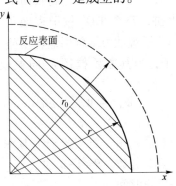

图 2-9 缩粒模型示意图

碳的气化反应也是个气—固相复杂反应,CO 来自吸附在炭粒表面的 CO_2 被碳还原的反应。一种理论认为,整个反应过程是由下列反应链构成:

$$C + CO_2 \rule[0.5ex]{2em}{0.4pt} CO + C + [O] \qquad (2\text{-}44)$$

$$C + [O] =\!=\!= CO \qquad (2\text{-}45)$$

式中 [O]——被碳吸附的氧原子。

碳的气化反应也是个慢过程，实际 CO 的分压值有 $p_{CO} = \eta$ $(p_{CO}+p_{CO_2})$，在一定的炉型和工艺条件下，η 为常数，p_{CO} 也为常数，令 $p_{CO}=B$。加碳氯化总反应是由式（2-3）和式（2-4）加和而成的复合反应，所以，它的反应历程由式(2-37)~式（2-41）和式（2-44）、式（2-45）一连串反应链构成。

在式（2-3）和式（2-4）中，仅式（2-3）反应的生成物中有 $TiCl_4$。因此，按生成 $TiCl_4$ 的反应速率而言，加碳氯化总反应式速率同式（2-3）的速率，并且有相同的动力学规律，但这里 p_{CO} 为常数。由此导出加碳氯化动力学式为：

$$-\frac{\mathrm{d}W}{\mathrm{d}t} = k'ABp_{Cl_2}^{0.5} = k'Ap_{Cl_2}^{0.5} \qquad (2\text{-}46)$$

在连续均衡加料的流态化工艺中，宏观上可以认为粉体颗粒群在动态中总表面积为定值，即式（2-46）中的 A 为常数。由此可见，此时宏观动力学式（2-46）变得很简单。

但是从微观上讲，每个 TiO_2 粒子表面积则是不断缩小的，对微观反应有影响。微观动力学可用缩粒模型来描述。现来分析 1 个球状 TiO_2 粒子，当其原始粒径 r_0 向粒径 r 变化时（见图 2-9），可以导出：

$$W_0^{1/3} - W^{1/3} = k't \qquad (2\text{-}47)$$

或 $$1 - (1 - R)^{1/3} = kt \qquad (2\text{-}48)$$

式中 W_0，W——粒径 r_0 和 r 对应的 TiO_2 质量；

   R——反应分数，$R=1-W/W_0$；

   t——反应时间。

式（2-47）和式（2-48）揭示了在连续加碳氯化作业中单一颗粒或单一粒级 TiO_2 反应所应遵循的微观规律。在间歇作业中，宏观上粉末体总表面积在不断变小，经验也证实符合式(2-47)所描述的规律。

加碳氯化时，微观反应属于缩粒模型，即反应在固体颗粒表面进行。在流态化过程中，由于流体使固粒产生强烈的湍流，使气—固间的扩散速率大大提高，与固定床相比，其扩散阻力小得多。

2.2.4.2 影响氯化反应的动力学因素

影响氯化反应动力学的因素主要有氯气浓度和流量、反应温度、富钛料的特性、还原剂的活性和配碳比。

A 氯气的浓度和流量

由前述导出的加碳氯化式（2-46）可以看出，$-\dfrac{\mathrm{d}W}{\mathrm{d}t} \propto p_{\mathrm{Cl}_2}^{0.5}$，这表明反应速率与 $p_{\mathrm{Cl}_2}^{0.5}$ 成正比，提高氯化时气体氯的浓度能增大反应速率。

在加碳氯化过程中，氯气既是氯化剂，又是气流载体。当氯气入炉后便进行了复杂的化学反应，使气体种类和体积发生了变化。为简化计算，不考虑它的化学变化。如使用纯氯加料时，加入的氯气量是通过控制氯气流量来达到的。流量越大，它在流化床内的流速也越大。

采用制粒高钛渣（1~5mm）为原料，控制反应温度为900℃，实验获得的加碳氯化反应速率与氯气流速的关系曲线如图 2-10 所示。图中曲线表明，当氯气流速较小（$u < 0.8\mathrm{m/s}$）时，氯化速率随氯气流速增加而加大。这是因为氯气流速的增加造成流化床内强烈的湍动，使高钛渣固粒表面气体边界层变小，有利于提高气体的扩散速率，增加了氯化速率。当氯气流速达到

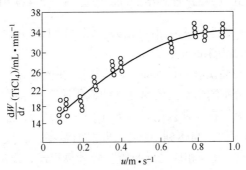

图 2-10 氯化反应速率与氯气流速的关系曲线

较大值（$u = 0.8 \text{m/s}$）后，扩散速率已很大，反应不再受扩散步骤控制，所以再进一步提高氯气流速影响已不明显。

要提高反应速度，必须提高氯气的浓度，氯气浓度越高越有利，最好是使用纯氯。但是，也要依据现场的具体条件因地制宜，若有浓度较低的氯气，必须直接加以利用。为了提高氯气浓度，有时需补充一些纯氯。实践表明，采用浓度稍低的氯气，如浓度为75%的氯气，对氯化反应速率没有明显的不良影响。

单靠提高氯气浓度来增加反应速度是不够的，还需适当地加大氯气流量。由于适宜的流化操作速度范围比较宽，适当地加大氯气流量来加速流化操作是可行的。但宜使用颗粒稍大的物料。

B　反应温度

承前述，碳的气化反应式（2-4）和 TiO_2 加 CO 氯化反应式（2-3）复合成 TiO_2 加碳氯化总式（2-7）。从碳的气化反应的反应速率而言，其与反应温度密切相关。在独立的碳的气化反应系统里，生成的 p_{CO} 值与温度正相关，随着温度升高 p_{CO} 迅速增大。在独立系统里，p_{CO} 值曲线呈长的 "S" 形，即有 $p_{CO} = f(t)$。当 $t = 727℃$ 时，$p_{CO} = 0.5$，为中值点；当 $t = 1000℃$，$p_{CO} > 0.98$。在氯化工艺系统里，因 CO 用还原剂不断消耗，尽管达不到平衡点，但随着温度升高，p_{CO} 值明显上升，这可由表 2-1 中数据（p_{CO}）分值规律可见，说明式（2-4）中 p_{CO} 值受反应温度影响很大。

同时，式（2-3）推导出的动力学公式（2-43）中，$-\dfrac{dW}{dt} \propto p_{CO}$，表明氯化速率与 p_{CO} 值正相关。综合以上两方面，反应温度是氯化反应动力学的重要因素。

采用制粒高钛渣（1~5mm）作原料，在流态化炉上进行加碳氯化实验，分别测出不同的温度下的氯化速率，结果如图 2-11 所示。由图可见，在加碳氯化低温下（300~700℃），随温度升高氯化速率增加很快；当达到 700℃，再增加温度，氯化速率增加较慢。温度 700℃ 处为相应的转折点。经计算得出，反应的活化能：300~700℃ 时，$E_表 = 36 \text{kJ/mol}$；700~1100℃ 时，$E_表 = 8.86 \text{kJ/mol}$。

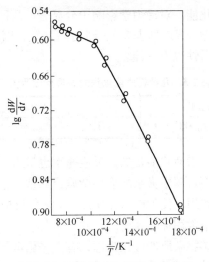

图 2-11 氯化速率与温度关系曲线

结果表明：在低温区（300~700℃），化学反应步骤是控制步骤；在高温区，即温度大于 700℃ 时，扩散步骤为控制步骤。所以，实际选用的作业温度都在较高的温度下，这样便于获得高的氯化速率。但是，由于氯在高温下的腐蚀性强，兼顾到设备的安全性，不宜采用过高的作业温度，常用的较适宜温度为 900~1000℃。

C 富钛料的特性

氯化反应的动力学过程除与富钛料的成分有关外，还与物料的颗粒特性有关。使用含 TiO_2 品位高的富钛料或使用含低价氧化钛多的高钛渣均可以增大反应速率。另外，还与富钛料中所含杂质成分种类和多少有关，因为所含 MgO、CaO 等碱性金属氧化物具有催化作用，而所含 SiO_2 却具有毒化作用。

物料表面积 A 越大，越有利于提高反应速率。如选用颗粒小的物料或孔隙多而表面粗糙不平的物料，可以增大 A 值，但是为了避免出现不正常流化，不宜选太小的物料颗粒，如粉料。兼顾两者，工艺上常使用中等粒级的物料。

D 还原剂的活性和配碳比

不同的还原剂其反应活性不一样，在富钛料氯化过程中具有不同的反应活化能，对动力学影响十分显著。几种还原氯化剂的表观反应活化能（E）见表 2-5。即使同是碳，因品种不同及成分不同其反应活性也不一样。

表 2-5 几种还原氯化剂的表观反应活化能

还原氯化剂	Cl_2	$C+Cl_2$	$CO+Cl_2$
表观反应活化能 $E_{TiO_2}/kJ \cdot mol^{-1}$	184	80.8	123

加碳氯化所需活化能最低，反应速率也最大。这是因为碳不仅是还原剂，而且碳中夹杂的多种杂质，如铁、钴、镍、锰等化合物均有催化作用，使加碳氯化比加 CO 氯化反应速率大 40~50 倍，所以实践中常用加碳氯化。

关于碳中矿物杂质的催化机理，有人采用电子循环授受助催化理论进行验证，认为以碳的电负性为标准，一切电负性比碳小、能向碳输送电子者必定为催化剂，反之必定为毒化剂。其中，铁、镍和碱金属、碱土金属及其盐类均为催化剂，而硅及其盐类均为毒化剂。

在使用石油焦作为还原剂的情况下，过大的配碳比（除作为处理高钙镁盐的富钛物料用作稀释剂外）不但不会使反应速率增加，反而会造成浪费；配碳比过小，富钛物料氯化不完全，一部分 TiO_2 进入炉渣排出，降低了钛的回收率。因此，配碳比必须准确适当。

2.3 流态化氯化设备

2.3.1 流态化氯化工艺流程

2.3.1.1 方法比较

制取 $TiCl_4$ 有流态化氯化、熔盐氯化和竖炉氯化 3 种氯化方法。

流态化氯化是采用细颗粒富钛物料与固体碳质还原剂，在高温、氯气流作用下呈流态化状态，同时进行氯化反应制取 $TiCl_4$ 的方法。

该法具有加速气—固相间传质和传热过程、强化生产的特点。

熔盐氯化是将磨细的钛渣或金红石和石油焦悬浮在熔盐（主要由 KCl、NaCl、$MgCl_2$ 和 $CaCl_2$ 组成）介质中，通入氯气氯化制取 $TiCl_4$ 的方法。

竖炉氯化是将被氯化的钛渣（或金红石）和石油焦细磨，加黏结剂混匀制团并经焦化，制成的团块料堆放在竖式氯化炉中，呈固定层状态与氯气作用制取 $TiCl_4$ 的方法，又称为固定层氯化或团料氯化。

现行生产 $TiCl_4$ 的氯化方法主要是而且是最先进的流态化氯化（日本、美国采用），其次是熔盐氯化（苏联采用），竖炉氯化已被淘汰。中国兼用流态化氯化与熔盐氯化。3 种不同氯化方法的比较见表 2-6。

表 2-6　不同氯化方法的比较

比较项目	流态化氯化	熔盐氯化	竖炉氯化
主体设备	流态化氯化炉	熔盐氯化炉	竖式氯化炉
炉型结构	较复杂	较复杂	复　杂
供热方式	自热生产	自热生产	靠电热维持炉温
最大炉生产能力 （以 $TiCl_4$ 计）/t·d^{-1}	80~120	100~150	20
适用原料	适用于 CaO、MgO 含量低的原料	适用于 CaO、MgO 含量高的物料	用于处理 CaO、MgO 含量高的原料
原料准备	粉料入炉	粉料入炉	制成团块料入炉
工艺特征	反应在流态化层中进行，传热、传质条件好，可强化生产	熔盐由氯气搅拌，传热、传质条件良好，有利于反应	反应在团块表面进行，限制了氯化速度
碳耗	中等	低	高
炉气中 $TiCl_4$ 浓度	中等	较高	较低
炉生产能力 （以 $TiCl_4$ 计） /t·$(m^2 \cdot d)^{-1}$	25~40	15~25	4~5
"三废"处理	氯化渣可回收利用	需解决回收利用排出的废盐	需定期清渣并更换炭素格子
劳动条件	较好	较好	差

2. 3. 1. 2　工艺流程

目前，国内外所用的流态化氯化工艺流程大体上是一致的，其原则工艺流程如图 2-12 所示，但采用的设备差别较大。设备流程如图 2-13 所示。

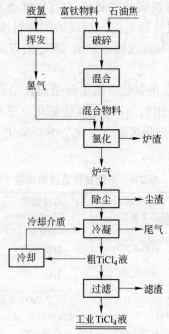

图 2-12　流态化氯化原则工艺流程

氯化设备由三部分组成，第一部分是原料准备设备，第二部分为流态化氯化炉，第三部分为后处理设备。其中，原料准备和部分后处理设备为标准设备，在此略加介绍。这里主要介绍主体设备，如流态化氯化炉等非标准设备。

2. 3. 2　流态化氯化炉

流态化氯化炉不宜用构造复杂或内部附加构件的床层，为了避免因氯化腐蚀而遭受损坏，常采用单层圆形流化床。目前常见

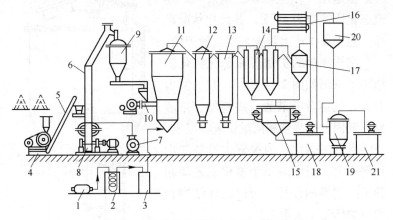

图 2-13 流态化氯化设备流程（举例）

1—液氯瓶；2—液氯挥发器；3—缓冲罐；4—颚式破碎机；5—运输机；
6—竖井；7—鼓风机；8—锤式粉碎机；9—料仓；10—加料机械；
11—流态化氯化炉；12—第一收尘器；13—第二收尘器；14—喷洒塔；
15—循环泵槽；16—冷凝器；17—泡沫塔；18—中间储槽；
19—过滤器；20—过滤高位槽；21—工业 TiCl$_4$ 储槽

的炉形有直筒形、扩散形和锥形。

直筒形炉上下一样粗，结构简单而紧凑，适用于粒度细而流速低的场合。但是操作流速范围较窄，多用做实验设备。

扩散形炉的炉膛空间上下不相同，下部流态化段直径小，上部空间经扩大而较粗，适用于粉料粒级较宽的作业条件。操作时物料进入炉膛，粗粒在流态化层内反应，而细粒进入扩大段，由于气流速度降低不被带出，其在炉内的停留时间增加。在扩大段里，残余氯气又继续和细粉料反应，进行稀相氯化，这有利于降低氯化时的粉尘率和提高物料的利用率，因此它是工业上常采用的大中型炉体，后面将重点介绍。

锥形炉的特点是流态化层呈倒圆锥形，炉截面积自下而上逐渐地扩大。此炉型流态化层部位的气流速度随高度升高而变小，使流态化层保留较多的细粉，对改善流态化床粒度分层有利。这种炉型适用于小型炉体，如某厂炉体流态化段锥角为 4°25′，其流化状况良好，但工业生产上较少采用这种炉型。

结构简单的扩散形流态化氯化炉结构示意图如图 2-14 所示。它主要由炉体、气体分布装置、加料器、排渣器、气固分离装置和测量仪表等组成。

尽管流态化炉的投资占设备费用比例不大，但它对整个氯化工艺却起到了决定性的作用，所以设计结构合理的炉体是至关重要的。

2.3.2.1　炉体的结构

炉体按部位由炉顶、炉身和炉底三部分组成。按结构，外层是钢材焊成的炉壳，内层是炉壁。炉壁由数层耐火和保温材料砌成，要求其耐高温、耐氯气和耐酸腐蚀，密封性能好，因此常选用酸性或半酸性耐火材料作为炉衬材料。特别是流态化段，温度高、氯气浓度大、物料对炉壁的冲刷严重，炉壁应适当加厚。为了防止氯气渗漏，内衬最好采用预制圈层整体构筑。

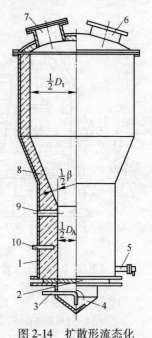

图 2-14　扩散形流态化
氯化炉结构示意图
1—炉壳；2—气体分布板；
3—进气管；4—风箱；
5—排渣器；6—炉气出口；
7—人孔；8—炉衬；
9—加料口；10—测温管

炉壁结构举例：外层为捣固层，用矾土固料混凝土或磷酸盐捣固材捣固成，厚度为 185mm。第二层为耐火砖层，用黏土耐火砖或其他半酸性耐火砖砌成。流态化段厚度为 165mm，扩大段厚度为 120mm，过渡段用异形砖，在流态化段加厚两层。第三层为熔铸层，用电极糊熔铸而成，厚度为 200mm。流态化段内层为预制圈层，它是用磷酸铝矾土骨料混凝土捣固成的预制圈装配成的，便于损坏时更换，厚度约为 300mm。

2.3.2.2 炉体的基本尺寸

A 流态化段直径 D_A

流态化段直径 D_A 是按炉体规模，即按生产能力来设计的，可用下式算出：

$$D_A = \left(\frac{4V}{\pi u}\right)^{0.5} \tag{2-49}$$

式中 V——通过流化床总的气体量，m^3/s；

u——选用的操作气速，m^3/s。

目前已有炉体的经验数据，采用这些数据更可靠。

B 流态化段高度 H_0

流态化段高度是按处理物料的性质来确定的。在实际生产中，所处理的物料粉尘多，为了降低粉尘率，H_0 值应取大一些。但流态化段高度也不宜太大，否则流态化层内易出现气泡，使流化不正常。常常是兼顾两者关系来确定适宜的 H_0 值。有经验数据供参考：小型炉体取 $H_0/D_A \approx 2$；大型炉体取 $H_0/D_A < 1$。

C 扩大段直径 D_t

目前采用扩散形炉体效果较好。但 D_t 的选用也仅有经验数据可供参考，目前常采用增大 D_t 的方法达到除尘的目的。但 D_t 过大会增加建设费用，效果也不理想。常按 $D_t/D_A > 2$ 来选用 D_t，一般宜采用 $D_t/D_A = 2.5$ 左右，并应通过进一步实验来验证选用最合理的 D_t 值。

D 分离空间高度 H_t

分离空间高度是指从流态化层表面至炉顶的高度，即过渡段高度和扩大段高度之和，一般不小于 3m。目前也仅有经验数据可供参考。炉体总高 $H = H_0 + H_t$。

E 过渡段锥角 β

过渡段锥角即为其锥面和炉内径所夹的角。过渡段锥角的大小直接与过渡段高度有关，也与流态化炉总高度有关。锥角过大，粉尘物料易堆积在锥面上，并烧结成"死灰"，达到一定厚度时，可能以块状脱落，沉积在分布板上，破坏正常流化。如某小型流态化氯化炉的 $\beta = 2 \times 41°$，β 值大，锥面常积料。某小型炉体有一次积料已搭成桥，中间仅有 300mm 的孔道，若继续生产，情况可能还要恶化。

合理的锥角 β 应按物料的自然堆积角 α_0 来确定。实测高钛渣和石油焦混合物料的自然堆积角 $\alpha_0 \approx 30°$，应使过渡段锥角 $\beta \leq \alpha_0$，因此，取 $\beta \leq 60°$ 为宜。

2.3.2.3　炉体的放大

由于流态化氯化过程的复杂性，目前还很难建立合适的数学模型去准确地描述这一过程。因此，炉体放大按相似原理计算数据去放大设备，其偏差很大，不够可靠，只能作为参考。从实验室到工业规模的放大颇为困难，这是由于不同规模流化床的流化类型属于情况各异的流化体系。有人认为，流化床的放大存在着放大效应，其临界半径为 0.5m，即当流化床的半径大于 0.5m后，床层的放大就比较容易了。虽然流态化技术发展较快，但人们对流化现象了解得仍较粗浅，以致目前大量的工程设计仍主要依靠经验判断而做出。因此，流态化炉的设计和放大，大多是参考已往开发成功的经验和少量有用的理论。当然，经验既包括属于本工艺范畴的，也可参考其他领域，如化工和冶金工艺中同类型成功的炉型。

流态化氯化炉在实践中逐渐扩大，目前最大炉型的流态化段内径已达 3m，生产能力也相应增加了许多。到现在为止，国内外开发成功的流态化炉特征尺寸 ($D_A \times H$) 有：$\phi 0.6m \times 7m$，$\phi 0.8m \times 10m$，$\phi 1m \times 14m$，$\phi 1.2m \times 12.4m$，$\phi 1.36m \times 9m$，$\phi 1.7m \times 10.5m$，$\phi 1.75m \times 13.26m$，$\phi 2.4m \times 13.4m$，$\phi 2.44m \times 8m$，$\phi 3m \times 10m$，$\phi 3.05m \times 8.23m$。以上数据可供放大设计参考。

2.3.2.4　气体分布装置

气体分布装置一般可分为气体预分布器（风箱及其内件）和气体分布板两部分。

为使氯气进入分布板前形成一个较好的布气流形,并减轻分布板均匀布气的负荷,配置了气体预分布器。其结构有多种形式,但没有严格的设计要求,只要使进入炉内的氯气不偏向一侧就行。风箱的作用是使进入的氯气静压均匀分布,这就基本消除了从风管进入风箱的气体动压,使之变成静压。因此,风箱的容积必须足够大。富钛物料氯化工艺采用最简单的一种是弯管式预分布器,气体加入管端呈90°夹角。

气体分布板是一种对形成良好流化有关键性作用的部件。它的作用是支撑物料、均匀分布气体和创造一个良好的初始流化条件,并能抑制聚式流化不稳定性的恶性引发,使之长期保持良好流化状态。但它的作用也有局限性,并随分布板的形式而异。如锥帽侧缝型分布板,可在分布板上 250~300mm 的流化层内起作用。一般要求分布板阻力较小,不漏料,不易堵,结构简单,便于制造和维修等。

气体通过气体分布板时,具有一定阻力(或称为压力降)。只有当此阻力大到足以克服聚式流化不稳定性时,分布板才能起到破坏气体流股并均匀分布气体的作用,也才可能将良好流化持续下去,因此分布板必须具有一定阻力。分布板的阻力是由开孔率决定的,因此,减少开孔率,可以增加其阻力,一般都能起到改善分布气体和稳定性能的作用。但过小的开孔率会造成阻力太大,增加了动力消耗,这在技术上和经济上都不合理。因此,工艺上常选择使分布板能起到均匀布气,同时又具有良好稳定性的最小压降和最大开孔率。这两值相应地称为临界压降和临界开孔率。这两个临界值与流化状况和进气管也有关系,不少资料推荐了一些计算公式,但大多很繁杂。而运用经验数据处理比较简便,临界压降常取床层压降的10%左右,临界开孔率常取1%左右,如气体流速较小时应小于1%。本工艺流速较小,临界开孔率可小于1%。

气体分布板的形式很多,本工艺适用的可分为直流型和侧流型。它们的结构如图2-15所示。预分布器可分为弯管式、开口式、同心圆锥壳式、填充式等。

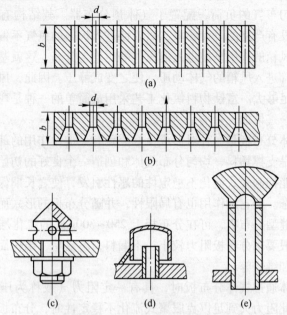

图 2-15　炉内气体分布板结构

（a）直孔筛板；（b）锥帽侧孔分布板；（c）泡帽侧缝分布板；
（d）泡帽侧孔分布板；（e）锥帽侧缝分布板

A　直流型分布板

常用的有直孔筛板和直孔泡帽板，而在直孔筛板中，除了平筛板外，还有凹形筛板及凸形筛板、锥形筛板等。它们的特点是结构简单，制作容易。但是，在流化操作时，因气体方向正对床层，易造成沟流，引起气体分布不均匀，流化质量较差，易堵孔，易漏料。除特殊情况外，一般不用此类气体分布板。

如果采用此类分布板，为了改善其流化性能，常在分布板上放置一层大颗粒惰性物质，如在流态化氯化工艺中加一层大块油焦，这便是通常称为加填充料的办法。它既可以防止分布板被氯气腐蚀损坏，又可弥补直流分布板的流化缺陷，而且不易堵孔，不易漏料。对于储存填充料层而言，以平筛板为佳。

应用举例：有的流态炉采用了直孔（平）筛板，如图2-15所示，材质为石墨或磷酸铝矾土骨料混凝土预制件，厚度为50mm，开孔率为0.8%，填充料为2~3mm的石油焦，料层厚约200mm，氯化的流化质量尚好。

B 侧流型分布板

这类分布板包括条型侧帽分布板、锥帽侧缝和侧孔分布板、泡帽侧缝和侧孔分布板等。它们都带不同形式的风帽，使气体导向，从而改善了直流型分布板的流化状况，并可防止漏料。风帽孔不直对料层，气体沿分布板水平面吹出，形成气垫，可以消除孔间产生的死床和黏结现象。这类分布板优点较多，应用也广，但结构复杂，制作比较困难。

流态化氯化炉最好采用侧流型分布板，但其分布板，特别是风帽，必须采用耐高温氯气腐蚀的材料做成，适用的材料有磷酸铝矾土骨料混凝土和莫来石（含$50\% \sim 80\% SiO_2$，$20\% \sim 50\% Al_2O_3$）等。采用钢板做气体分布板时，为了防止受高温氯气腐蚀和挠曲变形，固定风帽和使风帽插孔密封，在板上必须有一定厚度的保护层。适用的有磷酸铝矾土骨料混凝土和其他耐火水泥。

应用举例：某流态炉采用泡帽侧孔的钢制分布板，上面有两层耐火水泥预制件做成的保护层，风帽是用莫来石做成的。

目前，一般应用侧孔式风帽，如图2-16所示。

图2-16中，$D_2 = D_3 - (8 \sim 10)$（mm）；$D_1 = D_2 - 10$（mm）。小眼直径内 $d_小 = 2 \sim 8$mm，每个风帽有 6~14 个

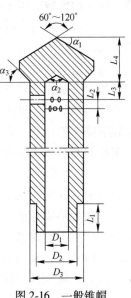

图2-16 一般锥帽侧孔式风帽结构

眼，小眼较多时可以钻两排孔。本工艺中由于开孔率较小，小眼直径和个数常取下限值。帽头较大时，帽顶倾角最好应大于物料的自然堆积角，这样物料不会在风帽顶部形成死床，但这要求并不很严格。一般 $\alpha_1 = 30° \sim 60°$，$\alpha_2 = 120°$，$\alpha_3 = 0° \sim 45°$，$L_1 = 20 \sim 40mm$，$L_2 = 8 \sim 12mm$，$L_3 = 8 \sim 5mm$，$L_4 = 30 \sim 35mm$，帽全高约 $170 \sim 250mm$，帽顶曲率半径约 $10 \sim 15mm$。风帽的小眼应加工光滑，无毛刺。

对于圆柱形流态化炉，无论是直孔筛板上的筛孔还是侧流型分布板上风帽的布置，过去均按同心圆排列，现在还有一种中间部分采用等边三角形排列，最外 $2 \sim 3$ 层用同心圆排列的。

同心圆排列的同心圆半径 R 为 r，$2r$，$3r$，$4r$，$\cdots$，nr，而圆周上的风帽间距应接近 r 值。

2.3.2.5　加料器

加料器的种类很多，本工艺列举的螺旋加料器是较简单的一种。这种加料器适用于输送干燥的固体粉料，具有加料均匀、结构简单、可以采用物料密封等特点。其加料量可通过调节螺旋的转速来控制。

选择适宜的加料口位置很重要，一般选在流化床层自由面稍高处。若加料口位置太高，会相应增加粉尘率，并易使刚入炉的粉料被炉气带走；若加料口位置在流化床层自由面以下，有利于降低粉尘率，但加料器螺旋杆易被氯气腐蚀，特别是会出现加料器超负荷，加不进物料，使螺旋不能转动或扭断联轴销子。

由于氯气的腐蚀，加料器螺旋顶端会逐渐变短、叶片变小，从而导致输送能力减小。同时，固相物料的烧结，对螺旋杆磨损严重，有时甚至超负荷，烧断传动皮带。为了保持其正常的运输能力，常采取两种措施。一方面是采取连续加料的操作方法，使螺旋杆常被物料密封覆盖，以减少氯气腐蚀的可能性；同时选用干燥物料，避免物料烧结带来的危害。另一方面是使用轴向移动的螺旋杆，当杆端腐蚀完后可以位移，恢复正常加料；螺旋杆用不锈钢材料做成，并将杆端螺纹加大，以提高其耐腐蚀性能。

2.3.2.6 排渣器

目前已有多种类型的排渣器，采用何种形式的排渣器和确定排渣口的位置都取决于采用的气体分布板。要求排渣器结构简单、密封良好、操作方便。

应用举例：某氯化炉的气体分布板为直孔筛板，采用底侧排渣，排渣口选择在筛板上 200mm 处，渣口下为填充料层。采用 3 个排渣器，等均分排列在炉壁上。每个排渣口与水平面呈 15° 倾斜引至炉外，与排渣器相连接。排渣器由两个相互间用螺丝连接的筒形钢管构成。正常生产时，排渣口和出料口密封不通；排渣时，将排渣器钢管向下旋转 180°，使排渣口和出料口相通，即能排渣操作。

2.3.3 炉气后处理设备

氯化炉出炉炉气温度很高，这些炉气中主要的有用成分为气体 $TiCl_4$。伴随它还有许多气体、液体和固体杂质。炉气的后处理是用各种工艺设备使 $TiCl_4$ 冷凝、收集，并使它的杂质初步分离，除去许多易分离的气体和固体杂质，降低精制工艺中的分离强度。经过初步分离，获得工业四氯化钛，即粗 $TiCl_4$。

后处理的工艺常用除尘、冷凝、过滤等方法，采用的设备相应为除尘设备、冷凝设备和过滤设备。

2.3.3.1 除尘设备

为了除去刚从氯化炉逸出的高温炉气中悬浮的固体颗粒杂质，需进行气—固分离操作。常采用的沉降设备有旋风收尘器和隔（挡）板收尘器。隔板收尘器结构简单、防腐性能较好，但除尘效率比旋风收尘器差。

旋风除尘器是工业应用广泛的一类干式机械除尘器，它既可以是单独的装置，又能与其他除尘装置串联使用。在清除或者收集微细尘为主的系统中，旋风除尘器常作为预级净化设备。

旋风除尘器的工作原理是，含尘气体被切向引入除尘器壳体，并沿壳体内壁形成旋转前进的气流，利用气流旋转时产生的离心力，将悬浮在其中的粉尘颗粒抛向壳体内壁并从气流中分离出来，而气体本身继续沿旋转方向前进，最后从排放口流出。图2-17 所示为最普通的一种旋风除尘器的工作示意图。

旋风除尘器的主要特点是：结构简单，没有运动的部件，制造、安装的费用比较少；可连续运转，维护管理方便，运行费用低；可耐 400℃ 以下的高温，为适应粉尘的物理性质和气体的特殊性质，可以采用不同材料制作除尘器；可以适应粉尘浓度为 $0.01 \sim 400 \text{g/m}^3$ 的各种含尘气体。

图 2-18 所示为一种隔板收尘器的示意图。这是一种带锥底

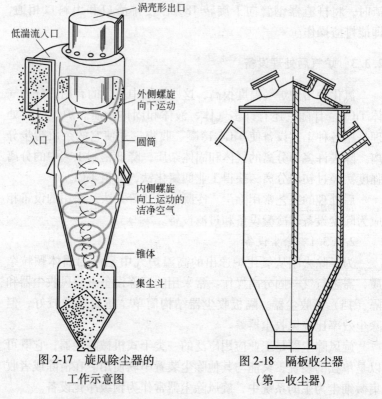

图 2-17　旋风除尘器的　　　　图 2-18　隔板收尘器
工作示意图　　　　　　　　（第一收尘器）

的长筒形钢设备，中间有一块隔板（或称为挡板）。设置挡板的目的，在于增加炉气的流体途径和阻力，以延长固粒的沉降时间。同时，随着设备的冷却，利于高沸点杂质冷凝成固体，以提高除尘效率。如果不加挡板，也可以采用加长收尘器筒体的方法来达到上述目的。为了达到良好的除尘效果，常把 2~3 台除尘器串联使用。为了提高除尘器高温防腐性能，紧靠氯化炉的第一个收尘器内壁涂上一层耐酸捣固防护层。

除尘效率与炉气流速、设备的大小和温度有关。如果除尘器内炉气流速低、停留时间长、温度低，对固体颗粒的沉降是有利的。但温度不宜太低，否则 $TiCl_4$ 气体会发生冷凝。因此，通常是采用加长设备长度或增加除尘器的数目来提高除尘效果。

2.3.3.2 冷凝设备

经过初步除尘的炉气，含有较多的 CO、CO_2、Cl_2、HCl 等气体，常采用冷凝法使有价成分 $TiCl_4$ 气体和它们分离。大多数气体杂质的凝固点很低，唯独 $TiCl_4$ 较高。采用冷凝的方法在常温下或比常温稍低的温度下，使炉气中的 $TiCl_4$ 气体冷凝成液态，而其他气体则从尾气中逸出，从而达到分离的目的。

一般采用直接冷凝的效果比间接冷凝要好。由于经冷凝的粗 $TiCl_4$ 液中含固体杂质较多，浮阀塔、泡罩塔和筛板塔等易堵，所以不适用。常用的冷凝设备有喷洒塔和挡板塔、泡沫塔。图 2-19 所示的 $TiCl_4$ 冷凝设备是把两台喷洒塔和一台泡沫塔串联使用的。

图 2-19（a）所示为一种喷洒塔（也称为淋洗塔）的示意图。实际上它是无塔板的空塔，塔顶有一个喷嘴（大型的喷洒塔可采用数个喷嘴）。冷凝液是采用冷却后的粗 $TiCl_4$ 液，自塔顶喷淋而下，和底部上升的炉气逆向接触，炉气中的 $TiCl_4$ 和其他一些杂质凝集成液体，流入循环泵槽。为了防止悬浮物堵塞喷嘴和管道，应采用较粗的塔顶喷嘴管道，如 38mm 的钢管。

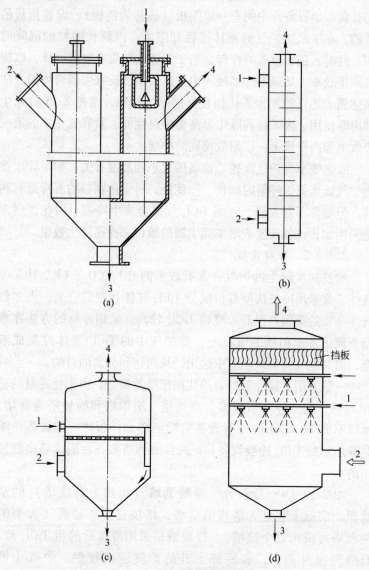

图 2-19　TiCl₄ 冷凝设备

（a）喷洒塔；（b）挡板塔；（c）泡沫塔；（d）喷雾塔

1—TiCl₄ 冷却液进口；2—炉气进口；3—TiCl₄ 液出口；4—炉气（尾气）出口

图 2-19 (b) 所示为一种挡板塔的示意图。这是将喷洒塔改进后的塔设备，在喷洒塔内安装若干块无筛孔塔板，开孔率比较大，塔板间距为 100~200mm，以增加炉气上升的路途，使气—液两相的接触面积增加，这种挡板塔比喷洒塔有更高的冷凝效果。

冷凝效率除与冷凝温度有关外，还与气液流向、气体停留时间和气—液两相间的接触面积有关。所以采用较低温度的冷却液和气—液逆流操作，以及加长气体停留时间都能提高冷凝效率。但冷却液温度太低，不仅消耗能量大，而且使液体 $TiCl_4$ 流动性差，对操作不利。因此，冷却液温度最低维持在 -10~15℃ 为宜。为了提高冷凝效果，常采用若干台冷凝设备串联使用，借以增长气体在冷凝设备中的停留时间。实践表明，图 2-13 所示的设备方案冷凝效果良好。经实测，第一喷洒塔冷凝效率最高，冷凝量占 97.9%，第二喷洒塔次之，冷凝量占 1.75%。

图 2-19 (c) 所示为一块塔板的泡沫塔示意图。这种泡沫塔既可用做冷凝器，也可用做除尘器。这是一种新型的高效率的相接触设备，适用于净制含灰、烟或雾的气体。其外形呈圆筒形或方筒形，中间由一块筛板隔开，分为上下两室。$TiCl_4$ 冷凝液由上室一侧靠近筛板处进入，被下室上升的炉气冲击，产生泡沫，在筛板上形成一层流动的泡沫层，此时气—液两相间便进行热交换和物质交换。炉气中的 $TiCl_4$ 和固体杂质微粒被泡沫层截留，由上室另一侧溢流而出，经净制的炉气由顶端逸出。

由于泡沫层剧烈湍动，所以其冷凝效率或称炉气除尘效率是很高的。然而，不是在所有的操作条件下都能形成泡沫层的，过大或过小的气流速度，可使液层变成鼓泡层或雾沫层，这对 $TiCl_4$ 的冷凝是十分不利的。所以，气流速度常控制在 1~3m/s 为宜。该设备虽然受操作波动的影响较大，不易维持平稳操作，但结构简单，冷凝效率高。

图 2-19 (d) 所示为一种喷雾塔，它属于湿式除尘器。它像一空塔，从上部向下喷淋液体 $TiCl_4$，炉气逆向而上，为了让气流在塔内截面上均匀分布，让炉气穿过孔板或薄的滤层。因为阻

力损失一般小于250Pa，粉尘颗粒小于10μm时除尘效率低，对于颗粒大于50μm的粉粒效率较高，所以，它一般与高效洗涤塔联用，起预净化、降温和加湿作用。事实上，它的结构起到将图2-19（a）和图2-19（b）两种塔组合的功用。所以，它是一种较好的冷凝兼除尘设备。因此，现在推广使用该种冷凝设备。

为了冷却和循环使用冷却介质——TiCl₄液体，冷凝设备还应包括一套冷冻机组、两台蛇管冷凝器（或列管冷凝器）和循环泵槽等附属设备。

2.3.3.3 过滤设备

经冷凝制得的TiCl₄液含有许多成分复杂的悬浮物，需经过滤加以去除。

固液分离属常规的化工单元作业。只要注意TiCl₄具有强腐蚀性这一特性就可以。在粗TiCl₄液分离除去大部分悬浮物过程中，常用的方法之一是浓密机。浓密机是依靠重力沉降的办法，使悬浮物沉降至浓密机底部，当底部呈浆状时，由底部螺旋排料器排出。但是，它的缺点是设备庞大，除去悬浮物的效率低下，因此应用较少。

采用固液分离另一种方法是过滤。这是固液分离效率较高的作业方法，比较常用。过滤设备的种类很多，因液体介质有腐蚀性，常用的有陶瓷过滤器、金属陶瓷过滤器和滤布过滤器。这几种过滤器的结构大致相同，区别仅在于所用的过滤材料不同。适用于本工艺的金属陶瓷过滤器只能是镍质或不锈钢质的。

由于本工艺属于制备粗TiCl₄液，允许TiCl₄液内残留部分细小悬浮颗粒，仅要求TiCl₄的质量分数占98%，杂质总的质量分数可达2%。这就是说，过滤精度不高，即使是有些固粒残留其中也无妨。工艺中常常选用滤布质过滤器，也可以用金属（如不锈钢）网布质过滤器。因为价格低廉，所以工艺中建议使用该种过滤设备。

图2-20所示为一直立式滤布过滤器的示意图。这种过滤器内装有多根过滤管，其上包裹有涤纶布。这是一种间隙性作业设

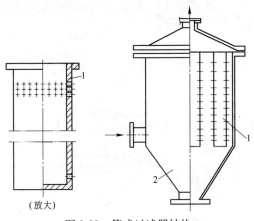

图 2-20 管式过滤器结构
1—过滤管；2—过滤器

备，过滤操作一段时间后，还可进行反吹操作，清除过滤布上的滤饼，并应定期将泥浆排出。为了提高过滤液的传质推动力，常配置一个高位槽，使具有高位能的粗 $TiCl_4$ 液通过过滤得到初步提纯，即为工业（粗）四氯化钛液体。

为了集尘和排渣的需要，氯化后处理设备所有设备底部都应呈尖底。为了防止悬浮物堵塞，炉气管道应粗而短，应备有疏通机构。

对于大型氯化炉，产量很大时，过滤设备应按产能来设计。此时，过滤器应是由若干台经并联和串联组合成的大型过滤成套设备。为了提高过滤速率，建议采用三组不同网孔径的金属网布和滤布质过滤器串联作业。粗过滤和中过滤采用金属不锈钢网布，细过滤则采用布质或不锈钢细质网布。

2.3.4 原料准备设备

原料准备设备大多是标准设备。

2.3.5 与日本设备相比较

日本是世界海绵钛生产工艺先进的国家。图 2-21 所示为大阪钛公司的氯化—精制一体化设备流程。现简介如下。

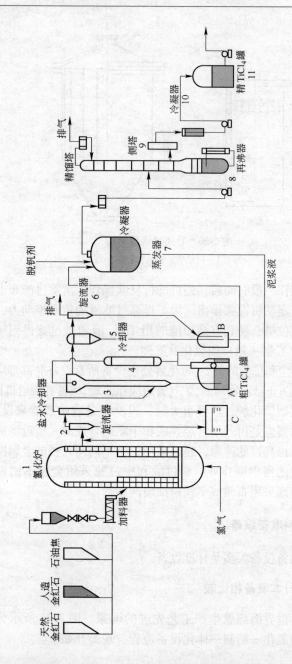

图 2-21　日本大阪钛公司的 TiCl₄ 生产工艺（流化床氯化—精制—体化法）

氯化炉 1 的温度较高（1050～1100℃），氯气入炉压力为 0.15～0.20MPa。氯化炉出来的炉气经旋流器 2 急冷至 200℃，分离出的高沸点氯化物如 $FeCl_2$、$MnCl_2$ 等进入 C 罐。从 2 出来的气体，用经-25℃冷冻盐水冷至-10℃的粗 $TiCl_4$ 液在 3 中淋洗，被液化捕集下来的 $TiCl_4$ 收入 A 罐。残存的 $TiCl_4$ 蒸气进入 5 冷至-10℃，进一步被捕集下来流入 B 罐。混合气中的雾状 $TiCl_4$ 经旋流器 6 捕集后流入 B 罐中。A、B 两罐的粗 $TiCl_4$ 送到蒸发器 7 处理。两台蒸发器日产 $TiCl_4$ 80t/d，用软钢制造，为除去 A 罐粗 $TiCl_4$ 中的杂质 $AlCl_3$、$ZrCl_4$、$NbCl_5$ 等，用水处理，即向填充塔 4 中泵入粗 $TiCl_4$，使其通过潮湿的填料，上述高沸点氯化物杂质被水解截留，初步净化过的粗 $TiCl_4$ 泵入蒸发器 7 中，加有机物等除钒。除钒渣含钒约 0.5%。蒸发出除钒后液，经冷却后进入精馏塔 8 的第 20～25 级塔板（由塔底往塔顶编号），从第 4 级塔板取出精 $TiCl_4$，通过侧塔 9 活性炭吸附微尘后进入冷凝器 10 冷凝并冷却，储槽 11 接收的精 $TiCl_4$ 纯度达 99.95%（质量分数）以上。所有阀门均用球阀，全部工艺参数实行中央集中控制，因不锈钢有应力腐蚀问题，所以精馏塔用软钢制造。

这个流程的特点是：

（1）所有钛原料是 TiO_2 品位很高的富钛料（TiO_2 的质量分数为 94%以上），石油焦含固定碳 99%，灰分只有 0.4%，粒度 175～2000μm，因而氯化残渣量少。

（2）收尘用旋流器效果好。

（3）使用优质富钛料残渣量少，固液分离设备可不用浓密机和过滤器。同时，蒸发器泥浆返回氯化炉炉气出口处集中处理泥浆。

（4）采用流态化氯化—精制一体化和连续化生产，流程短，设备少。

综上所述，大阪钛公司的设备流程有很多可取之处，值得研讨，为大家提供改进设备流程的启发。

2.3.6　改进设备和工艺

我国的钛氯化流程是 20 世纪 70 年代时对流态化试验车间试验成功时的设备流程。国内外进行过大量技术革新和改造，必须及时加以总结，使用最佳的和最新的设备，使氯化工艺水平不断提高。经过总结比较，提出下列建议：

（1）尽量使用优质富钛料，最好使用 TiO_2 的质量分数达 95% 以上品位的。由于杂质少，氯化物中的残渣少，处理量也少，还使流态化质量好。但对于中国实际而言，应提高钛铁矿富集工艺水平，制备优质富钛料。

（2）收尘器改进，由于旋风收尘器收尘效果好，收尘器结构可由两台旋风除尘器串联构成或者由旋风收尘器和隔板除尘器串联构成。日本的实践表明，使用了如图 2-21 所示的设备流程后，如采用优质富钛料，氯化炉不用排炉渣，仅用旋风除尘器冷态排渣即可。这样，减少了工人的劳动强度，改善了氯化车间的环境，也会提高产品的收率。

我国在钛精矿直接流化氯化的工业实验中，也使用旋风收尘器除尘。实践表明，它的除尘效果良好。

（3）设备流程采用氯化—精制一体化是正确的，有很多优点。整体设备流程，即物料（粗 $TiCl_4$）的走向必须合理且科学。日本的设备流程方案是科学的。因此，应该将氯化和精制两工序中过滤出残渣和精制除钒蒸发器的残渣一起排放至氯化炉炉气出口处，既可使炉气降温冷却，又使炉气将残渣在旋风分离中蒸发成干渣，节约能量，并回收 $TiCl_4$。而且全流程残渣全部集中至收尘器一处排渣，减少了外泄炉气，提高了环境质量。

2.4　流态化氯化工艺

2.4.1　氯气及其准备

2.4.1.1　氯气的性质

氯气（Cl_2）是一种有强烈刺激性臭味的气体，呈黄绿色，是一种强氯化剂。它属元素周期表中第三周期第ⅦA族元素。

氯的物理常数为：

原子序数	17
相对原子质量	35.453
核外电子构型	$1s^2 2s^2 2p^6 3s^2 3p^5$
密度	气体 3.214g/L，液体 1.9g/cm^3
熔点	$-100.5℃$
沸点	$-33.9℃$
汽化热	287J/g
熔化热	90J/g
导热系数	气体 $7.78×10^{-3}$W/(m·K)
	液休 $0.0134 \sim 0.0167$W/(m·K)
在水中的溶解度	0.99%（10℃），0.72%（20℃）
溶解热	0.31J/g
黏度	气体 $1.23×10^{-5}$Pa·s（0℃）
	液体 $3.85×10^{-4}$Pa·s

液氯的蒸气压和密度见表2-7。

表2-7 液氯的蒸气压和密度

温度 $t/℃$	-34.5	-20	0	10	20	50	70	100	140
蒸气压 p/MPa	0.100	0.181	0.364	0.496	0.657	1.414	2.158	3.745	7.444
密度 $\rho/\text{g·cm}^{-3}$		1.523	1.469	1.440	1.411	1.312	1.242	1.113	0.750

氯的化学性质很活泼，它几乎能和所有的金属及其金属的氧化物、氮化物、硫化物起反应，生成相应的金属氯化物。这些金属氯化物遇水发生水解反应。以铁为例，Fe 转变成 FeCl$_3$ 后，遇水后发生水解反应：

$$FeCl_3 + 3H_2O \rightleftharpoons Fe(OH)_3 + 3HCl \qquad (2-50)$$

反应生成的 HCl 也是一种强烈的腐蚀剂。因此，在潮湿的环境中使用氯时，钢设备特别容易被腐蚀而损坏。因此，除了采用耐蚀性能更好的设备外，最好使用干燥氯气，并保持设备良好的密封性。氯气受热时，能解离成原子。即有：

$$Cl_2 \Longrightarrow 2Cl \tag{2-51}$$

与氮、氧、氢等气体相比，氯更易解离，所需的离解能也较低。

氯与氨水反应生成氯化铵。由于 NH_4Cl 与空气接触即可冒白烟，可以利用这一特性来检查含氯设备是否密封。

氯与碳反应，在较低温度下生成 CCl_4。即有：

$$2Cl_2 + C \Longrightarrow CCl_4 \tag{2-52}$$

CCl_4 低温下稳定，升温后极不稳定，当温度大于475℃时迅速分解。

氯与CO反应，当有阳光照射或催化剂（如活性炭）存在时，较低的温度下生成光气（$COCl_2$）。即有：

$$Cl_2 + CO \Longrightarrow COCl_2 \tag{2-53}$$

光气有剧毒。它在低温下稳定，高温下极不稳定，当温度大于500℃时，几乎完全分解。

氯与硫在低温下很快生成 S_2Cl_2、SCl_2 和 SCl_4 等化合物，受热时不稳定，均易分解。如 S_2Cl_2 在120℃时分解为 SCl_2 和 S_2，在320℃以上即完全分解为单质分子。

氯与水蒸气的反应随着温度的升高逐渐剧烈，即有：

$$2Cl_2 + 2H_2O \Longrightarrow 4HCl + O_2 \tag{2-54}$$

氯是一种非极性分子，它在水等极性溶剂中的溶解度很小，随着温度的升高而变得更小，但它和水接触时易发生水解反应。常压下，氯在饱和水溶液中约有 1/3 被水解，反应生成次氯酸，即有：

$$Cl_2 + H_2O \Longrightarrow HOCl + HCl \tag{2-55}$$

HOCl 也是一种强氯化剂，但它的稳定性很差，易继续分解为 HCl 和 O_2。而氯在一些非极性溶剂中，如酒精、CS_2、CCl_4、乙醚等中的溶解度则比较大。

氯在常压下冷却至-34.5℃或在 30℃下加压至 0.86MPa 时，均可将其液化。工业上常采用冷却和兼用加压的方法使氯气液化，制得黄色透明的液氯，便于储存和运输。

2.4.1.2 氯气的准备

现场如有氯气可以直接使用，若氯气浓度较低，常需补充一些液氯。使用液氯时必须将其挥发，变成氯气才能使用。

一般用蛇管式、列管式或套管式换热器来使液氯挥发。如使用沉浸式蛇管换热器，当液氯通过蛇管时，水浴加热汽化成氯气，再经缓冲罐缓冲，直接加入氯化炉。

换热器水浴温度不宜太高，一般维持在 70℃左右。缓冲罐压力控制在 0.29~0.39MPa。

2.4.2 混合物料的准备

不同产地的天然金红石和钛铁矿成分是不同的，因而所制得的金红石或高钛渣含 TiO_2 品位也不一样。作为制取 $TiCl_4$ 的流态化氯化工艺，不仅要求采用品位高的富钛料，因为杂质含量低，氯气利用率高，渣量少；而且要求 CaO+MgO 含量不能太高，这有利于保持良好的流化状态。

还原剂碳常用石油焦，石油焦是石油化工工业副产品，其含固定碳量变化较大，为了达到准确配碳量，应对每批石油焦的成分进行分析。要求石油焦中碳的质量分数大于 90%，挥发分的质量分数小于 10%，灰分的质量分数小于 3%，水分的质量分数小于 1%。

高钛渣和石油焦性脆，较易破碎，粗碎可用颚式破碎机，粉碎可用锤式粉碎机。可用皮带运输机或斗式提升机来运输这些物料。物料的混合大致有两种方案：

一是金红石（或高钛渣）和石油焦经破碎后，用机械筛分出所需的粒径颗粒，并按预定的配碳比计量配料，然后经混合器混合。此方案对物料的粒径和配比的控制都很精确，但是生产流程较长。

二是采用竖井风选的方法，按预定的配碳比计量配料，经粗碎后直接加入竖井风选机构进行粉碎和风选。这实质上是一种边粉碎边混合边筛分作业，生产流程较短。其所用的设备为一台气体输送物料的装置，在一竖井（即一柱形输送筒）下部安装有一台锤式粉碎机，旁侧有鼓风机送风，及时将粉碎机破碎合格的粉料经竖井送入上部料仓。余气经旋风收尘返回风机。物料的粒径是由风速来调节的。图 2-13 所示的氯化设备流程图中采用的就是这种混料方法。实测该混合物料的典型成分分析见表 2-8。表 2-8 中有关数据表明，混合料已达到工艺要求。

表 2-8   混合物料的典型成分分析举例

混合料成分	粒度/mm		
	0.246~0.109	0.109~0.074	<0.074
$w(TiO_2)/\%$	59.1	74.0	71.06
$w(石油焦)/\%$	30.84	18.76	21.06
$w(石油焦)/w(TiO_2)$	0.526	0.254	0.294

为了检查采用竖井风选法混合的物料在流态化层内物料分布是否均匀，有无出现分层或偏析现象，曾对停炉后的炉料进行分析。此时，料层堆积高度（静止料层高度）为 550mm，炉料成分分析结果见表 2-9。其中，1 号样是在排渣口下有填充料层处取的，含钛低属正常。虽然炉料中某些杂质成分分布不均，但流态化层中碳和钛的分布相近，因此，流态化层中两种物料的分层现象基本上是不存在的。同时，由于配碳比较大，流态化层内形成了碳浴（含碳约 50%），即使某些物料局部配料不匀，仍能保证有足够的还原剂使氯化反应顺利进行。

表 2-9 炉料成分分析举例

编号	筛板上高度 /mm	炉料成分(质量分数)/%						
		Ti	C	Fe	Al	Mn	Ca	Mg
1	150	1.77	48.70	0.18	0.54	10.22	0.73	4.55
2	300	9.77	50.81	0.88	0.34	3.55	0.82	1.43
3	450	8.48	48.81	1.95	0.34	11.17	0.34	2.58

竖井风选的方案具有工艺流程简单、能连续生产和生产率较高的特点。

工艺条件的选择主要涉及实际配碳比、物料的粒径及分布。

2.4.2.1 实际配碳比

按照物料中的有价成分计算好理论配碳比(参见第 2.1 节)后,根据具体情况确定实际配碳比。理论配碳比是按 TiO_2 量计算的,当采用高钛渣作原料时,由于其中含有一定量的低价氧化钛,所以配碳量应随其含量相应减少。如果高钛渣或金红石含钙镁盐高,需要适当加大配碳比,所增加碳量用作稀释剂。实际配碳比还必须考虑碳的机械损失这一因素。一般情况下,实际碳矿比控制在 25%~30%。

实践中,可以用排出炉渣的颜色来检验配碳比是否准确。当炉渣颜色呈灰色时,说明采用的实际配碳比正合适;当炉渣呈黄色时,说明采用的实际配碳比小了;当炉渣呈黑色时,说明采用的实际配碳比大了。

2.4.2.2 物料的粒径及分布

如果采用筛分的方法混合配料,物料颗粒粒径及分布是采用机械筛分的方法控制的;如果采用竖井风选的方法混合配料,物料颗粒粒径及分布是通过调节风量来控制的。如某竖井风选设备的风量为 7500 m^3/h、生产能力为 0.6t/h 时,获得的混合物料的典型粒度分布见表 2-10。

表 2-10　风选得到的混合物料的典型粒度分布举例

粒度/mm	>0.175	0.147~0.175	0.121~0.147	0.109~0.121	0.096~0.109	0.084~0.096	0.075~0.084	<0.075
粒度分布/%	0.50	4.35	1.18	10.27	10.38	14.09	46.12	23.29

2.4.3　氯化炉的操作

2.4.3.1　氯化炉启动准备

氯化炉启动前必须经过烘烤。目的一是为了使氯化炉干燥脱水，避免在正常生产中 $TiCl_4$ 发生水解；二是使氯化炉预先升温，启动后就达到氯化所需温度，马上进入正常操作。烘烤时间应按检修时间和所用炉壁材料的不同而异。新炉体和大修的烘烤时间稍长，小修及正常停炉烤炉时间则短些；硅砖炉壁烘烤时间稍长，半酸性砖则短些，采用熔铸层内衬可更短一些。烘烤最后达 800~900℃ 时，氯化炉即可启动。

若采用直孔筛板为气体分布板的炉体，启动前必须在筛板面上添加填充料层。常加入 2~3mm 粒度的石油焦，厚约 200mm。

2.4.3.2　氯化炉的正常操作

A　混合物料的加料速度

控制混合物料的适宜加料速度，就可以保持合适的炉内料层堆积高度（即固定层高度）。合适的料层高度可以加长氯气在料层中的停留时间，提高氯气的利用率。但料层太高，易出现不正常流化状态。料层太矮，氯气在料层中的停留时间太短，会降低氯气的利用率，增高尾气中的氯含量。因此，控制混合物料的合适加入速度是正常氯化操作的重要工艺条件之一。

实践表明，合适的流态化炉内料层堆积高度范围是比较宽的。如某氯化炉的料层高度控制在 0.5~1m 的范围内，氯气的利用率均很高。

由于炉体密封和氯气腐蚀，料层高度采用目测法和仪表测量都比较困难。操作上常借助于床层压降 Δp 来粗略判断。流态化层床层压降值和单位面积气体分布板上堆积的料层质量是接近的。在流态化状态下，Δp 可表示为：

$$\Delta p = \varphi \rho_s g h_0 \qquad (2\text{-}56)$$

式中 φ——压降缩小系数，一般 $\varphi \leqslant 1$；

ρ_s——实际沸腾层内炉料的密度；

h_0——静止料层高度或料层堆积高度。

在一般情况下，实际炉料的密度 ρ_s 是不变的，而且当氯气流速变化不大时，压降缩小系数基本上为一常数。因此，床层压降随料层堆积高度变化而变化。也就是说，Δp 随混合物料加料速度而变化着。操作时，可以通过控制一定的床层压降变化范围来达到合适的混合物料加料速度范围。

B　氯气流量的确定

氯气流量既要满足流态化层内流体力学的条件，又要满足反应动力学的要求，它与采用的物料颗粒特征、炉子的结构尺寸和反应温度等有关。实践表明，适宜的氯气流量控制范围也比较宽。在一般情况下，为了提高生产率，在满足流体力学的条件下，常控制较大的氯气流量。最佳的氯气流量可以通过实验和计算确定。我国一些炉子氯气操作速度控制在 0.10~0.15m/s（冷态）范围内。

C　反应温度

提高反应温度可使氯化速度加快，所以反应温度一般高于800℃。但是，太高的反应温度容易腐蚀炉体。因此，目前认为控制反应温度为 800~1000℃较适宜。

D　排渣量

为了保持沸腾层良好的流化，及时排出炉内积集的过剩碳和其他杂质是很必要的。特别是当物料含有较多的钙镁盐时，在流态化氯化过程中，因流态化层钙镁盐的富集易破坏流态化，必须及时排除，此时应增加排渣次数和排渣量。因此，必须根据原料的成分等具体情况，确定定期排渣量和次数。炉渣中 TiO_2 的质量分数要低，一般小于 7%。

E 炉气中氯含量

炉气中 Cl_2 的体积分数小于 0.1% 时才属正常流化。炉气中氯含量高，说明流化不正常，需要找出原因，加以解决。

2.4.3.3 氯化炉气后处理操作

氯化炉气后处理操作主要是：

（1）氯化炉气后处理系统应密封，最好保持微正压，系统压力调在 0～294Pa。

（2）要求后处理设备温度由氯化炉开始依次递降。一般第一收尘器温度小于 350℃，第二收尘器维持在 150～180℃。第一喷洒塔淋洗液温度控制在 10～15℃，第二喷洒塔和泡沫塔控制在 -10～-15℃。

（3）排渣次数应根据所用原料中杂质的多少来决定。

（4）过滤作业是间歇性操作，应按炉子的生产能力确定过滤作业周期。经过过滤后的工业（粗）$TiCl_4$ 液才能送精制工序。

2.4.4 流化质量判断和异常现象

在流态化氯化过程中建立良好的流态化乃是流态化工艺的基础，因此，需要随时判定流态化氯化炉的流化质量。因为只有迅速及时地发现不正常的流化状态，并及时找出原因，采取相应措施排除故障，方可使其达到正常流化态，以免产生沟流或腾涌而被迫停炉。

流化质量的判断有多种方法，大多是借助于仪器仪表测量并建立相应的计算式来完成的。如我国学者在大型无筛板流化床冷模试验中，采用流化指数 R 来定量判断流化质量，其表达式为：

$$R = \frac{\Delta \bar{p}}{f \bar{p}_0} \times 10^4 \tag{2-57}$$

式中 $\Delta \bar{p}$——测压点与大气之间的压降脉动平均值，Pa；

　　　　f——10s 内压降波动频率；

　　　　$\bar{p}_0$——流化点压降平均值，Pa。

式中，$\Delta\bar{p}$、f、$\bar{p}_0$ 均可由仪器测得，经计算即可得出 R 值。表征数值 R 越小，流化质量越好，反之亦然。实验表明，用流化指数 R（有时需要加以修正）来判断流态化质量能达到令人满意的结果。

　　流化状况的判断除了可用仪器测量外，还常用目测法。目测法更为简便。

　　下面列出富钛物料流态化氯化的几条判断依据：

　　（1）床层压降的脉动振幅小而频率高，流化质量好；

　　（2）流态化层中轴向和径向温度越均匀一致，温度偏差越小，流化质量越好；

　　（3）排渣困难，炉渣的流动性差，流化质量差；

　　（4）炉气中含氯小于 0.1%，表明氯化完全，流化质量好。

炉化炉出现的异常现象和处理见表 2-11。

表 2-11　氯化炉出现的异常现象和处理

序　号	异常现象	原　因	处　理
1	床层压降高	料层厚度太高	减少加料量
		筛孔被堵塞	停炉清理
		配碳比不适宜	调整配碳比，补加少量的料
		未排渣	排渣
2	炉温降低	配碳比太低	加大配碳比
		氯气流量小	加大氯气流量
3	炉气含氯高	出现不正常流化	找出原因，及时处理
		氯气流量太大	降低氯气流量
		料层太矮	加大混合物料进料量
		反应温度低	提高氯气流量
4	系统压力高	管道或设备堵塞	疏通管道，及时排渣
		尾气吸收塔淹塔	减少吸收塔水量

2.4.5　氯化技术经济指标

国内外氯化工序的技术经济指标比较见表 2-12。从表 2-12 中数据可以看出，美国的有筛板流态化氯化水平高，技术经济指标先进。氯化是我国海绵钛生产中较薄弱的工序，使用 CaO + MgO 含量高的高钛渣（TiO_2 相当量≥90%）为原料，采用小型或中型无筛板沸腾氯化炉生产四氯化钛，氯化的技术经济指标与国外先进水平比较，还有相当的差距。

表 2-12　国内外氯化工序的技术经济指标比较

比较指标	美　国	独联体	中　国	
炉型	有筛板流态化炉	熔盐氯化	无筛板流态化炉	
炉直径/m	2.4	5	1.2	2.4~2.6
炉产能/t·d^{-1}	约 150	约 150	约 30	约 70
富钛料（换算成 TiO_2 90%计）单耗(吨 $TiCl_4$)/t	约 0.49	约 0.49	约 0.5	约 0.52
金属回收率/%	>95	约 95	约 93	约 90
氯单耗 [吨 $TiCl_4$(95%)]/t	约 0.85	约 0.88	约 0.9	约 0.95
出炉气体自由氯含量/%	<2.5×10^{-3}	微量	微量	微量~0.1

从表 2-12 可见，我国氯化技术经济指标的主要差距是金属回收率和氯有效利用率偏低。造成偏低的原因：一是使用杂质含量较高的富钛料，杂质要消耗一部分氯并产生较多的废料，处理废料造成 $TiCl_4$ 损失，降低回收率；二是流态化氯化炉的操作方法与国外差别较大；三是炉后系统的工艺和设备较落后。美国工厂的氯化炉和炉后系统只有一个排渣口，即所有的固体产物和残渣都集中在收尘器收集排出。而国内氯化系统多处排渣，不仅操作麻烦，而且四氯化钛损失增加。

日本住友钛厂对粗 $TiCl_4$ 要求：$TiCl_4$ 的质量分数大于 98%；

杂质总的质量分数小于 2%，其中，低沸点杂质的质量分数小于 1.5%，$VOCl_3$ 的质量分数小于 0.3%，固体杂质的质量分数小于 1%；外观为淡黄色（1 级）等。

我国某厂对粗 $TiCl_4$ 要求：$TiCl_4$ 的质量分数大于 98%，固液比小于 0.5%。

2.5 攀矿钛渣的氯化工业实验

我国攀枝花矿是座超大型的钒钛磁铁岩矿。其中，钛的储量在全世界都有重要的地位。在 20 世纪 70~80 年代，我国集中了全国的科研和生产企业，共同开发攀矿资源综合利用问题，其钛的综合利用是其中的大课题。

在攀矿钛铁矿（即钛铁精矿）的富集工艺中，一个有优势的工艺方法是电炉熔炼法，获得的产品为钛渣。在电炉熔炉工业试验中，采用圆形电炉熔炼了两种钛渣，即酸溶性钛渣和氯化钛渣，它们的成分和使用的原料的化学成分见表 2-13。

表 2-13　攀矿钛精矿和钛渣的化学成分（质量分数）　（%）

成　分	原　料		钛　渣	
	攀枝花钛精矿	攀枝花预氧化焙烧钛精矿	攀枝花矿酸溶性钛渣	攀枝花矿氯化钛渣
ΣTiO_2	47.48	46.85	75.04	81.2
Ti_2O_3			23.0	44.6
FeO	33.01	12.09	5.16	2.27
Fe_2O_3	10.20	30.74		
Fe			0.63	0.6
CaO	1.09	1.10	2.16	2.24
MgO	4.48	4.73	7.97	8.18
SiO_2	2.57	2.73	4.50	3.68
Al_2O_3	1.16	1.19	2.99	4.71
MnO	0.73	0.79	0.81	0.66
S	0.46	0.038	0.10	0.21
P	0.01	0.01	0.01	0.01

由表 2-13 可见，攀矿钛精矿熔炼获得的钛渣品位低，CaO+MgO 的质量分数高。用攀枝花矿生产的高钙镁富钛料（CaO+MgO 的质量分数高，有时达 6%~9%），流态化氯化所生成的 $MgCl_2$ 和 $CaCl_2$ 呈熔融状态，易黏结物料，当 $MgCl_2$ 和 $CaCl_2$ 积累到一定程度后，就会破坏正常的流态化，使流态化氯化作业无法进行。

为了解决含镁钙高的富钛料流态化氯化的难题，国内进行了长期的研究。本章既是对高钙镁富钛料的氯化技术总结，又是对攀枝花矿钛资源的试验总结。下面将进行的 6 种工业实验方法所获得的经验、成果和教训总结出来，仅供参考。

2.5.1　高温沸腾氯化法

2.5.1.1　工业实验

高温沸腾氯化法是对原流态化氯化工艺改进的方法。它由北京有色金属研究总院等单位进行了实验，后与天津化工厂等协作，并在天津化工厂进行了工业实验。

在现行流态化氯化炉上进行工艺改进，即在原工艺流程图（参见图 2-12）不变和设备流程图（参见图 2-13）不变的现状下，采用攀矿富钛料为原料，进行了流态化氯化实验。

实验过程包括小型实验和工业实验。为了尽可能将 $MgCl_2$ 和 $CaCl_2$ 从床层中分散，并及时排出炉外和改善物料的流态化质量，确保沸腾氯化炉长期进行。根据小型实验结果，在工业实验中改进工艺措施为：

（1）提高炉温，在 1000℃ 高温下氯化，增大 $MgCl_2$ 和 $CaCl_2$ 的挥发；

（2）加大氯气流量，使空腔速度提高到 0.13~0.14m/s，可提高气体的均匀布气能力，并增加 $MgCl_2$ 和 $CaCl_2$ 从炉中带出量；

（3）加大配碳量，使用配碳比即焦/金红石达到 44/100，使流化层含多量炭粒，稀释床层中 $MgCl_2$ 和 $CaCl_2$ 的浓度；

（4）增大排渣次数，及时将床层中过量的碳和 $MgCl_2$、$CaCl_2$

及时排出。

2.5.1.2 实验结果

工业实验时采用 $\phi600mm$ 的氯化炉（参见图 2-14）系统。

采用上述改进的氯化工艺，在流化炉中，对攀矿富钛料（TiO_2 的质量分数为 79.26% 和 83.37%、$CaO+MgO$ 的质量分数为 5.21%~5.74%）进行氯化，炉内流态化质量良好，可以进行连续作业。在工业实验氯化炉中，沸腾床层中 $MgCl_2$ 的质量分数为 13.8%、$CaCl_2$ 的质量分数为 2.6% 时，仍能保持良好的流化状态。

工业氯化时，生产率高，达到生产 $TiCl_4$ $30t/(d \cdot m^2)$ 水平，达到流化氯化原有的优势，即产能高、操作方便、能耗低等优点，实验获得成功。

2.5.1.3 小结

该实验在原有流化氯化炉系统上进行，对实验工艺条件加以改进，能使含钙镁盐高的（$CaO+MgO$ 的质量分数达 5.21%~5.74%）攀矿氯化钛渣进行连续工业作业，流态化正常。

2.5.2 无筛板流态化炉的流化氯化

流态化床型各种各样，其中有有筛板和无筛板流态化床。既然有筛板的氯化流化炉采用高钙镁的富钛料进行氯化存在技术难题，那么采用无筛板的流化氯化炉是个有创意的构思。详情参见第 3 章。

在处理攀矿富钛料时，用无筛板流化氯化炉氯化工艺，即使其中钙镁盐含量高，也能使其达到流化质量高、氯化流畅的效果，实验获得成功。

目前，该种氯化炉成为氯化炉定型的一种结构。

2.5.3 熔盐氯化工艺

熔盐氯化工艺由长沙矿冶研究院进行小型实验，并和锦州铁合金厂协作，并在该厂进行了工业实验。熔盐氯化也是一种流态化氯化工艺。与普通流化氯化不同之处是，普通流化床是空腔，而熔盐氯化床是在该空腔中加入适当的熔盐，形成一个熔盐浴。熔盐浴的高度就是沸腾段。

氯化时，盐浴上端加料口加入细粒物料，同时床底喷入高速的氯气流，氯气对熔盐和物料固粒强烈搅动，使盐浴形成"沸腾"状。此时，使细粒物料和氯气分散于整个熔体中，有利于它们相互接触，提高了扩散速率，为进行氯化反应创造了必要的条件。所以熔盐氯化反应速率比较大。

这种反应是在气（氯）—固（物料）—液（熔盐）三相体系中进行的流态化过程，反应机理十分复杂。

使用的熔盐是 KCl、NaCl 等盐类，俄罗斯使用的是废电解质。这些盐类本身不参加反应，但它们的物理化学性质对氯化过程有重要影响。如当熔盐中存在变价元素时（如有 $FeCl_3$、$AlCl_3$ 时），认为有催化作用，可促进钛的氯化速度迅速增加。

2.5.3.1　熔盐氯化工艺流程

熔盐氯化的工艺流程基本上同流态化氯化相同，仅只要将图 2-12 中氯化工序中添加熔盐和排出废盐工序即可。

熔盐氯化的设备流程基本上与流态化氯化相同，仅只要将图 2-13 中的氯化炉改成熔盐氯化炉，炉边再添加一台化盐炉和一台坩埚即可。

熔盐氯化炉需要定型设计。苏联早期矩形熔盐氯化炉如图 2-22 所示。中国的圆形熔盐氯化炉结构如图 2-23 所示。该炉型特点是无筛板，有加热电极，可随时加热。目前，工业生产用熔盐氯化炉炉内径我国已达 $\phi 3m$，俄罗斯已达 $\phi 5m$。

2.5.3.2　熔盐氯化的工艺参数

最佳熔盐的组成（质量分数）为：TiO_2 1.5%~5.0%；C 2%~5%；NaCl 15%~20%；KCl 30%~40%；$MgCl_2$ 10%~20%；$CaCl_2$ 小于 10%；$FeCl_2 + FeCl_3$ 小于 10%；SiO_2 小于 6.0%；Al_2O_3 小于 6.0%。

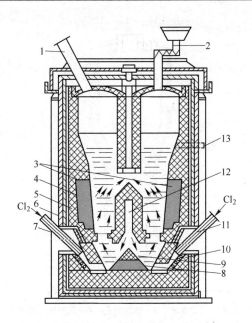

图 2-22 苏联熔盐氯化炉简图

1—气体出口；2—加料器；3—电极；4—水冷空心管；5—石墨保护
侧壁；6—炉壳；7—氯气管；8—旁侧下部电极；9—中间隔墙；
10—水冷填料箱；11—通道；12—分配用耐火砖；13—热电偶

当 TiO_2 的质量分数小于 1.0% 时，其他杂质被氯化，降低了氯的利用率，同时也使 $TiCl_4$ 中杂质升高。

在实践中，因 KCl 较贵，可以适当减少 KCl 的配入量。当熔盐组分中 TiO_2 外的其他氧化物组成增高时，熔盐的物理性质变坏，黏度增加，熔点升高，影响氯化效率，必须周期性地排出废盐，并补充新盐，主要是 NaCl、KCl。

炉气（炉温较低时）的组成（质量分数）为：$TiCl_4$ 63.8%；$SiCl_4$ 1.0%；$AlCl_3$ 1.9%；$FeCl_3$ 0.5%；$FeCl_2$ 0.3%；N_2 9.4%；CO_2 21.0%；CO 0.37%；固体成分 1.73%。其中，$FeCl_3$、$FeCl_2$ 量主要与高钛渣中的铁的质量分数有关。

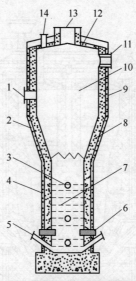

图 2-23　中国的熔盐氯化炉结构

1—加料孔；2—过渡段冷却水套；3—排熔盐孔；4—反应区冷却水套；5—通氯管；
6—石墨电极；7—炉缸反应区（即熔盐区）；8—耐火炉衬；9—扩大段冷却水套；
10—扩大段；11—炉气出口；12—炉盖；13—加盐孔兼防爆孔、人孔；14—加盐孔

主要工艺参数为：

反应温度	700～800℃
用于熔盐氯化最低氯气浓度(体积分数)	70%
工作熔盐中组分（质量分数）	TiO$_2$ 1.5%～5.5%
	C 2%～5%
	SiO$_2$ 小于 10%
盐层高度	<5.5m
排放废盐中 TiO$_2$ 的质量分数	<2.0%
废气中游离氯气量	<3.2mg/L(2%(体积分数))
氯化炉炉气压力	1470Pa （约 150mmH$_2$O）
氯化炉炉气出口温度	700℃
进入淋洗塔炉温度	<250℃
淋洗塔循环泵槽中 TiCl$_4$ 温度	≥90℃
冷冻水的温度	−20℃
捕集器（气液分离器）温度	<−5℃

2.5.3.3 实验结果

实验结果为:

(1) 进行了小型试验、扩大实验和工业实验,实验是成功的。实验结果表明,它对处理攀矿富钛料是一种有效的工艺。它对处理各种不同品位的富钛料均有广泛的适应性。

(2) 氯化工艺中炉气中主要含 CO_2,而含 CO 很少。此时,因配碳比较低,可使碳用量降低,同时,因 $\eta = p_{CO}/(p_{CO}+p_{CO_2}) \approx 0$,所以 TiO_2 的反应总式可简化写成:

$$TiO_2 + C + 2Cl_2 =\!=\!= TiCl_4 + CO_2$$

(3) 熔盐氯化实验达到的主要技术经济指标为:钛实收率 91.23%;氯有效利用率 71.90%;氯化炉平均产能 (以 $TiCl_4$ 计) 14.8t/($m^2 \cdot d$)。

(4) 废盐处理也进行了探索实验,但未获得满意的结果。

2.5.3.4 熔盐氯化工艺目前存在的主要问题

熔盐氯化工艺目前存在的主要问题是:

(1) 生产 1t $TiCl_4$ 大约产生 100~200kg 的废盐,年产 60kt 的氯化法钛白工厂将产 12kt 废盐,处理较困难;

(2) 熔盐炉多台相互对接困难,各炉的工艺技术参数难以平衡,控制非常困难;

(3) 氯化炉排盐操作较危险,环境恶劣。

2.5.3.5 小结

该工艺技术比较成熟,各项技术经济指标较好,适应性强,能处理含高钙镁盐的富钛料。但是它被应用的难题是废熔盐的处理,废熔盐会污染环境,不可持续发展。

2.5.4 竖炉氯化

北京有色金属研究总院和遵义钛厂等单位协作进行了竖炉氯化的工艺研究,并在遵义钛厂进行了工业实验。

竖炉氯化是传统的成熟工艺。为了探讨攀矿钛渣竖炉氯化的可行性，启动竖炉氯化的工艺进行工业实验。

工艺流程中，除了备料时必须采用预制的团块料，其余工艺同图 2-12 所示的工艺流程，氯化设备采用直径为 2.2m 的大型竖炉氯化炉，如图 2-24 所示，氯化后处理设备与图 2-13 所示的设备相同。

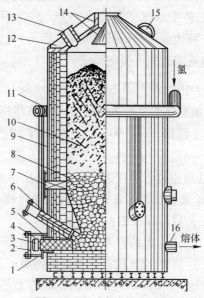

图 2-24　竖式氯化炉示意图

1—加固电极用拉杆；2—横梁；3—水冷板；4—电极；5—填料密封；
6—通氯管；7—清扫孔；8—炭质填料层；9—衬里层；10—炉料；
11—氯气集气管；12—炉盖；13—炉气出气管；
14—锥形分布器；15—防爆法兰；16—熔体排料口

实验表明，竖炉氯化采用高温（900～950℃）启动、高温（900～1000℃）氯化和薄料层操作技术，可使大部分钙镁盐以氯化物形式（约 $CaCl_2$ 50% 和 $MgCl_2$ 85%）挥发到炉外，确保氯化过程能连续顺利运转。这说明攀矿钛渣采用竖炉氯化是可行的。

该工艺具有固定床固有的弊病，工艺流程长，效率低，且技术经济指标低。在竞争中处于劣势，已被淘汰。

2.5.5 碳氮氧化钛低温流化氯化

中南大学进行了碳氮氧化钛低温流化氯化的小型实验，后与重庆冶炼厂等协作，在重庆冶炼厂进行了半工业实验。

碳氮氧化钛低温流化氯化工艺是流化氯化工艺。不过，它所使用的物料是将攀矿钛铁精矿（即钛精矿）预先制成碳氮氧化钛。用该种物料可以进行低温流化氯化，可以避免 MgO 和 CaO 盐高带来的麻烦。本工艺在进行了小试、扩大实验的基础上，进行了半工业实验。

2.5.5.1 基本原理

碳氮氧化钛低温流化氯化流程主要是还原碳化—磁选分离—低温流化氯化来处理攀矿钛精矿。主要步骤是还原碳化和低温流化氯化。

A 还原碳化

将钛精矿经碳还原分别生成铁和碳氮氧化钛。这一过程与钛精矿熔炼制取钛渣相类似。

在钛精矿（$FeO \cdot TiO_2$）高温熔炼时，TiO_2 还原随温度的升高按下列顺序逐渐发生变化：

$$TiO_2 \rightarrow Ti_3O_5 \rightarrow Ti_2O_3 \rightarrow TiO \rightarrow TiC \rightarrow Ti(Fe)$$

在熔炼过程中，不同价的钛化合物是共存的。它们的数量及相互比例随熔炼温度和还原度大小而变化。

熔炼钛渣属于低还原度的工艺，而本工艺还原碳化属深度还原的工艺。还原碳化时，必须以生成 TiC 为主要生成物，此时不同价的钛化合物如 TiO_2、Ti_3O_5、Ti_2O_3、TiO 都可共存其中。另外，高温下，大气中的 N_2 也将参与反应生成 TiN。同时，还有少量的钛还原生成，并进入铁中。

碳氮氧化钛是一个复杂的多元固溶体，也是一种非计量化合物。还原碳化主要反应为：

$$FeTiO_3 + C \Longrightarrow Fe + TiO_2 + CO$$

$$TiO_2 + C \Longrightarrow TiO + CO$$

$$TiO_2 + 3C \Longrightarrow TiC + 2CO$$

$$2TiO_2 + 4C + N_2 \Longrightarrow 2TiN + 4CO$$

类似 TiO 的反应还有 Ti_3O_5、Ti_2O_3、TiO_2，它们都有相似的还原反应。

由于 TiC、TiN、TiO 的晶格常数（分别为 4.328、4.23、4.15）非常接近，所以实际上钛能生成不同组成 TiCN、TiCNO 的连续熔体，这取决于还原碳化制度的不同，其粒度在 $5 \sim 20 \mu m$ 之间。金属铁颗粒波动于 $5 \sim 100 \mu m$ 之间，其中 $20 \sim 100 \mu m$ 之间者可达 70% 以上。

B 低温流化氯化

产物经磨矿解离后，经湿式磁选分离出 70% 以上的铁，所得非磁性部分，即富钛料，在 $500 \sim 650 ℃$ 即可被氯气氯化。主要氯化反应可表示为：

$$TiC + 2Cl_2 \Longrightarrow TiCl_4 + C$$

$$TiN + 2Cl_2 \Longrightarrow TiCl_4 + \frac{1}{2}N_2$$

$$TiO + C + 2Cl_2 \Longrightarrow TiCl_4 + CO(CO_2)$$

类似 TiO 的反应，还有 Ti_3O_5 和 Ti_2O_3、TiO_2 也参与了氯化。同时，各种杂质，包括 CaO 和 MgO，也相应地氯化生成各种氯化物，如 $CaCl_2$ 和 $MgCl_2$ 等。因为属低温氯化，所以钛被全部氯化，其他杂质仅氯化了一部分。

2.5.5.2 半工业实验

半工业实验主要步骤为：

（1）还原碳化。它是在 5.5m×1.5m×1.47m 的车底窑（隧道窑的一截）中进行的。以天然气为燃料，用攀矿钛精矿（TiO_2 的质量分数为 45%）为原料，于 $1300 \sim 1450 ℃$ 下进行还原碳化。

（2）磁选分离。还原碳化物经粗碎和中碎后，放入 $\phi 0.9m×1.2m$

的湿式球磨机中进行球磨,然后在湿式磁选设备中进行铁钛分离。

（3）低温流化氯化。氯化炉可以用钢结构加工而成,小型炉体如图 2-25 所示。半工业实验炉按此结构扩大。该多级扩大的钢结构炉特征尺寸为 $\phi 0.3m \times 5.6m$,筛板上开孔率为 $0.9\% \sim 1.1\%$。将碳氮氧化物在炉中 $500 \sim 650\,^{\circ}\mathrm{C}$ 下进行氯化。

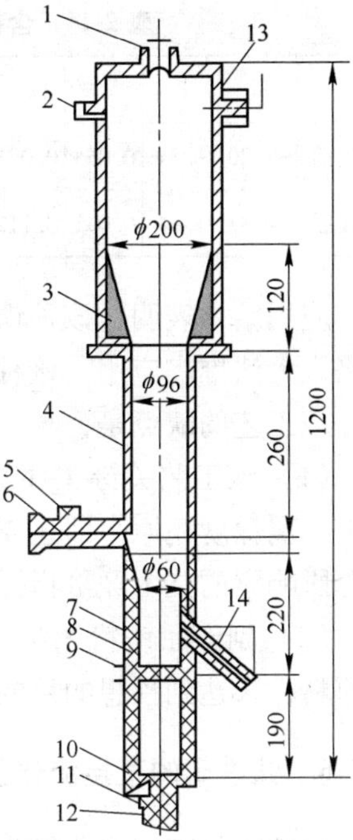

2.5.5.3 实验结果

实验结果为:

（1）以攀矿钛精矿为原料,以粉煤为还原剂,在 $1300 \sim 1450\,^{\circ}\mathrm{C}$ 温度下还原碳化的产物,经湿磨湿选可获得钛的质量分数为 $28\% \sim 35\%$（折合 TiO_2 的质量分数为 $46\% \sim 60\%$）的碳氮氧化钛;并同时获得铁的质量分数为 $93\% \sim 95\%$、钛的质量分数为 $1\% \sim 2\%$ 的含钛铁粉。

（2）上述碳氮氧化钛物料在 $\phi 300mm$ 不锈钢流化炉内,$500 \sim 650\,^{\circ}\mathrm{C}$ 下氯化,流化正常,温度平稳,钛氯化率达 $93\% \sim 95\%$,残渣中 $CaCl_2 + MgCl_2$ 的质量分数达 40% 以上时,其流动性好,排渣流畅。氯化炉产能（以 $TiCl_4$ 计）达 $17 \sim 18t/(m^2 \cdot d)$。

图 2-25 $\phi 60mm$ 不锈钢
沸腾氯化炉

1—测温口;2—上部压差管;3—石墨锥体;4—不锈钢炉壳;5—进料口;6—螺旋加料器;7—石墨内衬;8—石墨坩埚形筛板;9—法兰;10—下部压差管;11,12—氯气进口;13—出口;14—卸渣管

（3）磁选所得磁性物料经烘干、合批、退火即得含钛铁粉,粒度小于 $0.147mm$（-100 目）,该铁粉松装密度为 $2.44 \sim 2.6g/cm^3$,流动性为 $35 \sim 38s/50g$,压制能为 $5.715 \sim 5.75\ g/cm^3$。该种铁粉在几个粉末冶金厂试用,它的成分见表 2-14。

表 2-14 含钛铁粉成分（质量分数）   （%）

成分	Fe	Ti	Mn	CaO	MgO	SiO$_2$	Al$_2$O$_3$	S	P	C	O
退火前	92.20	1.34	0.068	0.091	0.2	0.27	0.064	0.34	0.016	2.06	3.48
退火后	94.85	1.64	0.091	0.112	0.30	0.34	0.055	0.16	0.017	0.88	0.2

应用结果表明，该种铁粉制作的粉末冶金铁元件力学性能不合格，无法推广应用。该种铁粉只能用作炼钢的原料。

该工艺的缺点是：

（1）该工艺关键工序为还原碳化。钛精矿在高温碳还原过程中，属深度还原，即还原度高，必然它是一个高耗能工序。这样会影响它的技术经济指标。

（2）副产品铁粉无法在粉末冶金中直接应用，只能用作炼钢原料，未达到预想的目的，使该工艺失去了竞争的优势。

2.5.6 钛铁矿的直接流化氯化

钛铁矿的直接流化氯化工艺由北京有色金属研究总院进行小型实验，并和江苏连云港红旗化工厂协作，并在江苏连云港红旗化工厂进行了工业实验。

它研究的目的是探讨钛精矿直接流化氯化的可行性。本工艺的关键是在制取 TiCl$_4$ 的同时，必须制取符合工业净水剂的 FeCl$_3$，并同时使 TiCl$_4$、FeCl$_3$ 易于分离。在小型实验的基础上进行了工业实验。

2.5.6.1 钛铁精矿的加碳氯化

钛铁精矿理论分子式为 FeTiO$_3$（或 FeO·TiO$_2$），其中，TiO$_2$ 的质量分数为 52.6%。它有两种主成分，即 TiO$_2$ 和 FeO，并含有多种杂质氧化物。它们的加碳氯化反应可以写成：

$$TiO_2 + (1 + \eta)C + 2Cl_2 \Longrightarrow TiCl_4 + 2\eta CO + (1 - \eta)CO_2$$

$$2FeO + (1 + \eta)C + 3Cl_2 \Longrightarrow 2FeCl_3 + 2\eta CO + (1 - \eta)CO_2$$

两式相加为总反应式，即钛铁矿的总反应式为：

$$2FeTiO_3 + 3(1 + \eta)C + 7Cl_2 =$$
$$2TiCl_4 + 2FeCl_3 + 6\eta CO + 3(1 - \eta)CO_2$$

式中，$\eta = p_{CO}/(p_{CO} + p_{CO_2})$（经实测，钛渣氯化时，$\eta$ 约为 0.71）。

承前述，在富钛料加碳氯化热力学讨论中表明，其主成分 TiO_2 和杂质 FeO、Fe_2O_3 等成分在加碳氯化过程中均能发生自发反应，而且富钛料中各个组分在 800℃优先氯化的顺序为：$CaO > MnO > MgO > Fe_2O_3 > FeO > TiO_2 > Al_2O_3 > SiO_2$。实践表明，$TiO_2$ 和主要杂质在 800℃时相对氯化率分别为：Fe_2O_3 和 FeO 100%，$CaO > 80\%$，$MgO > 60\%$，Al_2O_3 4%，SiO_2 1%，TiO_2 处于中间状态。当控制反应 TiO_2 全部氯化时，氯化残渣中主要残存的是 SiO_2 和 Al_2O_3。以上分析说明，在富钛料中，FeO 和 Fe_2O_3 氯化活性比 TiO_2 更好，在加碳氯化时，FeO 和 Fe_2O_3 比 TiO_2 能优先氯化。

在钛铁矿成分中，尽管含有很多杂质，但理论上可以简化认为钛铁矿是由 FeO 和 TiO_2 两种主要成分构成的。从热力学上判别，钛铁矿的直接氯化是可行的，而且钛铁矿的加碳氯化速率比富钛料的氯化速率更高。

2.5.6.2 钛精矿加碳氯化实验工艺

钛精矿加碳氯化实验工艺流程如图 2-26 所示。

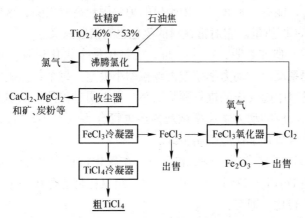

图 2-26 钛精矿直接氯化制取四氯化钛原则工艺流程

　　该工艺实验仍采用流化技术，流化炉和设备流程基本上按富钛料流化氯化略加改造而成。流化炉如图 2-14 所示，设备流程如图 2-13 所示。仅将设备流程中加大了收尘设备功能，重新设计了 1 台扩散式旋风收尘器，后串联 2 台 FeCl$_3$ 收集器。流化炉特征尺寸为 φ0.6m×7.2m。

　　工艺操作条件：氯化温度大于 940℃；碳矿比为 32/100；空腔速度为 0.15m/s；加料量为 330kg/h；加氯量为 488kg/h。

　　采用的钛精矿，一种是广东矿（TiO$_2$ 的质量分数为 51.02%），另一种是攀枝花矿（TiO$_2$ 的质量分数为 48.88%）。

2.5.6.3　实验结果

　　钛精矿加碳氯化实验是成功的，氯化后同时获得 TiCl$_4$ 和 FeCl$_3$ 两种产品，且 TiCl$_4$ 和 FeCl$_3$ 的分离良好；而 FeCl$_3$ 品位达 90%~96%，可作净水剂使用。

　　流化氯化正常，技术经济指标达到：TiO$_2$ 氯化率 98%；ΣFe 的氯化率 97.6%；氯化炉产能（以 TiCl$_4$ 计）达 24t/(m^2·d)。

2.5.6.4　小结

　　(1) 本工艺在设备改进时，加大了除尘设备效率，这是保证氯化能顺利进行的一个重要条件。实验表明，采用扩散式旋风除尘器，能有效地将炉气中带出的炉尘固粒高效去除，这样才能确保 FeCl$_3$ 质量。它对富钛料的氯化也有借鉴意义。

　　(2) 研究表明，钛铁矿的直接氯化是全氯化过程，反应属气—固系反应，动力学模型为颗粒缩小模型。每个钛铁矿粒子在氯化过程中随反应的进行颗粒缩小。它表明过程的扩散阻力比较小，该反应的动力学速率微观描述也符合反应式（2-48），这说明该反应属化学反应控制步骤。

　　(3) 研究表明，FeO 和 Fe$_2$O$_3$ 在氯化过程中产生三组氯化物，即 Fe$_2$Cl$_6$、FeCl$_2$ 和 FeCl$_3$。这三组氯化物还存在一定条件下的相互转化，即有：

$$Fe_2Cl_6(气) \underset{}{\overset{324~700℃}{\rightleftharpoons}} 2FeCl_2(固) + Cl_2(气)$$

$$Fe_2Cl_6(气) \xrightleftharpoons{324 \sim 900℃} 2FeCl_3(固) + Cl_2(气)$$

$$2FeCl_3(气) \rightleftharpoons 2FeCl_2(固) + Cl_2$$

实测结果为：低温氯化时氯化物主要以 Fe_2Cl_6 形态存在，$FeCl_2$ 仅占少量，如 400℃ 时，$FeCl_2$ 仅占 6%，其余为 Fe_2Cl_6；高温氯化时氯化物主要以 $FeCl_3$ 形态存在，而且 $FeCl_3$ 稳定性很好，即使达 1500℃ 也不离解。所以，氯化后获得的副产品铁的氯化物几乎都是以 $FeCl_3$ 形态存在。

（4）钛铁矿的直接加碳氯化工艺（技术）是成熟的，但是该工艺副产品 $FeCl_3$ 的应用少，所以会影响工艺的经济效益。

（5）1983 年，我国科研工作者将钛精矿和人造金红石混合料进行加碳氯化实验。实验采用钛精矿和金红石按 2:1 配比混合而成，按计算，物料中含 TiO_2 达 64.8%，采用流态化技术，实验也获得成功，实验顺利，制取了 $TiCl_4$。

由此可见，采用流化氯化工艺，采用的物料无论是优质的金红石还是人造金红石及钛渣，或者是钛铁矿，虽然其中的 TiO_2 品位有高低，但都可以制取 $TiCl_4$，技术上是可行的。如果采用低品位的钛铁矿，则可以获得 $TiCl_4$ 和 $FeCl_3$ 两种产品。但是，含 TiO_2 品位低的钛料，在制取 $TiCl_4$ 的同时，必然会产生多量的氯化残渣，会增大环保的成本。

2.5.7　各种氯化工艺比较

本节介绍了攀矿钛料（包括钛渣和钛精矿）进行氯化制取 $TiCl_4$ 的 6 种工业实验工艺，它用 6 种不同的途径来制取 $TiCl_4$，都获得了一定的成效，均能在一定程度上克服原料中钙镁盐高带来的麻烦。

各种工艺方法间差异甚大，存在着竞争。自然，市场选择竞争优胜者。表 2-15 中列出了攀矿富钛料各种氯化工艺的技术经济指标等的比较。其中成本实际上是各项指标中的综合指标，也是市场经济应用的依据。

表 2-15　攀矿富钛料各种氯化工艺的技术经济指标比较

序号	工艺方法	使用物料	生产率（以 $TiCl_4$ 计）/t·(m²·d)⁻¹	成本/元·t⁻¹	环保状况的问题
1	现有流化氯化工艺改进	攀矿钛渣	25	1600	
2	无筛板流化炉氯化	攀矿钛渣	26.6	1304	
3	熔盐氯化	攀矿钛渣	14.7	1650	废熔盐的处理
4	竖炉氯化	攀矿钛渣	4~5		
5	碳氮氧化钛低温流化氯化	攀矿钛精矿	17~18	1721	
6	钛精矿直接流化氯化	广东钛精矿	24.1	1473	副产品 $FeCl_3$ 需处理

注：成本是当年的成本。同时，各单位购进物料成本有差异，所以成本计算仅
　　是相对可比性。钛精矿直接流化氯化中，并未将 $FeCl_3$ 的处理成本计算
　　在内。

　　从表 2-15 可以看出，无筛板流化炉氯化占据了明显的优势，
不仅生产率高，成本低，而且也与环境和谐，污染少。它已被市
场选择，已选为氯化工艺的定型炉体。

　　另外，也有钛公司使用熔盐氯化工艺生产，它的生产指标也
可行，但比无筛板流化炉氯化要略逊一筹。存在的最大缺陷是废
熔盐处理成环保难题，至今尚未解决，这也是该工艺生存和发展
的障碍。

　　竖炉氯化由于其工艺自身的缺陷，已被市场淘汰。

　　碳氮氧化钛低温流化氯化工艺中，关键工序是还原碳化，因
为是高温深度还原，要达到生产碳化钛时，必然是高耗能过程，
这样使它的技术经济差，成本高，也不会被市场采用。

　　钛精矿的直接流化氯化工艺的技术经济指标也可以。但是，
它的副产品 $FeCl_3$ 直接有销路的话就会促进工艺的成功。而现在

的事实是 $FeCl_3$ 销路少，应用不大。如果要增加 $FeCl_3$ 处理的工序，就会降低该工艺的经济指标，或增加成本。所以该工艺也不会被市场选用。

认为攀矿富钛料的最佳处理工艺方案是无筛板流化炉加碳氯化，至今已工业化生产达 30 年的历史。这是一项中国特色的新工艺。

3 制备四氯化钛（2）——无筛板 氯化炉流态化氯化工艺

第 2 章和第 3 章制备的产品都是四氯化钛，而且均为流态化氯化工艺，故有相同的工艺流程（参见图 2-12），工艺参数大体相同，或者大同小异。不同处或者差别处是流态化氯化炉的炉底气体分布器结构不同，前者为有筛板，后者为无筛板，两者的基础理论是相同的，但是炉底结构差别极大。为了避免重复，本章不再介绍基础理论，如有需要可参考第 2 章。第 2 章和第 3 章的内容是相互补充的。

我国攀枝花矿是座世界级超大型钒钛磁钛岩矿，其中钛资源十分丰富。1978 年以前，以攀矿钛物料为原料，已先后开展了各种氯化工艺技术的地区性协作攻关（详见表 2-15）。从 1978 年开始，我国集中了全国有关研究力量开发攀矿钛资源，开始了一年一度的攀枝花钛资源综合利用国家科技攻关大会，共开了九次。其中用攀矿钛铁矿富集料钛渣进行氯化利用是一个重大研究课题。因这种钛渣品位低，含杂质镁钙高（Σ（MgO + CaO）为 5% ~ 9%），在流态化氯化时，生成低熔点、高沸点的黏性氯化物 $MgCl_2$ 和 $CaCl_2$（见表 3-1），这些有害的黏性氯化物会黏结物料，破坏流态化，使氯化无法长期运转。从 20 世纪 50 年代开始，国外就开展了相关课题研究，但至今仍未工业化。含杂质镁钙高的钛物料流态化氯化成为世界钛氯化冶金的一大难题。为了克服这一困难，经过全国协作攻关，在众多新方法（详见 2.5 节）中无筛板流化氯化炉流化氯化工艺脱颖而出，获得成功，使得氯化工艺有了突破和创新。故本章对该流态化技术与工艺进行系统的介绍和总结，包括三次工程放大与工业应用。

表 3-1 某些氯化物的熔点和沸点

氯化物	熔点/℃	沸点/℃
FeCl$_3$	304	319[①]
FeCl$_2$	677	1012
MgCl$_2$	714	1418
CaCl$_2$	772	1800
MnCl$_2$	650	1231

① 为升华温度。

3.1 无筛板流化氯化炉炉型结构的研究

3.1.1 流化床气体分布器的理论分析

当流体（气体或液体）在低流速下向上流过固体颗粒床层时，形成固定床。如果流速增大，颗粒就会在流体中悬浮和游动，变成类似于流体状态，形成流态化床，又称流化床。由于它具有传热传质快、颗粒比表面积大、反应速度快、可以连续操作、自动控制等优点，已广泛应用于石油、化工、冶金等许多部门。在钛氯化冶金领域也广泛应用这一技术，即沸腾氯化炉，又称流态化氯化炉，并且逐步向大型化发展。本节研究的是工业上应用较为广泛的气-固流态化，即聚式流态化。

流态化的发展历史是颇不平坦的。1942 年它随同石油化工催化裂化在工业上获得巨大成功，从此便进入其他许多领域。这就推动了对它的研究工作。石化行业流化床主要使用分布板（又称筛板）等作为气体分布器。著名学者 D. Kunii，O. Levenspiel 指出："分布板应加精心选择和设计，因为这是流化床过程成功应用的首要条件。"许多文献指出，流化床内不能有黏性物料，因为黏性微粒会聚集和烧结，破坏流化床；有文献说，流化床的主要缺陷是无法处理黏性物料，因为黏性物料易于结团，甚至堵塞流化床。

上述筛板型气体分布器后来移植到钛及氯化法钛白生产，但是局限于以海滨砂矿钛渣、金红石（杂质 MgO 和 CaO 总含量低于 1.5%）为原料，采用有筛板流态化氯化炉生产 $TiCl_4$。但是，使用含 MgO 和 CaO 含量高的攀矿钛渣为原料，进行有筛板流态化氯化炉工业试验时，如上所述反应生成的有害黏性氯化物 $MgCl_2$ 和 $CaCl_2$ 会黏结物料，破坏流化床。尽管选择和设计了多种形式的筛板进行工业试验，仍然无济于事。停炉检查可以发现，物料的黏结、结块源自筛板区，筛板外圆周结块厚且硬，内圆结块薄而松并有沟流通道，筛板小孔眼被烧结块成片堵塞。

钛沸腾氯化炉与工业上成熟的石油化工裂解、重整的化工流化床有四大不同：（1）反应温度，前者为 900~1050℃，而后者小于 600℃。（2）反应气氛，前者的流化剂是腐蚀性极强的氯气，而后者的流化剂是空气或氧气。（3）可以认为，前者是冶金反应过程，而且是技术复杂的氯化冶金反应过程，必须综合考虑在 1000℃ 高温反应过程的热力学、动力学，原料中各成分在反应过程的行为以及反应产物氯化物的分离等。它比化工流化床更为复杂。（4）流化床反应模式和结构也有很大区别。工业试验表明，化工流化床广泛使用的分布板、风帽，并不适用于钛矿有筛板沸腾氯化炉氯化有害杂质 MgO 和 CaO 含量高的攀矿钛渣等原料。

气体分布器是流化床的核心，其形式对流化质量影响极大。根据上述攀矿钛渣氯化特定工艺过程的特点，我们进行了流化床冷态模拟试验基础研究，研究开发了新型的无筛板流化床。

有筛板流化床用气体作流化剂时，其正常的固体流形如图 3-1 (a) 所示。在正常流化状态，固体趋向于接近器壁处向下运动，有如波浪冲击的形式，单个颗粒可作随机游动，时而沿着器壁前进，时而淹没床中。固体可沿器壁运动到床底，然后进入中央并向上运动。在筛板周围环状区及筛板孔眼之间分别形成静止区（死区）及具有间歇运动的半静止区。美国著名学者 M. Leva 认为，静止区可以从筛板表面向上伸展到一个床柱半径之多。

图 3-1 和图 3-2 是依据文献的蓝图制成的 CAD 图。

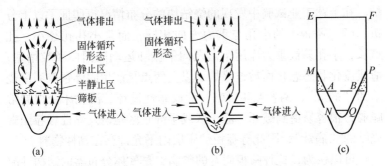

图 3-1 有筛板流化床和无筛板流化床的正常固体循环形态

（a）有筛板流化床；（b）无筛板流化床；（c）有筛板流化床演变成无筛板流化床

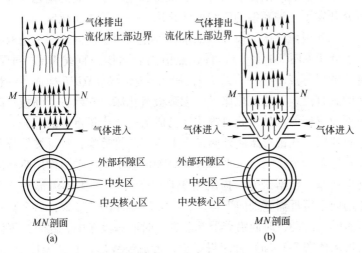

图 3-2 流化床中简化的气体流形示意图

（a）有筛板流化床；（b）无筛板流化床

在氯化含有害杂质 MgO 和 CaO 比较高的攀矿钛物料时，在传统的有筛板沸腾氯化炉内：（1）由于筛板附近存在的固体物料静止区和具有间歇运动的半静止区最容易诱发固体颗粒团聚，反应生成的 $MgCl_2$ 和 $CaCl_2$ 首先在这些区域与碳粒及矿物颗粒黏结，逐步长大成烧结块。这些烧结块会堵塞筛板的小孔，并逐步扩散，破坏氯化炉的流化状态，在几天甚至在几小时内被迫停炉。在上述工业试验中发现的烧结块的分布情况也印证了以上分析。（2）筛板上的小孔与重力方向相同，而且小孔孔径小、孔道长，小孔易被重力作用坠落及向下循环运动的固体颗粒堵塞，造成流化状态恶化而被迫停炉。以上两点是产生固体颗粒团聚烧结的"病灶"，两者互相影响，形成恶性循环，流化床变得异常脆弱，很容易遭到破坏。静止区或半静止区是诱发黏性颗粒团聚烧结的"病灶"，因此有筛板炉床层内不允许存在黏性物料。

可以认为，这种筛板固有的弊病，是气体分布器的结构性缺陷引起的。

基于上述理论分析及在工业试验和生产中遇到的问题，我们研究开发了一种新型的流线形流化床——无筛板流化床。

无筛板流化床的设计：如果在静止区料层的内表面上选取某一点 A（见图 3-1（c）），自 A 点沿内表面作一直线 MN，同理，自 A 的对称点 B 作一直线 PQ，那么六边形 EMNQPF 构成了一种新的具有流线形的流化床——无筛板流化床。它除去了筛板，床内不设置任何构件，此时锥体区已成为流化床最重要的部分——分布器区。在锥形床底外侧设有上、下两排喷嘴，每排按等分角线布置若干个喷嘴。水平布置的喷嘴可以防止受重力作用坠落的物料堵塞。根据研究，提出图 3-1（b）所示的固体流形图，固体趋向于接近器壁处向下运动，有如波浪冲击的形式，单个颗粒可做随机游动，时而沿着器壁前进，时而淹没床中。此时，固体的运动比图 3-1（a）伸展得更远，形成流线形，直达锥体中部、底部，经中央倒转并向上运动。由图 3-1（b）可见，它消除了固体静止区及半静止区，并可避免筛板孔眼易于堵塞、无法疏通的弊病。

与图 3-1（b）对应，图 3-2（b）是研究提出的简化气体流形图。可以看出，图 3-2（b）气体流形与图 3-1（b）固体循环形态基本相似。因为固体的流形是初次现象，由它诱导出二次现象，即气体的混合。自喷嘴喷入的气体具有避开外部环隙的趋势，主气流因此沿床层中央上升，而且大部分气体是经中央离开床层。当气体接近上部床层边界时，一部分倒转方向，沿外部环隙向床下方运动，在喷嘴附近又发生倒转，沿床内壁下流的这部分气体与由喷嘴新喷出的气体混合，因而形成了图 3-2（b）的简化气体流形图。实际上，由于存在水平分量，且有涡流、气泡和短路等许多不规则现象，自不可能出现图 3-2（b）所示那么匀称的形式，但可看出气体的总体流向。

3.1.2　直径 0.3m 无筛板流化床冷态模拟试验

试验装置是一台 $\phi0.3m$（内径，下同），高 1.5m 的无筛板流化床，由有机玻璃制成，如图 3-3 所示。所用流化物料为人造金红石，流化介质为压缩空气。借助 U 形压力计以及对流化状态的观察来判别流化状态的好坏。

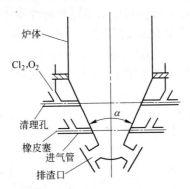

图 3-3　无筛板沸腾氯化炉底结构示意图

无筛板流化床是一项流态化新技术，其技术关键在于床内不设置任何构件，依靠呈水平方向布置于锥体炉衬内的十多个喷嘴以代替筛板上的数以百计的小孔，并使气体均匀分布，以获得良好的流化状态。

研究了炉底锥体的锥角 α（例如取 $\alpha = 38°$、$45°$、$60°$、$90°$）、喷嘴孔径 d_i、上下排喷嘴组合方式 K、开孔率 η 等因素对流化质量的影响。组合成约 500 种炉型，进行了冷态模拟试验基础研究。篇幅所限，有关问题请读者参阅 3.2.3 节第二次工程放大。

应当特别指出的是，图 3-1（b）的倒锥体的夹角 α 及高度等是可变的，令人鼓舞的是锥体形成一个三维空间舞台，上述 α、d_t、K 和 η 等因素及其分别取值的组合方式，简化计算也是数以千计。在这个立体空间舞台上可以模拟出正常的流化状态，以及不正常的流化状态，如沟流、腾涌等；更奇妙的是在这个舞台上可以设定、依次变换组合方式，展现出多种多样、有规律变化的固体流化形态，揭示了各因素对流化状态的影响，为选择和决策提供了科学依据。解决上述氯化冶金难题的曙光，令人锲而不舍。显然，一般的流化床，局限在同一个水平面上，或布局筛板孔眼，或布设风帽，其炉型的变化极为有限。

应用射流理论和碰撞理论来描述和解释流化床内气—固运动状态。从孔口或狭缝流出的高速流体称为射流。从图 3-4 及图 3-1（b）可以看出，从喷嘴进入床内的高速气体形成射流，由于脉动，周围气体及颗粒将被卷入射流，并发生强烈的动量交

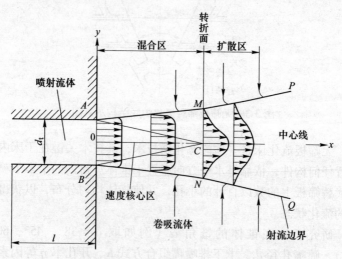

图 3-4　射流的卷吸现象及速度分布

换，使流体混合加速反应。从动力学角度来看，相向喷出的高速射流（其相对速度是有筛板炉筛孔射流速度的 2 倍），使气—固反应物强烈碰撞、混合。改善动力学条件及排布方法等可创造这些条件，获得良好的流化状态。

主动变换及控制流化状态试验的一个例子是：当固体颗粒已被选定后，在一定结构的流化床中只有气体流速是唯一影响床层流化状态的可控变量。以回流速度为例，气体流速增加，固体颗粒循环速度增加，固体颗粒沿器壁向下运动的回流速度也增加，固体颗粒的运动状况清晰可见，回流速度也可测量；当气体流速度固定时（在工业生产中，该值是固定的，例如氯气流量），固体颗粒循环速度及回流速度也相对固定，换句话说固体循环形态被固定了。有筛板流化床流化状态就遵循这个模式。但是无筛板流化床则不然，当气体流速固定时，改变炉底参数的组合方式，回流速度也随之有规律改变，其速度差可达一个数量级。在试验中可以看到，自床层内部不断涌出的颗粒群形成此起彼伏的波浪，有一个变幻不定但又清晰的上界面；接近圆周的颗粒沿器壁向下运动有如波浪冲击，一波接一波颇有节奏感，两波之间有一极短的间歇期（约零点几秒），这时颗粒处于静止状态，下一波出现，颗粒又突然启动，很有规律；回流速度快，波浪节奏也快。

冷态模拟试验得出了 $\phi 0.3m$ 无筛板流化床炉底参数：底角 α、喷嘴孔径 d 术喷嘴组合方式和开孔率 η 等的最佳值。从 1978 年初开始，历经一年半完成了上述基础研究，为设计工业氯化炉奠定了基础。

3.1.3　无筛板沸腾氯化工业试验炉炉体结构

根据上述基础研究结果，我们设计了 $\phi 0.6m$ 无筛板沸腾氯化炉（炉底结构示意图如图 3-3 所示），这是第一次工程放大，是第一代（又称 1G）无筛板沸腾氯化炉。1979 年秋首先与广东江门电化厂协作成功完成了"钛铁矿（砂矿）$\phi 0.6m$ 无筛板沸腾氯化炉选择氯化制取人造金红石工业试验"，氯化炉连续稳定运转 93 天，取得良好技术经济效果，并直接投产，首次展现了无筛板沸腾氯化炉处理黏性物料的能力。此前在采用有筛板炉进行同一工艺工业试验时，由于氯化过程会生成部分黏性杂质 $FeCl_2$（见表 3-1），使流化状态恶化，运转半个月左右便被迫停炉。

1980 年 3 月在第三次攀枝花资源攻关大会上，决议让广州有色金属研究院进行"无筛板氯化炉流化氯化"的攻关研究。该院从此拉开了采用无筛板氯化炉沸腾氯化新技术，历时十年的攀矿钛氯化攻关的序幕。先后顺利完成 6 项工业试验，每项都是一次试验成功（见表 3-2）。

表 3-2   攀枝花矿无筛板沸腾氯化炉工业试验项目简表

项目序号[①]	试验时间	试验地点	氯化炉内径/m	氯化原料的主要化学成分（质量分数/%）							连续运转时间/天	产品名称
				TiO_2	TFe	MgO	CaO	MnO	SiO_2	Al_2O_3		
1	1980 年 12 月	江门	0.6	46.86	31.88	4.82	1.09	0.60	3.43	1.13	44	人造金红石
2	1981 年 7 月	遵义	0.6	80.10	4.46	6.60	0.88	0.20	3.17	1.17	44	$TiCl_4$
3	1982 年 12 月	遵义	0.6	80.19	3.08	7.16	1.63	1.45	4.00	2.11	61	$TiCl_4$
4	1984 年 2 月	遵义	0.6	78.28	3.81	6.81	1.30	1.08	3.08	1.68	39	$TiCl_4$
5	1985 年 10 月	遵义	0.6	83.26	2.37	4.67	0.57	1.68	2.37	1.77	34	$TiCl_4$
6	1990 年 9 月	遵义	1.2	84.86	3.19	5.38	1.33	1.30	2.33	1.54	55	$TiCl_4$

① 项目序号为下列工业试验项目与试验研究报告。钛渣：主要成分为 TiO_2，其余为钛的低价氧化物、杂质氧化物；金红石或人造金红石：化学式为 TiO_2。

No. 1：攀枝花钛铁矿 $\phi600mm$ 无筛板沸腾氯化炉选择氯化制取人造金红石。广州有色金属研究院，广东江门电化厂。1981 年 1 月。

No. 2：攀矿人造金红石 $\phi600mm$ 无筛板沸腾氯化炉氯化制取 $TiCl_4$。遵义钛厂，广州有色金属研究院。1982 年 2 月。

　　No.3：攀矿钛渣无筛板沸腾氯化炉氯化制取 $TiCl_4$ 工业试验报告。遵义钛厂，广州有色金属研究院。1983 年 4 月。

　　No.4：攀矿钛渣无筛板沸腾氯化炉氯化制取 $TiCl_4$ 试生产报告。遵义钛厂，广州有色金属研究院。1984 年 3 月。

　　No.5：攀矿钛渣电解氯气无筛板沸腾氯化炉氯化制取 $TiCl_4$ 工业试验。遵义钛厂，广州有色金属研究院。1985 年 11 月。

　　No.6：攀矿钛渣无筛板沸腾氯化炉（$\phi1200mm$）制取 $TiCl_4$ 工艺设备研究。遵义钛厂，广州有色金属研究院等。1990 年 11 月。

　　1980 年底，广州有色金属研究院与广东江门电化厂协作顺利完成了"攀枝花钛铁矿 $\phi600mm$ 无筛板沸腾氯化炉选择氯化制取人造金红石"工业试验。我国率先突破含高镁钙的钛物料沸腾氯化难题，攀矿钛资源攻关取得了重大进展。根据攀矿科技攻关的部署，"六五"期间，对无筛板沸腾氯化技术进行全方位的考核，包括不同原料、不同工艺以及电解氯气闭路循环利用等四项工业试验（见表 3-2，No.2～4）：攀矿人造金红石沸腾氯化制取 $TiCl_4$ 工业试验、攀矿钛渣沸腾氯化制取 $TiCl_4$ 工业试验、攀矿钛渣沸腾氯化制取 $TiCl_4$ 试生产，以及攀矿钛渣电解氯气沸腾氯化制取 $TiCl_4$ 工业试验。试验使用的攀矿钛物料含 TiO_2 为 78.28%～84.86%；$MgO+CaO$ 的质量分数高达 5.24%～8.79%，从 1981～1985 年，广州有色金属研究院与遵义钛厂协作历时五年顺利完成了上述四项工业试验，氯化炉连续稳定运转 34～61 天（至原料用完），随后投产。工业试验过程沸腾状态稳定，反应良好，排渣顺畅，取得良好技术经济效果。先后通过技术鉴定，成功地应用到工业生产，也是解决了当今氯化冶金的世界难题。

3.2　无筛板流化氯化炉实现工业化生产

3.2.1　无筛板流化氯化炉工业试验

　　本节以具有代表性的"攀矿钛渣无筛板沸腾氯化炉氯化制

取 TiCl$_4$ 工业试验"（见表 3-2，No. 3）为例作一介绍。

广州有色院和遵义钛厂协作，并在该厂进行了工业试验。试验是在原有工艺流程图（参见图 2-12）和设备流程图（图 2-13）基本不变的情况下，仅改变了流态化氯化炉的炉底（气体分布器）结构，用无筛板炉底，炉体特征尺寸为 ϕ600mm×8282mm，炉底结构如图 3-3 所示。

采用攀矿钛渣为原料进行了工业试验。攀矿钛渣的主要化学成分如表 3-2，No. 3 所示。这次试验所用原料钛渣的 TiO$_2$ 质量分数较低，仅为 80.19%；而有害杂质 MgO+CaO 含量高达 8.79%；钛渣粒度太细，小于 0.074 mm 的占 29.4%（工厂条件所限），易被气流带入冷凝系统造成损失。

3.2.1.1　工艺上采取的措施

（1）通氧高温氯化。欲使反应生成的有害杂质氯化物 MgCl$_2$、CaCl$_2$ 等尽可能地挥发离开床层，高温氯化是一项重要措施。在 900～1100℃ 的高温下，MgCl$_2$ 的饱和蒸汽压为 950～9500Pa，具有较好的挥发条件。在给定的反应温度 1000℃，每小时加入混合料 320kg（配碳比为：钛渣/石油焦 = 100/42，质量比）的条件下，我们作了 ϕ600mm 无筛板沸腾氯化炉的热平衡计算，过程的热收入 $\sum Q_{\text{收入}} = 5.97 \times 10^5 \text{kJ/h}$，热支出 $\sum Q_{\text{支出}} = 6.50 \times 10^5 \text{kJ/h}$，$\sum Q_{\text{支出}} > \sum Q_{\text{收入}}$，其差值为 $0.53 \times 10^5 \text{kJ/h}$，故过程不能自热。本试验采用通入适量的氧气，并多加相应量的碳与之反应补充热量，可维持给定的温度使氯化反应正常进行。这一经济易行的补热措施已为多年来实验室试验，以及工业试验和生产所证实。

（2）适当增大配碳量。在氯化过程中，床层内镁、钙氯化物的数量不断增加，适当地增大混合料中配碳比，借助反应过剩的碳来稀释、包裹和隔离 MgCl$_2$、CaCl$_2$ 微粒，从而阻止颗粒互相黏结、合并以至长大成团。本试验采用的配碳比为：钛渣/石油焦 = 100/（42 ～ 45）。

（3）定期排渣。在现有的生产过程，过剩碳及残渣需定期排渣，每个作业班（6h/班）排渣一次。本试验沿用此排渣制度，把残留在流化床内的 $MgCl_2$、$CaCl_2$、碳等残渣定期排出。

3.2.1.2　试验结果

氯化炉稳定连续运转 61 天，床层内 $MgCl_2+CaCl_2$ 含量达 30%，沸腾状态稳定，反应良好，排渣顺畅，排出的炽热炉渣流动性很好，呈疏松的颗粒状，炉温在 1000℃ 左右。在操作过程中，可以观察到流化床压差有规律地跳动，其脉动范围在几十帕到几百帕之间，没有发现结块、架桥现象，这说明沸腾状态是稳定的，随后投产。炉渣主要成分是碳（见表 3-3），生产中已回收利用。

试验取得了良好的技术经济指标：钛的氯化率达 97.4%；$TiCl_4$ 产能为 8.12t/d，单位产能为 28.7t/(m^2·d)；$TiCl_4$ 成本为 1326 元/t（其中钛渣成本占 41.3%）；粗 $TiCl_4$ 质量符合企业标准，并生产出合格的海绵钛。

3.2.1.3　问题讨论

A　金属平衡和杂质镁与钙的去向

前已述及 $MgCl_2$ 和 $CaCl_2$ 是有害杂质，对氯化炉的流化状态、流化质量有重大影响，因此了解和控制它们在氯化过程中的去向十分重要。我们根据连续运转 30 天试验的统计数据，做了金属钛、镁和钙的金属平衡表（表从略），根据该表分析 Mg、Ca 的去向。表 3-3 为炉渣的化学成分，表 3-4 为攀矿钛渣各组分的氯化率。从中可见 TiO_2、FeO、MgO 和 CaO 的氯化率很高，其中 MgO 的氯化率为 98.6%，CaO 氯化率为 96.6%。在生成的 $MgCl_2$ 总量中约 52% 随 $TiCl_4$ 混合气体进入收尘冷凝系统，约 48% 从氯化炉渣中排出；在生成的 $CaCl_2$ 总量中，约 13% 随 $TiCl_4$ 混合气体进入收尘冷凝系统，约 87% 从氯化炉渣中排出。

表 3-3　炉渣的化学成分

成分	TiO_2	C	MgO	CaO	$MgCl_2$	$CaCl_2$	$\sum Fe$	SiO_2	Al_2O_3	MnO
%	5.49	51.56	0.29	0.16	22.64	7.74	0.24	9.21	1.01	0.77

表 3-4　攀矿钛渣各组份的氯化率　　　　　　（%）

组分	TiO_2	FeO	MgO	CaO
氯化率	97.4	97.3	98.6	96.6

在处理含高镁、钙的攀矿含钛物料时，如何使氯化过程中生成的 $MgCl_2$ 和 $CaCl_2$ 分散开并尽可能地离开床层，这是关键性的重要技术问题。有两个途径：一是使其挥发离开床层；二是使残留在床层内的 $MgCl_2$ 和 $CaCl_2$ 均匀分散在炭层内，并随炉渣定期排出炉外。本试验采用无筛板沸腾氯化技术以及较高的氯化温度、适当加大配碳比和定期排渣等措施。

床层中碳的含量达 51.56%，构成了以碳颗粒为主体的流化床，虽然 $MgCl_2$＋$CaCl_2$ 质量分数高达 30%（见表 3-3），氯化炉仍能正常运转。根据分析，钛渣颗粒氯化反应的动力学模型是"不产生稳定产物层的反应颗粒"。为获得较高的钛渣氯化率，应采取以下措施：（1）反应温度在 1000℃ 左右，具有较高的反应速度常数 K_c；（2）相向喷嘴喷出氯气高速射流，使气固反应物强烈碰撞、混合，不断撞击钛渣颗粒使其表面的灰渣成片掉落，颗粒快速缩小直至消失，改善了动力学条件强化过程，加快反应速度。（3）相向对撞的高速射流可以撞击、防止颗粒长大成团。

B　氯化过程沸腾床压差的变化

在沸腾氯化过程中，沸腾压差的变化规律是衡量沸腾状态好坏的重要标准之一。图 3-5 列出了连续四天沸腾压差的锯齿形变化情况。由图可见，随着反应的进行，炉渣量逐渐增加，流化床床层高度及压差随之增加，在排渣前一瞬间，床层高度及压差达最高点，排渣后床层高度及压差降至最低点。每个排渣周期，排渣量不尽相同，故压差变化呈不规则锯齿形。在操作过程中，可以观察到沸腾压差在有规律地跳动，其波动范围在几十帕至几百帕之间，没有发现结块、架桥现象。61 天试验，每个作业班

（6h／班）排渣 1 次，累计排渣 244 次，停开自如，运转正常。
如果是有筛板炉是不可能的。上述情况表明，无筛板沸腾氯化炉
的沸腾状态是良好的。

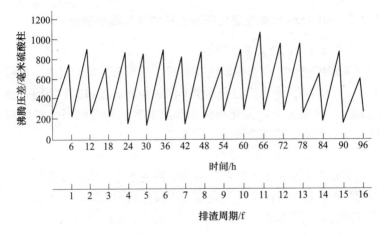

图 3-5 氯化炉沸腾压差的变化

3.2.1.4 小结

技术鉴定指出：攀矿钛渣无筛板氯化炉（$\phi 0.6m$）沸腾氯
化制取四氯化钛工艺在我国首次研究成功，是综合利用攀矿钛资
源技术路线之一，在技术上是可行，经济上是合理的，工业试验
和试生产指标都达到了合同要求。无筛板沸腾氯化炉具有炉底结
构简单、操作简便、运转时间长等特点，特别适用于解决攀枝花
钛铁矿高镁、钙含钛物料的氯化问题。

以上是无筛板氯化炉第一次实现了工程放大。"六五"国家
科技攻关总结评价指出：它在技术上取得了重大突破，解决了当
今氯化冶金的世界难题。

1986 年 7 月 27 日，国家科委、有色总公司等组织专家对
1978 年实施国家科技攻关以来的各种方案进行评议。方毅同志
主持会议，把"攀矿钛渣无筛板沸腾氯化炉（$\phi 1.2m$）制取
TiCl$_4$ 工艺设备研究"列为"七五"仅有的一项氯化炉大型化项

目。这是对无筛板氯化炉进行的研究开发，进行第二次工程放大，包括实验室冷模基础研究（3.2.2 节）与工业试验（3.2.3 节）两部分。

3.2.2　ϕ0.75m 无筛板流化床冷态模拟试验基础研究

3.2.2.1　试验装置和物料

无筛板流化床冷态模拟试验装置由透明有机玻璃制成，直径 0.75m，高 2m。流化床备有 5 个不同锥角的炉底和 5 组不同孔径的喷嘴（见图 3-3）。流化物料为攀枝花矿人造金红石，平均粒径为 0.137mm；流化介质为压缩空气。

3.2.2.2　流化质量的判别

流化床中发生的情况可以分为好的流态化、沟流和腾涌 3 种不同状态。所谓好的流态化是指气固接触极为均匀，气体以均匀速度通过床层横截面，粒子在床层内循环运动，混合是均匀的，压强降脉动很小，而频率很大；沟流和腾涌属不正常状态。人们常用简便的目测判别流化质量。由于目测带有人为的主观因素，只能作定性判别。要定量地判别流化质量应当具备两个条件：正确的流化指数表达式及灵敏可靠的仪器。20 世纪 80 年代，流化质量的判别文献报道了很多方法，例如电容法、光探针法、压电效应法、压强敏感应变法和照相法等，但是需用大量的时间和人力来整理和分析这些测试数据。

例如，有文献仅考虑压强降 Δp 一个因素作为判别流化质量的标准。该研究求取 Δp 的步骤为：

（1）从某一试验所得的脉动记录图纸上，选取具有代表性的记录 2~3 段，每段长为 0.05m。

（2）用放大尺把所选取的图形按 3：1 放大，即面积放大到 9 倍。

（3）用求积仪在放大的图形上求取记录纸中心线和脉动曲线所封闭的面积 $ABCD$，并除以 AB 得平均压降 AA'（见图 3-6）。

（4）作 $\overline{A'O'}$ 平均压强降线，并求取平均压强降线和脉动曲

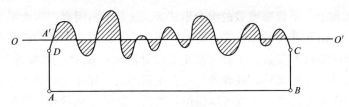

图 3-6 压降脉动波形图

线所封闭的面积 S（划上斜线部分的面积），把 S 除以 AB 及放大倍数 3，则得平均压强降脉动高度 h。

（5）由实验得出记录纸上每 1×10^{-3} m 压强脉动高度相当于 1kPa。

综合考虑各种因素，经过理论分析及推导，我们提出了一个比较准确的可定量地判别流化质量的流化指数 R 表达式：

$$R = \frac{\Delta p}{f \cdot p_0} \times 10^4 \tag{3-1}$$

式中 Δp——测压点与大气之间的压强降脉动平均值，Pa；

f——10s 内压强降波动频率；

p_0——流化点时压强降平均值，Pa。

用式（3-1）来判别流化质量：流化指数 R 值越小，流化质量越好；反之，R 值越大，流化质量就越差，我们发现当锥角 α 为 75° 和 90° 时，绝大多数试验存在有明显的固体静止区，在这种情况下，我们把流化指数表达式修改为：

$$R^* = \frac{\Delta p}{(f^* + \varepsilon) p_0} \times 10^4 \tag{3-2}$$

式中 f^*——经处理计算的 f 值；

ε——拟合的修正因子，用叠代法算出 $\varepsilon = 0.169$。

试验表明，用式（3-2）处理结果是令人满意的。

3.2.2.3 试验方法

本试验确定了 6 个物理量及其边界条件，采用了 5 种锥角 α 的炉底，5 套不同孔径 d_t 的喷嘴，5 种静床高度 L，5 种空气流

量 V 和上、下排喷嘴数的组合形式 K。这是个多因素、多水平的试验。由于涉及的参数多，离散性强，为了以较少的试验次数获得最佳的技术参数，本研究按正交设计法设计试验，例如表 3-5 便是其中一组试验。基础研究可以模拟沟流、死床、腾涌和喷泉等不正常流化状态，也可以模拟一般的、好的流化状态。简化计算也可以设计数以百计的炉型，按正交设计法进行试验，既无遗漏，也不重复，不但试验次数最少，又能找到真正的最优化条件。

表 3-5　6 因素-30 水平表

因素	水平									
	1	2	3	4	5	6	7	8	9	10
α	35	45	60	75	90					
d_t	22	26	20	24	28					
h	h_1	h_2	h_1	h_2	h_1					
V	400	440	480	520	560					
L	240	340	440	540	640					
K	9:6	8:6	7:6	6:6	5:6	4:6	3:6	0:6	9:5	8:5
	7:5	6:5	5:5	4:5	3:5	0:5	9:4	8:4	7:4	6:4
	5:4	4:4	3:4	9:3	8:3	7:3	6:3	5:3	4:3	3:3

注：α—炉底锥体的夹角，（°）。d_t—喷嘴孔径，mm。h—上、下排喷嘴至锥体法兰面之间的距离，其中当 $\alpha = 60°$，$75°$，$90°$ 时，$h_1 = h_2$；当 $\alpha = 35°$，$45°$ 时，$h_1 \neq h_2$。由于 h 只有 2 个水平，故采用拟水平方法，使之扩至 5 个水平。V—空气流量，m^3/h，可换算为空腔线速 v，cm/s。L—静床高度，即炉底的上排喷嘴中心线至料面的高度，mm。K—上、下排喷嘴组合，定义为 $K = n_上/n_下$，即上排喷嘴数与下排喷嘴数的比值。

　　本试验采用了 IBM 计算机、单板机、信号测算仪、图像分析系统以及摄像机等先进的仪器设备，将表达式 R 中的各个参数等有关数据、算式编成程序，把仪表与流化床联机操作，实时采集处理数据（100 次/s），使试验数据准确可靠。

3.2.2.4　试验数据处理及结果分析

A　正交试验

第一次正交试验，安排了如表 3-3 所列的 6 因素-30 水平表，并选用 L_{50}（$10^1 \times 5^{10}$）正交表，完成了 3 组共计 150 次试验。3 组 L_{50}（$10^1 \times 5^{10}$）正交试验结果所得 R^* 的极差分析及方差分析（表 3-6）表明：（1）α 和 L 因素对流化指数 R^* 的影响特别显著，α 在 45° 和 60° 之间时，R^* 值很小，即流化质量较好；随着 L 的逐渐增大，R^* 值逐渐减小，即静床高度为 640mm 或 540mm 时，流化质量较好。（2）K 因素各水平对 R^* 的影响不太明显。（3）d_t 因素对 R^* 的影响较小，R^* 略有随着 d_t 的减小而减小的趋势。（4）空气流量 V 和上、下排喷嘴之间的距离 h 对 R^* 的影响不大。

表 3-6　150 炉试验数据 R^* 方差分析表

方差来源	平方和	自由度	均方	F	F 强弱	F 检验临界值
K	4.707×10^5	29	1.623×10^4	1.857	*	$F_{0.01}(4,\ 100) = 3.51$
α	8.111×10^5	4	2.028×10^5	23.20	**	$F_{0.05}(28,\ 100) = 1.59$
L	3.532×10^5	4	8.830×10^4	10.10	**	$F_{0.10}(4,\ 100) = 2.00$
d_t	7.676×10^4	4	1.919×10^4	2.195	*	
h	576.9	1	576.9	0.06600		
V	1.340×10^4	4	3350	0.3833		
误差 E	9.004×10^4	103	8741			
总和 Σ	2.626×10^4	149				

注：* 号多少表示该因素显著性强弱。

根据第一次正交试验结果及数据分析，设计出第二次因素-水平表并选用 L_{18}（$6^1 \times 3^6$）正交表，共进行 18 次试验，第三次正交试验，选用 L_4（2^3）正交表。

综合上述三次正交试验的结果分析，可确定出较佳的技术参数：$\alpha = 60°$，$L = 640\text{mm}$，$K = 9:6$，$d_t = 20\text{mm}$，$V = 480\text{m}^3/\text{h}$。

B   统计数学模型的确定和最佳技术参数的求取

根据 $L_{50}(10^1 \times 5^{10})$ 正交表完成的 3 组 150 次试验的实测数据进行一元多项式回归分析，可得 α-R 的特定方程式：

$$R = 43.39 + 4.033\alpha - 0.1556\alpha^2 +$$
$$1.502 \times 10^{-3}\alpha^3, \quad \alpha \in [35°, 90°] \quad (3-3)$$

对式 (3-3) 求 R 的极小值，解出底角 α 的最佳值为 52°。

L-R 的特定方程式为：

$$R = 20.64 + 0.1808L - 6.635 \times 10^{-4}L^2 + 5.802 \times 10^{-7}L^3$$
$$(3-4)$$

对式 (3-4) 求试验数据及有关计算，得出较佳空气流量 V 为 520m³/h（相当于空腔线速 v = 32.72cm/s）。

C   最佳技术参数的典型试验

在上述最佳技术条件下，即 α = 60°，L = 640mm，K = 9：6，L = 585mm，V = 520m³/h，完成了一个典型试验。试验结果如图 3-7 所示，其流化指数 R 及压强降脉动变化 Δp 均优于其他技术条件下所获得的数据，从而进一步验证了本试验获得的最佳技术参数。

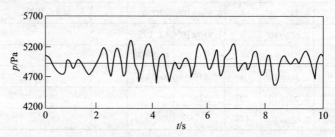

图 3-7   压强降随时间变化曲线（1000 个数据）

该项基础研究成果已于 1988 年 4 月通过部级鉴定。鉴定组对该项研究工作及数学模型给予很高的评价："本试验系国内首次对直径 0.75m 无筛板冷态流化床的流化质量进行了全面考察，研究了各因素对流化质量的影响，数据可靠，获得了较好的结果。提出新的流化质量指数进行判别，获得成功，具有先进性。进行实时测量和数据处理具有特色。试验获得了最佳参数，为今后建立工业试验装置（φ1.2m 氯化炉）提供了设计依据。"

3.2.3 无筛板流态化氯化炉流态化氯化实现工业生产

在过去试验研究工作及 φ0.75m 无筛板流化床数学模型研究基础上，设计了 φ1.2m 无筛板沸腾氯化炉，以攀枝花矿钛渣为原料，在遵义钛厂进行了工业试验。

3.2.3.1 主要设备和原材料

第二代（2G）无筛板沸腾氯化炉的内径为 φ1.2m，高11.28m；原料为遵义钛厂自产的攀枝花矿钛渣，TiO_2 的质量分数为 84.86%，杂质 MgO+CaO 的质量分数达 6.71%，粒度太细，-0.074mm 占 23.35%；使用 3 号石油焦（含固定碳的质量分数为 84.7%）作还原剂；采用混合氯气作氯化剂：其中液氯的质量分数为 60%，电解氯气为 40%；电解氯气的含氯量为 62.3%。

3.2.3.2 工艺上采取的措施

（1）氯化炉热平衡问题。根据计算 φ1.2m 氯化炉在 1000℃等给定条件下，已可以依靠自热使反应进行，不必采取通氧的措施。

（2）适当增大配碳量。本试验采用的配碳比为：钛渣/石油焦＝100/45（质量比）。

（3）定期排渣。每个作业班（6h/班）排渣一次。

3.2.3.3 试验结果

氯化炉稳定连续运转 55 天，床层内 $MgCl_2+CaCl_2$ 的含量为18%，沸腾状态稳定，反应良好，排渣顺畅，停开自如。排出的炽热的炉渣呈疏松的颗粒状，流动性很好。实测炉渣温度为1010℃，流化床压差有规律地跳动，其脉动范围在几十帕到几百帕之间。随后，氯化炉投入工业生产。炉渣主要成分是碳，生产中已回收利用。

试验取得了良好的技术经济指标：钛的氯化率为 97.2%，

TiCl$_4$ 产能为 25t/d，单位产能为 28.7t/（m^2·d）；TiCl$_4$ 成本为 2675 元/t（其中钛渣成分占 50.8%）；粗 TiCl$_4$ 质量符合企业标准，并生产出合格的海绵钛。

3.2.3.4   问题讨论

A   金属平衡和杂质镁与钙的去向

本试验做了金属钛、镁的平衡表（因钙含量较低未作计算，表从略）。表 3-7 为炉渣的化学成分。MgO 的氯化率为 90%。氯化过程生成的 MgCl$_2$ 有 3/4 挥发并随炉气进入收尘冷凝系统，有 1/4 MgCl$_2$ 残留在床层中。床层中碳含量高达 61.43%，构成了碳粒流化床，它的 MgCl$_2$+CaCl$_2$ 含量为 18%，氯化炉保持正常长期运转。

表 3-7   炉渣的化学成分（质量分数）

成分	TiO$_2$	C	MgO	CaO	MgCl$_2$	CaCl$_2$	$\sum$Fe	SiO$_2$	Al$_2$O$_3$	MnO
%	8.36	61.43	1.91	0.24	9.27	8.76	0.41	4.77	0.37	0.27

B   氯化过程沸腾床压差的变化

工业试验报告中绘制了连续 12 天的沸腾压差的锯齿形变化情况。压差变化规律情况表明氯化炉的沸腾状态良好。

3.2.3.5   小结

"七五"国家重点科技项目攻关验收评价指出："试验结果再一次证明了无筛板沸腾氯化技术对于处理含高镁钙的攀矿钛渣是行之有效的。含 MgO、CaO 之和在 6%~9%，这样高的富钛料国外从未用于钛生产和沸腾氯化的先例，是我国的独创。"

试验获得成功，随后我国用攀矿钛渣进行氯化正式实现工业化。该技术后又被国内多家厂家应用。它表明技术是可靠的，而且该技术适应性很强，应用面广，还可处理国内外各种矿源的钛物料。至今该技术已在钛厂运转 30 年，它为我国攀枝花钛资源的利用创出了一条新路。

3.3   无筛板流态化氯化炉的第三次工程放大

为了适应我国钛工业和氯化法钛白工业的需要，沸腾氯化炉大型化是必由之路，也是一项紧迫任务。我国钛沸腾氯化炉的大型化面临两大难题：

（1）启动大型无筛板沸腾氯化炉研发工作，才能大规模使用攀矿、承德矿、云南矿制取的钛渣等钛物料为原料。因为这三大矿区的钛资源储量占我国总储量的98%，我国不能长期依赖进口人造金红石为原料，因此这是攀枝花钛资源国家攻关的目的。

（2）如何解决、克服"底部间断式人工排渣法"诸多弊病，否则大型沸腾氯化难以正常运转。

2008年国家启动"十一五"国家科技支撑计划项目课题——"大型无筛板沸腾氯化工艺技术及装备研究开发"（2008年6月~2011年12月）。这是无筛板沸腾氯化炉的第三次工程放大。该课题分以下两部分：

（1）实验室冷态模拟试验基础研究——由广州有色院承担；

（2）ϕ2.6m无筛板沸腾氯化炉工业试验——由广州有色院与FT公司共同承担。遗憾的是由于FT公司停产关闭，工业试验未能完成。这是有待解决的重大问题。

广州有色院已完成第（1）部分研究工作，详细介绍如下。

3.3.1 ϕ0.46m无筛板流化床冷态模拟试验基础研究

3.3.1.1 试验装置

无筛板流化床冷模试验装置流程图如图3-8所示。流化床由透明有机玻璃制成，沸腾段为ϕ0.46m，扩大段为ϕ1.5m，总高4.2m。备有4套不同孔径的喷嘴，流化介质为空气，流化物料为人造金红石。

由于电子计算机技术的飞跃发展，促使科学实验和物理现象的分析也有了很大的跃进。我们用微型传感器取得电信号，直接应用电子计算机采集处理所需数据，更加快捷精确；过去用磁带摄像机，现在电子计算机与摄像机相连并储存大量图像，取得更佳的效果。

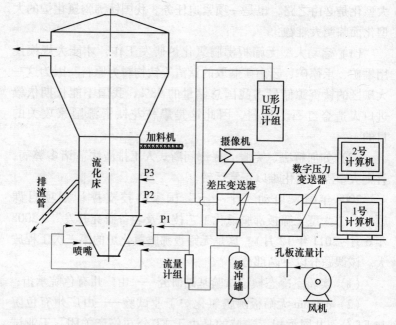

图 3-8　无筛板流化床冷模试验装置流程图

3.3.1.2　流化质量的判别

本试验采用流化指数 R 表达式：

$$R = \frac{\Delta p}{f \cdot p_0} \times 10^4$$

对于一定的流化床，流化质量属于平稳随机过程，在一定的时间间隔里，压力波动信号 $P(t)$ 及脉动频率 $f(t)$ 的统计特性具有重现性，可以作为流化质量的判据。本实验的采样时间或周期 $T = 60\mathrm{s}$，采样速度 $v = 100$ 次/s，则采样时间间隔 $\Delta t = 10\mathrm{ms}$，所以相应的采样次数 $N = T / \Delta t = 6000$，压力信号的波动函数为 $P(t)$，均值或数学期望为 $E[P(t)]$。

$$E[P(t)] = \frac{1}{N} \sum_N^1 P_k = \mu_p, \quad k = 1, 2, \cdots, N \quad (3\text{-}5)$$

压力波动函数 $P(t)$ 曲线由 1 号计算机全程记录。本试验将

表达式 R 的各个参数等有关数据、算式编成程序,得出专家软件包,把流化床与仪表、计算机联机操作,实时采集处理数据(100 次/s),实验数据准确可靠(参见图 3-8)。

(1)1 号计算机。实时采集处理两路(测压点 P_1 及 P_2)曲线及数据(参见图 3-8)。

1)第 1 路 P_1:全程记录 P_1 点的压力波动函数 $P(t)$ 曲线,得出流化床床层压力波动实录图,以及脉动个数(F)、脉动频率(f)、平均压差(Δp)、平均压力(p)。根据需要可以设定某一时间段,得出新的实录图及数据群,显示各参数的平均值,也可实时显示某一时间的瞬时值,1h 可采集储存 36 万个数据(参见图 3-9)。

2)同理可得第 2 路 P_2 曲线及数据,它与第 1 路 P_1 同时显示在实录图上(参见图 3-9),第 1 路、第 2 路采样速度均为 100 次/s。

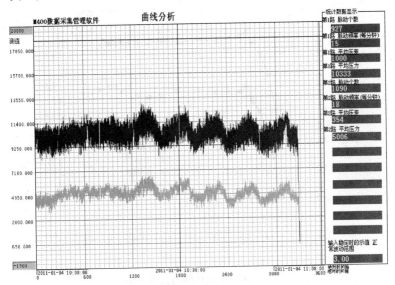

图 3-9 密闭式自动排渣床层压力波动信号实录图

$d_t = 27\text{mm}$;$w = 200\text{kg}$

（2）2号计算机。摄像机与2号计算机连接，图像储存于计算机（图3-8）。可以观察、分析流化床物料运动情况，以及系统各装置运转情况。

3.3.1.3 试验结果与分析

A 临界流化速度的测定

临界流化速度是流化床操作的最低流速，也是设计流化床的基本参数之一。计算临界流态化速度的经验或半经验关联式有数十种之多，与所使用的物料性质、气体种类和工艺过程有很大关系，计算结果相差甚大。确定临界流态化速度的最好办法是试验测定。图3-10为试验得出的床层压降与流速的关系，得出其 U_{mf} = 4.2cm/s。其余12次试验的 U_{mf} 值与其相同或十分接近。根据试验及我们多年的工业实践，流化数可取为 6~12，按流化数 λ = U_0/U_{mf}，得出气体的表观速度 U_0 = 25.2~50.4cm/s，可供工业氯化炉的设计和操作参考。

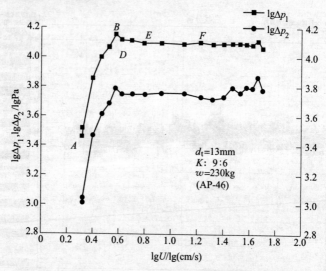

图 3-10 床层压降与流速关系

U—气体表观速度；Δp_1—测压点 P_1 压降；Δp_2—测压点 P_2 压降；

d_t—喷嘴直径；w—床层物料量；AP-46：试验编号

B 射流与撞击流

前已述及，为了研发大型的流化床，以流态化基础理论为前提，我们引入射流及撞击流理论，使研究工作更有成效。

a 射流

近年有资料介绍，在有筛板流化床，气体通过分布板上的小孔形成垂直向上的射流。但是在无筛板流化床，气体通过喷嘴形成水平相向对撞的射流（见图3-4）。显然后者的相对速度是前者的两倍，具有更好的动力学条件；相向对撞的高速射流可以撞击、防止颗粒长大成团。

b 撞击流

从动力学角度看，反应物强烈的混合、碰撞，可以改善动力学条件，加快反应速度。我们在试验研发工作中，无筛板流化床喷嘴的组合及排布方法就创造了这些条件。用撞击流理论来解释阐述上述研发工作中的现象和问题是恰当的。

撞击流是通过两股气—固两相流高速相向流动撞击，在撞击瞬间达到极高的相对速度，从而极大强化相间传递。该概念由苏联学者 Elperin 首先提出，以色列学者 Tamir 做了大量研究，我国近年来也进行研究和工业应用，撞击流的基本结构和原理见图3-11。

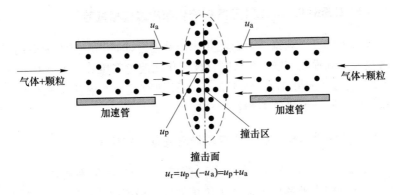

$$u_r = u_p - (-u_a) = u_p + u_a$$

图 3-11 撞击流的基本结构和原理

Elperin 和 Tamir 认为，在以气体为连续相的撞击流中，相间传递采用下列因素得到强化：（1）颗粒与反向气流间的相对速度大幅度增大。撞击面附近该相对速度为 $u_r = u_p - (-u_a) = u_p + u_a$（见图 3-11）；（2）颗粒在相向气流间往复渗透延长了它们在传递活性区中的停留时间，使强化传递的条件得到延续，颗粒往复振荡运动可多达 5~8 次。（3）两股流体的连续相向撞击，加上颗粒的往复振荡运动，导致撞击区强烈混合，使温度和组成均化。该技术在气—固撞击流应用中的缺陷一是在活性区中物料平均停留时间很短（约为 1s），已反应颗粒不能循环回撞击区；二是撞击流装置的流动结构比较复杂。由于上述缺陷问题，已转向液—固流的研究。撞击流在制取超细粉末、燃烧、干燥等方面已有应用。

但是无筛板流化床的结构可以克服上述两个缺陷，解决工程问题：一是物料可以循环回流到撞击区，继续往复振荡运动，停留时间长，有如多级撞击流；二是结构简单，可长期连续运转，经久耐用。

我们用计算机绘制了"无筛板流化床气体分布器喷嘴射流撞击三维图"（图略），该图可以旋转，用以分析固体循环、射流撞击等现象。

3.3.2　1.5m×0.1m 二维无筛板流化床冷态模拟试验

二维床可以观察、分析流化床内部的运动状态。二维床冷模试验装置流程图与图 3-8 相同，仅流化床改为二维床，其沸腾段为矩形，1.5m×0.1m，高 4.2m。主要研究流形、射流穿透深度与气体流量、下排管率和料层高度等因素关系。

3.3.3　"沸腾氯化炉密闭式自动排渣装置"的研发

2013 年 6 月 19 日广州有色院获得上述排渣发明专利。

（1）国内外钛厂家氯化炉传统的排渣法有两种：

1）底部人工间断排渣法。该法已使用半个多世纪，国内有筛板或无筛板氯化炉，以及引进的大型有筛板氯化炉普遍使用该排渣法（由于底部与高压 Cl_2 进气管紧连，若连续排渣很危险，故采取间断排渣法），主要弊病如下：

① 排渣时 Cl_2、$TiCl_4$ 炉气外泄。这是看得见的，但是毕竟延续时间短，损失尚小；主要是严重污染环境，劳动条件恶劣。

② 床层高度由低到高周期性大幅度波动。前期料层薄，导致氯气沟流短路损失，远比排渣时的损失大，这是看不见的损失；反应时间、氯气利用率以及流化质量等随之大幅度波动，严重影响各项技术经济指标。假定这个"前期"占排渣周期的一半，则称之为"半周期"——它引发了流化状态周期性紊乱，可以说它是"黑色半周期"。例如排渣周期为 6h，前期是 3h，每天排渣一次的"前期"就是 12h，"黑色半周期"的危害依然周期性出现。这是氯气耗量居高不下的根本原因。

③ 采用大型氯化炉时上述弊病更为突出，每天人工清理筛板孔眼，渣量大，不堪重负，严重影响氯化炉运转，这是实施大型化的一大障碍。

④ 引进的（或国内开发的）大型有筛板氯化炉，需采用昂贵的进口人造金红石原料，要求含 TiO_2 为 90%~95%；$MgO+CaO$ 含量低于 1.5%。

以某厂 $\phi1.2m$ 氯化炉为例，人工排渣操作过程如下（参见图 3-12、图 3-15）：每 6h 为一个周期，排渣一次，每次排出大部分炉渣或排空；反应 5.5h 后，停止加料、停止通氯，打开炉底排渣口，用铁钎等人工疏通，使炉渣排出，随后关闭排渣口。排渣作业约需 30min，然后继续加料、通氯，重新启动氯化炉，如此重复操作。

2）旋风除尘器排渣法。它借助氯化炉内上升的炉气夹带炉渣，经炉顶侧部通过长达 20 多米的管道进入旋风除尘器，炉渣从其底部排出。它把氯化炉的"沸腾段+过渡段+扩大段"三合一变成了约 8m 的高床层。其特点如下：

① 旋风除尘器工作温度必须控制在一定范围，例如 200~

400℃。温度过低 $TiCl_4$ 易冷凝，温度过高除尘器易被腐蚀。为此需将大量冷冻的 $TiCl_4$ 持续喷入氯化炉顶侧部长管道，使炉气降温，操作繁复耗能。

② 顶部排渣导致沸腾炉形成了数倍于现有料层高度的高床层，易出现不正常流化状态，其流化模式已不同于现有的流化状态模式，震动大。

③ 床层形成高压，某些工艺、操作等需采取相应措施，例如需用高压 N_2 压送物料入炉。

④ 引进的（或国内开发的）大型有筛板氯化炉，需进口昂贵的人造金红石原料，要求含 TiO_2 为 90%～95%，$MgO+CaO$ 含量低于 1.5%。

（2）流态化氯化词义分析。流态化，俗称沸腾，两者为同义词。而流态化氯化它们是跨学科合成词：即沸腾+氯化 = 流态化+氯化或流化床+氯化。因此产生了"流态化氯化"这一学科，其工艺技术在生产上用了半个世纪。它涉及"流态化技术"和"氯化冶金"两个学科，人们容易忽视两者在氯化反应过程存在的尖锐矛盾。比如底部人工排渣，不妨先借助后文的图 3-12 进行分析：从氯化角度来看，随着氯化反应进行（始于 No.4 附近），炉渣逐步积累，床层升高，到 No.8 高度附近，此时正进入最佳流化状态进行氯化反应，可惜炉渣"满了"，需要排渣，床层随之下降，近乎空床。床层高度 L 出现周期性变化，因而产生了上述弊病；但是从流态化角度来看，床层高度有一个最佳值 L_f，例如在 No.8 附近，可以获得稳定良好流化状态和流化质量，却被排渣破坏了。显然，"流态化"与"氯化"在床层高度这个节点产生了对立的、尖锐的矛盾。

（3）解决问题的思路。

1）现状分析。传统的底部、顶部排渣法分别源自沸腾氯化炉现有的两个通道：底部和顶部过道。炉渣分别通过这两个通道排出，因而形成了上述两种排渣法。

2）依据流态化和氯化反应有关理论及多年实验室和工业实

践经验，本发明专利运用"逆向（反向）思维法"，希望破解这一难题：

设定床层最佳值 L_f 为排渣点→开辟新通道→中部排渣法。

中部排渣法即为广州有色院发明专利——"沸腾氯化炉密闭式自动排渣装置"。它不为传统的排渣法所束缚，在最佳的排渣点 L_f 开辟新通道，开拓了一个新的"中部排渣法"，使"流态化"与"氯化"的矛盾在本专利得到完美统一。下面介绍本专利。

根据理论分析及试验，可以把上述间断式人工排渣法的操作过程用图 3-12 表示。从图中锯齿形曲线可分析其弊病。

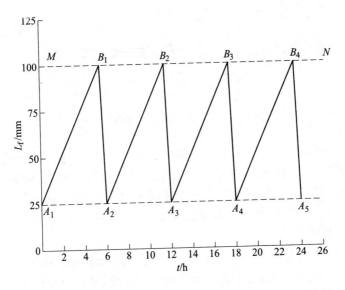

图 3-12　人工间断排渣法流化床层高度 L_f 随时间 t 变化示意图

用 $\phi 0.46m$ 无筛板流化床进行了间断式人工排渣法冷态模拟试验，获得的床层流化指数与时间的关系曲线如图 3-13 所示。该图为一个排渣周期的曲线，从该图可以看出，曲线前半段，不均匀度 $\delta(u)$ 很大，因为料层很薄，气体短路，流化质量差；当

$t=23\text{min}$，即半个周期左右，料层达到一定高度时，流化质量才恢复正常。床层高度由低到高周期性变化，导致流化质量周期性波动。

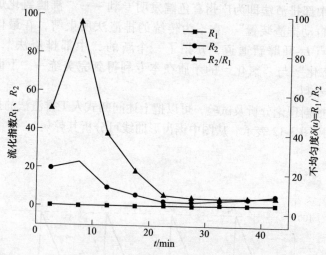

图 3-13   间断式人工排渣法床层流化指数与时间的关系

本研究用 $\phi0.46\text{m}$ 流化床进行了密闭式自动排渣装置冷态模拟试验，获得流化床床层压力波动信号实录图（见图 3-9）。根据该图绘制出密闭式自动排渣床层压降与时间关系图（见图 3-14）。发明专利——沸腾氯化炉密闭式自动排渣装置如图 3-15 所示。

本发明是利用沸腾氯化炉内床层高度与物料量、床层压差成正比，以及自动溢流原理，连续通氯、连续加料、密闭式自动溢流连续排渣，生产全过程沸腾氯化炉在最佳床层高度 L_f 自动保持稳定。从根本上解决了间断排渣法前期料层薄、氯气短路、沟流穿透床层大量损失等弊病，获得稳定良好的流化质量，氯气利用率及产量提高 10% 以上等技术经济指标，渣及储渣斗内的炉渣构成两道料封，氯气不会外泄，从根本上解决了环境污染问题，改善了劳动条件。

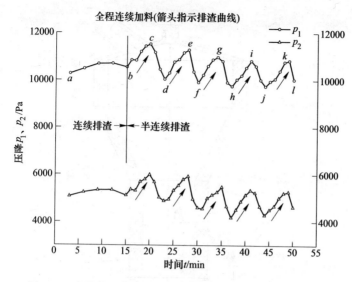

图 3-14 密闭式连续与半连续自动排渣床层压降与时间关系

$d_t = 27mm$；$w = 200kg$

本发明专利主要特点是：

（1）连续通氯、连续加料、连续排渣，最佳床层高度 L_f 自动保持稳定，获得稳定良好的流化质量。

（2）安全可靠，操作简便。排料氯气不会外泄，从根本上解决环境污染问题，改善劳动条件。

（3）分流床层内大部分 $MgCl_2$、$CaCl_2$，以炉渣作载体从溢流口排出，达到动态平衡、"流水不腐"，进一步提高床层流动性和流化质量。

本发明是 3G 无筛板沸腾氯化炉最关键的配套技术。

3.3.4 第三代无筛板沸腾氯化炉特点

3G 无筛板沸腾氯化炉特点如下：

（1）具有流态化技术共同的优点（略）。

（2）无筛板流化床是一项流态化新技术，是一个流线形流化床。其技术关键在于它除去了筛板，床内不设置任何构件，锥

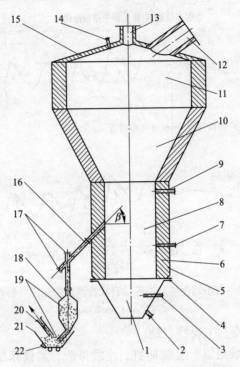

图 3-15   沸腾氯化炉密闭式自动排渣装置

1—炉底；2—备用渣口；3—氯气管；4—法兰；5—钢板；6—耐火砖；
7—测温管；8—沸腾段；9—加料口；10—过渡段；11—扩大段；
12—炉气出口；13—人孔；14—测温管；15—炉盖；16—排渣管；
17—检查口；18—渣罐；19—炉渣；20—吸管；21—储渣斗；22—渣口

体区构成了一种新型的三维空间气体分布器。上述 α、d_t、K 和 η 等因素及其分别取值的组合方式数以千计。可以主动模拟各种炉型，设计炉型，获得良好的流化状态。

（3）消除了有筛板炉筛板的固体物料静止区及半静止区，避免了筛板孔眼堵塞的弊病，因而根除了诱发 $MgCl_2$ 和 $CaCl_2$ 与碳粒及矿物颗粒团聚烧结的"病灶"。

（4）相向对撞的高速射流可以获得 2 倍的撞击速度，进一步强化反应具有更好的动力学条件，可以撞击、防止颗粒长大成团。

（5）密闭式自动溢流排渣。连续通氯、连续加料，连续排渣，最佳床层高度 L_f 自动保持稳定，获得稳定良好的流化质量；安全可靠，操作简便；从根本上解决环境污染问题，改善劳动条件；分流床层内大部分 $MgCl_2$ 和 $CaCl_2$，进一步提高床层流动性及流化质量。

（6）加大配碳量，使反应生成的新生相 $MgCl_2$、$CaCl_2$ 微粒被碳粉迅速包裹、稀释和隔离，阻止颗粒互相黏结。

（7）可以使用攀矿、承德矿、云南矿和砂矿制取的钛渣，以及金红石等各种钛物料为原料。

综上所述，在传统的以有筛板沸腾氯化炉为代表的流化床，床层内不允许有黏性物料（不妨称之为流化床的"病毒"）。但是，在无筛板沸腾氯化炉内，不仅允许有黏性物料"病毒"存在，而且其量很大。但是无筛板沸腾氯化炉之所以能正常运转，原因可概括如下：

（1）无筛板沸腾氯化炉是一种新型的、流线形流化床。它根除了静止区、半静止区诱发黏性物料"病毒"使固体颗粒团聚烧结的"病灶"。这一点是基础。

（2）借助床层内反应过剩的碳来包裹、稀释和隔离 $MgCl_2$、$CaCl_2$"病毒"微粒，从而阻止"病毒"微粒互相黏结、扩散、合并以至长大成团。

以上两点表明，可解决含高镁钙的钛物料沸腾氯化难题。但是笔者认为还有提升的空间。如果工业试验付诸实施，可以获得以下两点效果：

（1）密闭式自动溢流排渣：连续通氯、连续加料，连续排渣，最佳床层高度 L_f 自动保持稳定，从根本上解决环境污染问题；分流床层内大部分 $MgCl_2$ 和 $CaCl_2$"病毒"微粒，将"病毒"微粒排出床外，进一步提高床层流动性及流化质量。

（2）二次分流排除 $MgCl_2$、$CaCl_2$"病毒"微粒。

3.3.5　第三代无筛板沸腾氯化炉工业试验

鉴于合作方 FT 公司因故关门，工业试验被迫停止了。广州有色金属研究院寻找工业试验的平台。第三次工程放大综合方案成套技术如下。

第三代（3G）"$\phi2.6m$ 无筛板沸腾氯化炉+沸腾氯化炉密闭式自动排渣装置发明专利+分流流化床内大部分 $MgCl_2$ 和 $CaCl_2$ 技术"综合方案成套技术进行工业试验。它可以进一步提高流化质量，像海滨砂矿氯化的流化状态，像海滨砂矿氯化一样操作。这将是攀矿钛物料沸腾氯化的重要转折点。

综合方案特点如下：

（1）根据多年基础研究、工程放大技术及经验，设计氯化炉气体分布器及提供施工图。

（2）提供"沸腾氯化炉密闭式自动排渣装置"发明专利及施工图。

（3）分流流化床内大部分 $MgCl_2$ 和 $CaCl_2$，从溢流口连续排出，显著减轻流化床层压力。与 2G 无筛板炉相比，床层内 $MgCl_2$+$CaCl_2$ 含量降低一半以上（换句话说，例如使用含 $4\%MgO$+CaO 的钛原料时，由于分流技术，与使用含 $1.5\%MgO$+CaO 的钛原料效果一样），保持动态平衡、"流水不腐"，可以像海滨砂矿氯化一样操作。

（4）可以使用攀枝花、承德、云南或海滨砂矿制取的钛渣等含钛物料为原料。首先使用市场上大量供应的、TiO_2 品位为 90%，MgO+CaO 含量在 $3\%\sim4\%$ 的承德矿、云南矿钛渣为工业试验原料。与进口金红石价格相比，$TiCl_4$ 成本可降低 20%。

（5）氯化炉长期稳定连续运转：连续通氯、连续加料、密闭式动连续排渣，氯气等不会外泄，从根本上解决人工排渣的环境污染问题、改善劳动条件；生产过程在最佳床层高度 L_f 自动保持稳定，强化反应过程，获得良好的流化质量；相向喷射的射流获得 2 倍的撞击速度，进一步强化反应；操作简便，停开自如；专用仪表全程监控记录流化状态；$TiCl_4$ 产量 120t/d，采用 3 台氯化炉，2 开 1 备，$TiCl_4$ 产量可满足 1.5 万吨/年钛厂的需要。

（6）本氯化炉已用于海绵钛厂，实现电解氯气闭路循环利用和炉渣回收利用。提供新研发的氯化炉尾气含 Cl_2 量零排放等技术。

（7）利用工厂现有的 $\phi 2.4m$ 沸腾氯化炉适当改造后进行工业试验，是省时、省力、省钱的办法，$TiCl_4$ 产量 100t/d。本方案也可用于现有 $\phi 1 \sim 1.5m$ 小氯化炉的改造。

（8）氯化炉在技术、操作、各项指标、安全和环保等方面将得到全面的提升，取得良好的技术经济效果，展现新的面貌，实现可持续发展。工业试验完成后，便进入"大型沸腾氯化炉俱乐部"。以此为平台，可以开发更大的沸腾氯化炉。

（9）直接氯化钛铁矿混合料制取 $TiCl_4$。今后无筛板沸腾氯化炉及配套技术也可用于研发钛铁矿（$FeTiO_3$）直接氯化制取 $TiCl_4$，可以大幅度降低 $TiCl_4$ 成本。广州有色金属研究院的相关研究及工业应用实例证明该技术也适于氯化钛铁矿。

无筛板沸腾氯化炉是自主研发的、具有中国自主知识产权的原创性沸腾氯化技术。实现大型化、更新换代、推动钛行业的科技进步，综合利用攀枝花等国产钛资源，把资源优势变成工业优势，将使钛工业格局为之改观，为中国钛工业可持续发展创造有利条件。

3.3.6 小结

广州有色金属研究院业已完成第三代（3G）大型无筛板流化氯化炉国家科技支撑项目的"实验室冷态模拟试验基础研究"工作。该院将提供工业试验综合方案成套技术，期待与合作方共同完成该项目的工业试验，最后完成无筛板流化氯化炉大型化工业生产。

4 精制四氯化钛

4.1 粗四氯化钛的成分和性质

4.1.1 杂质的分类和性质

粗四氯化钛是一种红棕色浑浊液，含有许多杂质，成分十分复杂。其中，重要的杂质有 $SiCl_4$、$AlCl_3$、$FeCl_3$、$FeCl_2$、$VOCl_3$、$TiOCl_2$、Cl_2、HCl 等。按其相态和在四氯化钛中的溶解特性，可分为气体、液体和固体杂质；按杂质与四氯化钛沸点的差别可分为高沸点杂质、低沸点杂质和沸点相近的杂质（见表 4-1）。这些杂质在四氯化钛液中的含量随氯化所用原料和工艺过程条件不同而异。

表 4-1 粗 $TiCl_4$ 液中杂质的分类和特性

组 分	物态	名称	熔点/℃	沸点/℃	密度/$g \cdot cm^{-3}$	常温下的特性
低沸点杂质	气体	Cl_2	−101	−34	3.2×10^{-3}	黄绿色气体
		HCl	−114	−85	1.6×10^{-3}	无色气体
		O_2	−219	−183	1.4×10^{-3}	无色气体
		N_2	−210	−196	1.3×10^{-3}	无色气体
		CO_2	−56.7	−78.5	2.0×10^{-3}	无色气体
		$COCl_2$	−127.8	7.5	1.8×10^{-3}	无色气体
		COS	−139	−50.3	2.7×10^{-3}	无色气体
	液体	$SiCl_4$	−68	57	1.48	无色液体
		CCl_4	−23	56.7	1.585	无色液体
		$CH_2ClCOCl$	−21.5	106	1.41	无色液体
		CH_3COCl	−57	118.1	1.62	无色液体
		CCl_3COCl	−72.7	115		无色液体
		CS	−112	46	2.26	无色液体
		$POCl_3$	1.2	107.3	1.68	无色液体

组 分	物态	名称	熔点/℃	沸点/℃	密度/g·cm⁻³	常温下的特性
沸点相近的杂质	液体	S_2Cl_2	-76	138	1.69	橙黄色液体
		Si_2OCl_6	-29	135		无色液体
		$VOCl_3$	-77	127.2	1.836	黄色液体
		VCl_4	-35	154	1.816	暗棕红色液体
		$TiCl_4$	-23	136.4	1.726	无色液体
高沸点杂质	固体	$AlCl_3$	192.4	180.5	2.44	灰紫色晶体
		$FeCl_3$	306	315(分解)	2.898	棕褐色晶体
		C_6Cl_6	227.5	322	2.044	无色固体
		$TiOCl_2$				亮黄-白色晶体
		$ZrCl_4$	437	331(升华)	2.8	白色固体
		$NbCl_5$	204.7	247.4	2.75	浅黄色针状物
		$TaCl_5$	216.5	233	3.68	黄色固体
		$CoCl_2$	735	1049		浅蓝色盐类
		$MoCl_5$	194	268		紫褐色晶体
		TiO_2	1842	2670	4.18~4.25	白色晶体
		$MgCl_2$	708	1412	2.316~2.33	白色固体
		$MnCl_2$	650	1190	2.98	淡红色固体
		$FeCl_2$	670~674	1030	3.16	白色晶体
		C		4200	1.8~2.1	黑褐色粉末
		$CaCl_2$	772	<1600	2.15	白色固体
		$VOCl_2$	-77.0		2.88	草绿色晶体
		$CrCl_3$	1100			红紫色固体
		CuCl	430	1359		白色晶体
		$CuCl_2$	498			棕黄色晶体

注：此表中气体密度值为气体/空气密度之比值。

我国工业粗 $TiCl_4$ 大致成分见表 4-2。

表 4-2 我国工业粗 $TiCl_4$ 大致成分

成 分	$TiCl_4$	$SiCl_4$	Al	Fe	V	Mn	Cl_2
质量分数/%	>98	0.1~0.6	0.01~0.05	0.01~0.04	0.005~0.10	0.01~0.02	0.05~0.3

这些杂质对于用作制取海绵钛的 $TiCl_4$ 原料而言，几乎都是程度不同的有害杂质，特别是含氧、氮、碳、铁、硅等杂质元素。例如 $VOCl_3$、$TiOCl_2$ 和 Si_2OCl_6 等含有氧元素的杂质，它们被还原后，氧即被钛吸收，相应地增加了海绵钛的硬度。如果原料中含 0.2% $VOCl_3$ 杂质，可使海绵钛氧含量增加 0.0052%，使产品的硬度 HB 增加 4。显然，必须除去这些杂质，否则，用粗 $TiCl_4$ 液作原料，只能制取杂质含量为原料中杂质含量 4 倍的粗海绵钛。

对于制取颜料钛白的原料而言，特别要除去使 $TiCl_4$ 着色（也就是使 TiO_2 着色）的杂质，如 $VOCl_3$、VCl_3、$FeCl_3$、$FeCl_2$、$CrCl_3$、$MnCl_2$ 和一些有机物等，$TiOCl_2$ 则不必除去。随着这些着色杂质的种类和数量的不同，粗 $TiCl_4$ 液的颜色呈黄绿色至暗红色。粗 $TiCl_4$ 液中杂质的分类和特性见表 4-1。

三氯氧化钒（$VOCl_3$）是一种黄色液体，极易吸湿。它能很容易地和 $TiCl_4$ 等金属氯化物互溶。由于它的化学活性较大且稳定性差，至今对其物理化学性质的研究不够深入。

$VOCl_3$ 的密度 $\rho(g/cm^3)$ 是随着温度升高而降低的，有下列计算式：

$$\rho = (0.5393 + 4.35 \times 10^{-4}t + 7.66 \times 10^{-7}t^2)^{-1} \quad (4\text{-}1)$$

$VOCl_3$ 的黏度 $\mu(Pa \cdot s)$ 随着温度升高迅速下降，其值不大，并有下列经验计算式：

$$\mu = (1043.9 + 13.76t)^{-1} \quad (4\text{-}2)$$

液体 $VOCl_3$ 的密度和黏度见表 4-3。

表 4-3　液体 $VOCl_3$ 的密度和黏度

温度/℃		0	20	30	40	50	70	90	105	120
密度 $\rho/g \cdot cm^{-3}$		1.854	1.825	1.809	1.791	1.776	1.740	1.703	1.673	1.653
黏度 /Pa·s	实测值			0.683×10^{-3}	0.623×10^{-3}	0.573×10^{-3}	0.498×10^{-3}	0.439×10^{-3}	0.405×10^{-3}	0.368×10^{-3}
	计算值	0.972×10^{-3}		0.686×10^{-3}	0.627×10^{-3}	0.577×10^{-3}	0.498×10^{-3}	0.438×10^{-3}	0.402×10^{-3}	0.371×10^{-3}

VOCl$_3$ 的蒸气压 p (Pa) 随温度的升高而增大，有下列经验式：

$$\lg p = -2.5 \times 10^5 T^{-1} + 1.02 \times 10^3 \qquad (4-3)$$

VOCl$_3$ 蒸气压的计算值和实测值见表 4-4。

表 4-4　VOCl$_3$ 蒸气压的计算值和实测值

温度/℃		58.4	67.3	75.3	77.2	83.4	89.2	95.0	101.4
蒸气压 /kPa	计算值	10.55	15.11	20.25	21.64	26.90	32.68	39.48	48.32
	实测值	10.00	14.50	20.78	21.87	26.67	32.81	38.57	48.55
温度/℃		108.0	113.2	116.4	120.1	123.7	124.3	126.8	
蒸气压 /kPa	计算值	59.16	68.94	75.53	83.88	92.73	94.22	101.08	
	实测值	59.08	68.80	76.31	83.64	91.10	91.37		

粗 TiCl$_4$ 和杂质氯化物蒸气压与温度的关系见表 4-5。

表 4-5　粗 TiCl$_4$ 和杂质氯化物蒸气压与温度的关系

氯化物	温度/℃				
TiCl$_4$	9.4	48.4	71.0	112.7	136
VOCl$_3$	0.2	40	62.5	103.5	127.5
SiCl$_4$	-44.1	-12.1	5.4	38.4	56.8
AlCl$_3$	116.4	139.9	152.0	171.6	180.2
FeCl$_3$	22.8	256.8	272.5	298	318.9
MgCl$_2$	877	1050	1142	1316	1418
CaCl$_2$					1900
FeCl$_2$		779	842	961	1026
相应蒸气压 /kPa	0.67	5.32	13.30	53.20	101.08

粗 TiCl$_4$ 的沸点随溶解的杂质的特性和含量而异。一般来说，高沸点杂质的溶解可使其沸点升高。相反，低沸点杂质的溶解可使其沸点降低。

图 4-1 和图 4-2 所示分别为 TiCl$_4$-SiCl$_4$ 系和 TiCl$_4$-VOCl$_3$ 系组成沸点。

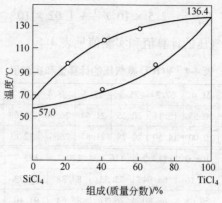

图 4-1　TiCl$_4$-SiCl$_4$ 系组成沸点

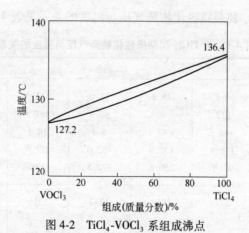

图 4-2　TiCl$_4$-VOCl$_3$ 系组成沸点

TiOCl$_2$ 的饱和溶解可使 TiCl$_4$ 沸点升高 2℃，可产生下列置换反应：

$$TiOCl_2 + AlCl_3 \Longrightarrow AlOCl + TiCl_4 \tag{4-4}$$

溶解 1%~2%SiCl$_4$ 可使 TiCl$_4$ 沸点降低 1~2℃，溶解 1%CCl$_4$ 可使 TiCl$_4$ 沸点降低 1℃。

4.1.2 杂质在 TiCl₄ 中的溶解度

4.1.2.1 气体杂质的溶解度

大部分气体杂质在 $TiCl_4$ 中的溶解度不大，并且随温度升高而下降，在沸腾时易于从中逸出，因而容易除去这些杂质。在 0.1MPa 压力下，气体杂质在 $TiCl_4$ 中的饱和溶解度见表 4-6。

表 4-6 气体杂质在 $TiCl_4$ 中的饱和溶解度（质量分数）（%）

气体杂质	温度/℃								
	0	20	40	60	80	90	96	100	136
Cl_2	11.5	7.60	4.10	2.40	1.80			1.10	0.03
HCl		0.108	0.078	0.067	0.059			0.05	
$COCl_2$		65.5	24.8	5.60	2.00			0.01	
O_2	0.0148	0.013	0.0119	0.0099	0.0072	0.0038			
N_2	0.070	0.0063	0.0054	0.0046	0.0034	0.0019			
CO	0.0094	0.0082	0.0072	0.0063		0.0025			
CO_2		0.140	0.092	0.056		0.030			
COS	9.50	5.70	3.50	2.20	1.10				

由于上述气体在 $TiCl_4$ 中有一定的溶解度，所以，输送和保存 $TiCl_4$ 液体不宜用上述气体介质，否则会影响海绵钛的质量。实验表明，在相同的条件下，用氩气压送 $TiCl_4$ 制得海绵钛的布氏硬度为 97，而用空气或氧压送时则分别为 114 和 118。因此，常用氩气作为输送和保存纯 $TiCl_4$ 液的气体介质，而不用空气、氮气及氧气。

4.1.2.2 液体杂质的溶解度

$TiCl_4$ 中的液体杂质 $SiCl_4$、CCl_4、$VOCl_3$、CS_2、$SOCl_2$、CCl_3COCl、S_2Cl_2，可按任意比例与 $TiCl_4$ 互溶，因而这些杂质是最难分离的。图 4-3~图 4-8 所示分别为 $SiCl_4$、$VOCl_3$、CCl_3COCl 在 $TiCl_4$ 中的溶解情况及其气液相平衡状态。图中，x 为易挥发成分液相组成，y 为易挥发成分气相组成，α 为相对挥发度。液体中最重要的杂质是 $SiCl_4$ 和 $VOCl_3$。

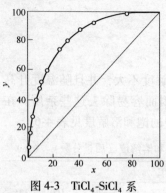

图 4-3　TiCl₄-SiCl₄ 系
气液相平衡状态

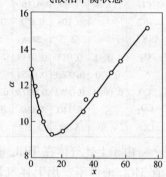

图 4-4　TiCl₄-VOCl₃ 系
气液相平衡状态

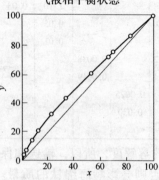

图 4-5　TiCl₄-CCl₃COCl 系
气液相平衡状态

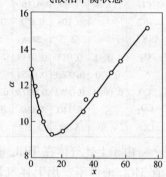

图 4-6　TiCl₄-SiCl₄ 系中挥发
成分 x 和 α 的关系

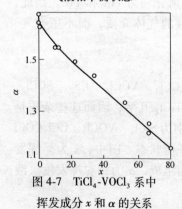

图 4-7　TiCl₄-VOCl₃ 系中
挥发成分 x 和 α 的关系

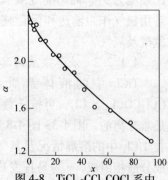

图 4-8　TiCl₄-CCl₃COCl 系中
挥发成分 x 和 α 的关系

4.1.2.3 固体杂质的溶解度

TiCl$_4$ 中的悬浮物杂质几乎不溶于 TiCl$_4$，大多数固体杂质的溶解度比较小，因此，比较容易除去。TiOCl$_2$ 和 C$_6$Cl$_6$ 在 TiCl$_4$ 中的溶解度曲线分别如图 4-9 和图 4-10 所示。

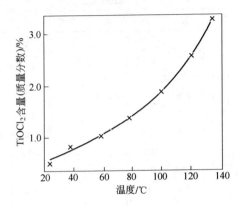

图 4-9　TiOCl$_2$ 在 TiCl$_4$ 中的溶解度曲线

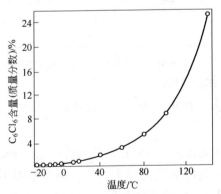

图 4-10　C$_6$Cl$_6$ 在 TiCl$_4$ 中的溶解度曲线

一些固体杂质在 TiCl$_4$ 液中的溶解度见表 4-7。

在粗 TiCl$_4$ 中，最重要的固体杂质是 TiCl$_3$、AlCl$_3$ 和 TiOCl$_2$。

铁的氯化物有三种形态，即 FeCl$_3$、FeCl$_2$ 和 Fe$_2$Cl$_6$。Fe$_2$Cl$_6$ 是 FeCl$_3$ 的二聚分子体。这三种形态在一定条件下可以转换，即在某些状态下才能存在。有实验证实，高温氯化后，常温时以 $FeCl_3$ 形态稳定存在。所以，氯化铁杂质主要是 $FeCl_3$。

表 4-7　一些固体杂质在 $TiCl_4$ 液中的溶解度

杂质名称	温度/℃								
	0	20	25	50	60	75	100	125	135
$HgCl_2$				0.06		0.17	0.36	0.73	
$AlCl_3$			0.07	0.13		0.35	1.2	4.8	
$GaCl_3$	15.9	29.0							
$SbCl_3$			4.6	11.8	21.0				
$NbCl_5$			1.5	3.0		6.0	14.0		
$TaCl_5$			1.6	2.9			5.8	14.0	
$SeCl_4$			0.03	0.09		0.23	0.52	1.29	
$TeCl_4$			0.04	0.11		0.30	0.76	1.88	
$MoCl_5$			0.4	0.8		2.0	3.8	10.3	
WCl_6			0.2	0.3		0.7	1.8	5.9	
$FeCl_3$			0.0008	0.0010		0.0013	0.0032	0.0153	0.0284
$CrCl_3$					0.0008		0.00052		
$TiOCl_2$			0.54		1.00		1.83	2.53	3.36

而 $AlCl_3$ 也有二聚分子 Al_2Cl_6 形态存在，实际上，粗四氯化钛中氯化铝主要以 $AlCl_3$ 存在。

在 136℃ 时，$TiOCl_2$ 蒸气压为 133Pa，在 $TiCl_4$ 液中的溶解度为 3.36%。

$FeCl_3$ 使四氯化钛呈棕红色，铁杂质严重影响海绵钛的质量。$AlCl_3$ 虽然对制造海绵钛无多大影响，但在室温下，如果 $AlCl_3$ 含量超过 0.05%，会使四氯化钛呈浅黄色，并析出结晶，使四氯化钛浑浊；如果采用铜除钒，$AlCl_3$ 会使铜表面钝化，降低铜除钒的效果。$TiOCl_2$ 在四氯化钛中的溶解度较大，且溶解度随温度升高而迅速增加（见图 4-9），$TiOCl_2$ 使四氯化钛呈浅黄色，其中的氧会严重影响海绵钛质量。因此，这些高沸点杂质都需分离除去。

4.1.3 组元之间的分离系数

如前所述，粗 $TiCl_4$ 液是由 $TiCl_4$ 和许多不同的杂质组成的混合液。通常 $TiCl_4$ 精制，即 $TiCl_4$ 和别的杂质氯化物的分离，基本的精制工艺是物理蒸馏或精馏工艺，它可以分离绝大多数杂质。

在蒸馏或精馏工艺中，两组之间能否很好地分离是由该两元素固有挥发特性决定的。为了考察这一分离特性，必须引出一重要的参数。这个参数就是分离系数 α。α 表征二组元间的相对挥发度。本工艺仅采用常压蒸馏时，有：

$$\alpha = \frac{p_1 \gamma_1}{p_2 \gamma_2} \tag{4-5}$$

理想时：

$$\alpha \approx \frac{p_1}{p_2} = \frac{p_1^0}{p_2^0} \tag{4-6}$$

式中　p_i——组元 i 的蒸气压；

　　　p_i^0——纯组元的蒸气压；

　　　γ_i——组元 i 的活度。

由此可见，α 是由于元素间挥发特性造成的物理差异，是每两个元素固有的物理特性。由于此处常用 $TiCl_4$ 作为标准，将别的两组元的蒸气压和 $TiCl_4$ 的蒸气压相比较，即将焦点集中，只考虑 $TiCl_4$ 与别的组元杂质相比时，式（4-6）可写为下列普遍式：

$$\alpha = \frac{p_i^0}{p_{TiCl_4}^0} \tag{4-7}$$

α 值是项指标性参数，从某组元 α 值可以粗略地判断 $TiCl_4$ 和该组元分离的难易程度。若 $\alpha = 1$，该组元不能和 $TiCl_4$ 分离；若低熔点杂质 $\alpha > 10$，是较易分离的；若高熔点杂质 $\alpha < 0.1$，也是较易分离的；若 α 接近于 1，是最难分离的杂质组元，如 $VOCl_3$ 的 $\alpha = 1.22$，较难分离。

粗 $TiCl_4$ 中某些杂质与 $TiCl_4$ 的分离系数 α 见表4-8，这是在 0.1MPa 压力下测得的数据。

表 4-8   粗 $TiCl_4$ 中某些杂质与 $TiCl_4$ 的分离系数 α

杂 质	α	杂 质	α	杂 质	α
$VOCl_3$	1.22	$SnCl_4$	1.68	Si_2Cl_6	0.40
Si_2OCl_6	1.47	$1,2\text{-}C_2H_4Cl_2$	8.6	$POCl_3$	0.78
$SiCl_4$	约9	$1,1,2\text{-}C_2H_3Cl_3$	2.2	$CH_2ClCOCl$	4.0
CCl_4	约5	$SOCl_2$	7	CCl_3COCl	1.79
$FeCl_3$	0.071	$SiHCl_3$	约16	$CHCl_2COCl$	1.6
SO_2Cl_2	约10	PCl_3	2.0	$SiCl_2$	约1
$TiOCl_2$	0.0013	$AlCl_3$	0.037		

在粗 $TiCl_4$ 液中，按分离系数 α 值来判别杂质的类型。α 值大的杂质，特别是 $\alpha>10$ 的杂质，主要是低沸点杂质，包括一些气体和液体的杂质，其中，有代表性的杂质是 $SiCl_4$（α 为 9）；α 值小的杂质，特别是 $\alpha<0.1$ 的杂质，主要是高沸点杂质，它们都是如 $FeCl_3$、$AlCl_3$ 和 $TiOCl_2$ 等固体杂质，在 $TiCl_4$ 中有有限的溶解度；α 值接近于 1 的杂质，它们大多是有一定溶解度的液体杂质，也是和 $TiCl_4$ 液沸点相近的杂质，如 $VOCl_3$ 和 VCl_4，也是用蒸馏和精馏处理最难的杂质，也是最需要特别关注的杂质。

4.2 精制原理

粗 $TiCl_4$ 中各种杂质众多，待分类后，为了便于分析，在每组杂质中找出一种有代表性的杂质作为关键组分，来表示精制的主要分离界限。实践表明，在粗 $TiCl_4$ 液中，当某关键组分精制合格时，则可以认为该组全部杂质基本已被分离除去。所选择的关键组分要含量大，特别是要分离最困难。找出高沸点杂质中的 $FeCl_3$、低沸点杂质中的 $SiCl_4$、沸点相近杂质中的 $VOCl_3$ 分别作为相应组的关键组分。这样，一个多元体系的分离便可以简单地

看作 $TiCl_4$-$SiCl_4$-$VOCl_3$-$FeCl_3$ 四元体系的分离。

由于在粗 $TiCl_4$ 中各种杂质具有不同的特性，因此应该使用不同的分离方法加以精制。

4.2.1 物理法除高沸点和低沸点杂质

对于粗 $TiCl_4$ 液中的高沸点和低沸点杂质，根据它们和 $TiCl_4$ 沸点或相对挥发度相差大的特点，即杂质的 α 值大多远离 1，较易分离，可用物理法——蒸馏或精馏法分离。

但是，高沸点杂质和低沸点杂质的物理特性也有差异，这表现在它们分离的难易程度上也不完全相同。因此，对于容易分离的高沸点杂质，采用蒸馏方法加以分离；对于分离较困难的低沸点杂质，则采用精馏方法加以分离。

4.2.1.1 蒸馏除高沸点杂质

$FeCl_3$ 等高沸点固体杂质在 $TiCl_4$ 中的溶解度都很小，有的呈悬浮物状态分散在 $TiCl_4$ 中。在氯化作业中，已用机械过滤法除去了大部分悬浮物。但余下的极细的固体杂质颗粒，在四氯化钛中形成胶溶液，同时还少量地溶解于 $TiCl_4$ 中，单靠机械过滤难以完全除去，需采用蒸馏方法精制。

蒸馏作业是在蒸馏塔中进行的。控制蒸馏塔底温度略高于 $TiCl_4$ 的沸点（约 $140\sim145℃$），使易挥发组分 $TiCl_4$ 部分汽化；难挥发组分 $FeCl_3$ 等因挥发性小而残留于塔底，即使有少量挥发，也可能被下落的冷凝液滴冷凝而重新返落于塔底。控制塔顶温度在 $TiCl_4$ 沸点（$137℃$左右），由于塔内存在一个小的温度梯度，$TiCl_4$ 的蒸气在塔内形成内循环，向上的蒸气和下落的液滴间接触，进行了传热传质过程，增加了分离效果。在这个过程中，沿塔上升的 $TiCl_4$ 蒸气中的 $FeCl_3$ 等高沸点杂质逐渐降低，纯 $TiCl_4$ 蒸气自塔顶逸出，经冷凝器冷凝成馏出液，而釜残液中 $FeCl_3$ 等高沸点杂质不断富集，定期排出使之分离。

4.2.1.2 精馏除低沸点杂质

低沸点杂质包括溶解的气体和大多数液体杂质。其中，气体杂质在加热蒸发时易于从塔顶逸出，分离容易。但 $SiCl_4$ 等液体杂质大多数和 $TiCl_4$ 互为共溶，相互间的沸点差和分离系数又不是特别大，因此分离比较困难。如 $TiCl_4$-$SiCl_4$ 混合液经过一次简单蒸馏操作还不能达到良好的分离，必须经过一系列蒸馏釜串联蒸馏才能完全分离。实践中采用一种板式塔代替上述一系列串联蒸馏装置，也就是将一系列蒸馏釜重叠成塔状，每一块塔板就相当于一个蒸馏釜。这种蒸馏装置称为精馏塔，它节约占地面积和热能，操作简单而高效。全塔所进行的部分冷凝和部分汽化一系列累积过程就是精馏。精馏必须要有回流。我国 $TiCl_4$ 精馏工艺常选用浮阀塔，下面就重点介绍这种塔的精馏过程。

精馏塔分两段：下部为提馏段，用以将粗 $TiCl_4$ 中低沸点杂质提出；上部为精馏段，使上升蒸气中的 $SiCl_4$ 等增浓。按物料的特性，塔底控制在 $TiCl_4$ 的沸点温度（140℃左右），塔顶控制在略高于 $SiCl_4$ 的沸点温度（57~70℃），使全塔温呈一温度梯度从塔底至塔顶渐降。

精馏操作时，塔底含有 $SiCl_4$ 等杂质的 $TiCl_4$ 蒸气向塔顶上升，穿过一层层塔板，并和塔顶的回流液和塔中向下流动的料液相迎接触。在每块塔板上，在气液两相间的逆流作用下进行了物质交换。在塔底的蒸气上升时，由于温度递降，挥发性小的 $TiCl_4$ 逐渐被冷凝，因而越向上，塔板上的蒸气中易挥发的 $SiCl_4$ 的浓度越大；相反，由于温度递增，塔顶向下流的液相中挥发性差的 $TiCl_4$ 浓度越大。

为了说明塔内的传热传质过程，取板式塔的一段（见图 4-11）进行分析。假设任取塔板 1、2、3，平均温度分别为 t_1、t_2、t_3（$t_1 > t_2 > t_3$），每块塔板上的 $SiCl_4$ 液相平均含量相应为 x_1、x_2、x_3，气相相应为 y_1、y_2、y_3。

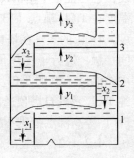

图 4-11　板式塔分析

在塔板 1 上，因 $SiCl_4$ 比 $TiCl_4$ 挥发性大，$SiCl_4$ 气相含量必大于液相含量，所以 $y_1 > x_1$。同时，塔板 1 的蒸气穿过阀孔与塔板 2 的液相接触，进行传质作用时，因 $t_2 < t_1$，使部分蒸气冷凝，所以塔板 2 上液相中 $SiCl_4$ 的含量必高于塔板 1 上的含量，所以 $x_2 > x_1$。由 $t_3 < t_2 < t_1$，同理可有：$y_3 > y_2 > y_1$，$x_3 > x_2 > x_1$。其余各板均可依次类推，有：$y_n > y_{n-1} > \cdots > y_3 > y_2 > y_1$，$x_n > x_{n-1} > \cdots > x_3 > x_2 > x_1$。

由此可以看出：在精馏过程中，塔内蒸气上升时，$SiCl_4$ 的浓度逐渐增浓；相反，塔顶液体向下溢流时，$TiCl_4$ 浓度逐渐增浓。

塔内的传热传质过程还可以用 $SiCl_4$-$TiCl_4$ 组成沸点（见图 4-12）来说明。图中气相线每一点表示某一温度下的平衡气相组成，液相线每一点表示某一温度下的平衡液相组成。

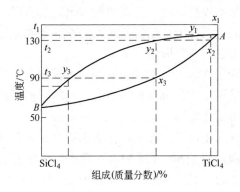

图 4-12 $SiCl_4$-$TiCl_4$ 组成沸点

若精馏塔底部第一块理论塔板上升的 $TiCl_4$ 气体温度为 t_1，所含 $SiCl_4$ 气相组成为 y_1；蒸气达第二块理论塔板时温度为 t_2，其液相含 $SiCl_4$ 为 x_2，相应的气相含 $SiCl_4$ 为 y_2；蒸气达第三块理论塔板时，温度为 t_3，液相含 $SiCl_4$ 为 x_3，相应的气相含 $SiCl_4$ 为 y_3……，依次类推。若有足够多的塔板，由塔底上升的蒸气，气相成分按曲线 Ay_1y_2B 由 $y_1 \rightarrow y_2$ 方向变化，最后可达 B 点，塔顶可以制得几乎是纯 $SiCl_4$ 的馏出液。反之，塔顶流下的液体组成沿曲线 Bx_3x_2A 由 $x_3 \to x_2$ 方向变化，逐步冷凝成含 $SiCl_4$ 很少的 $TiCl_4$ 液，这样 $TiCl_4$ 和 $SiCl_4$ 便得以分离。

4.2.2　化学法除钒杂质

粗 $TiCl_4$ 中的钒杂质主要是 $VOCl_3$ 和少量的 VCl_4，它们的存在使 $TiCl_4$ 呈黄色。精制除钒的目的不仅是为了脱色，而且是为了除氧。这是精制作业极为重要的环节。

$TiCl_4$ 和钒杂质间的沸点差和相对挥发度都比较小，属于用精馏法分离比较困难的杂质。如 $TiCl_4$-$VOCl_3$ 系两组分沸点差为 $10℃$，相对挥发度 $\alpha = 1.22$；而 $TiCl_4$-VCl_4 系两沸点差为 $14℃$。尽管如此，从理论上讲，利用物理法除钒杂质是可能的，如采用高效精馏塔除钒。该法的优点是无需采用化学试剂，精制过程是连续生产，易实现自动化，分离出的 $VOCl_3$ 和 VCl_4 可以直接使用。缺点是能量消耗大，设备投资大，还需要解决大功率釜的结构，所以尚未在工业上应用。

另外，$TiCl_4$-$VOCl_3$ 系两组分凝固点差异较大，约相差 $54℃$，因此，也可采用冷冻结晶法除 $VOCl_3$，但冷冻消耗的能量很大，所以也未获得工业应用。

因此，常采用化学法除钒。化学法除钒是在粗 $TiCl_4$ 中加入一种化学试剂，使 $VOCl_3$（或 VCl_4）杂质选择性还原或选择性沉淀，生成难溶的钒化合物和 $TiCl_4$ 相互分离；或是选择性吸附 $VOCl_3$（或 VCl_4），使钒杂质和 $TiCl_4$ 相互分离；或是选择性溶解 $VOCl_3$，使钒杂质和 $TiCl_4$ 相互分离。

可使用的化学试剂已达数十种，除了铜、铝粉、硫化氢和有机物 4 种已在工业上广泛应用外，还有碳、活性炭、硅酸、硅粉、铅、锌、铁、锑、镍、钙、镁、钛、$TiCl_4$-$TiCl_4$、Fe-$AlCl_3$、C-H_2O、熔盐、氢、天然气、肥皂、水等。这些试剂在适当的操作条件下，都具有良好的除钒效果。但是，每一种试剂都具有各自的优缺点。

4.2.2.1 铜除钒法

一般认为铜去除 $TiCl_4$ 中的 $VOCl_3$ 的机理是 $TiCl_4$ 与铜反应生成中间产物 $CuCl \cdot TiCl_3$，后者还原 $VOCl_3$ 生成不溶性的 $VOCl_2$ 沉淀:

$$TiCl_4 + Cu = CuCl \cdot TiCl_3$$

$$CuCl \cdot TiCl_3 + VOCl_3 = VOCl_2 \downarrow + CuCl + TiCl_4$$

铜还可与溶于 $TiCl_4$ 中的 Cl_2、$AlCl_3$、$FeCl_3$ 进行反应，当 $AlCl_3$ 在 $TiCl_4$ 中的浓度大于 0.01% 时，则会使铜表面钝化，阻碍除钒反应的进行。所以，当粗 $TiCl_4$ 中的 $AlCl_3$ 浓度较高时，一般要在除钒之前进行除铝。除铝的方法，一般是将用水增湿的食盐或活性炭加入其中进行处理，$AlCl_3$ 与水反应生成 $AlOCl$ 沉淀:

$$AlCl_3 + H_2O = AlOCl \downarrow + 2HCl$$

加入的水也可以使 $TiCl_4$ 发生部分水解生成 $TiOCl_2$，在有 $AlCl_3$ 存在时，可将 $TiOCl_2$ 重新转化为 $TiCl_4$:

$$TiCl_4 + H_2O = TiOCl_2 + 2HCl$$

$$TiOCl_2 + AlCl_3 = AlOCl \downarrow + TiCl_4$$

由此可见，在进行脱铝时加入水量要适当，并应有足够的反应时间，以减少 $TiOCl_2$ 的生成量。

苏联海绵钛厂曾采用铜粉除钒法精制 $TiCl_4$。我国在生产海绵钛的初期，曾采用过铜粉除钒法。这种方法是间歇操作，铜粉耗量大，从失效的铜粉中回收 $TiCl_4$ 困难，劳动条件差。所以，在 20 世纪 60 年代对铜除钒法进行了改进研究，研究成功了铜屑（或铜丝）气相除钒法，后来在工厂中应用。它是将铜丝卷成铜丝球装入除钒塔中，气相 $TiCl_4$（136～140℃）连续通过除钒塔与铜丝球接触，使钒杂质沉淀在铜丝表面上。当铜表面失效后，从塔中取出铜丝球，用水洗方法将铜表面净化，经干燥后返回塔中重新使用。铜丝除钒法精制 $TiCl_4$ 的工艺流程如图 4-13 所示。

采用该流程，因 $TiCl_4$ 中可与铜反应的 $AlCl_3$ 和自由氯等杂质已在除钒前除去，所以可减少铜耗量，净化 1t $TiCl_4$ 一般消耗铜丝 2~4kg。

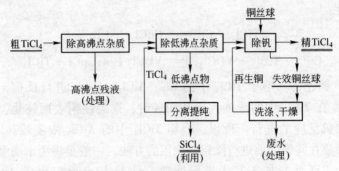

图 4-13　铜丝除钒法精制 $TiCl_4$ 的工艺流程

铜对产品不会产生污染，除钒同时还可除去有机物等杂质。但失效铜丝的再生洗涤操作麻烦，劳动强度大，劳动条件差，并产生含铜废水，也不便于从中回收钒，除钒成本高。所以，铜丝除钒法仅适合于处理钒含量低的原料和小规模生产海绵钛厂使用。

4.2.2.2　铝粉除钒法

铝粉除钒的实质是 $TiCl_3$ 除钒。在有 $AlCl_3$ 为催化剂的条件下，细铝粉可还原 $TiCl_4$ 为 $TiCl_3$，采用这种方法制备 $TiCl_3$-$AlCl_3$-$TiCl_4$ 除钒浆液，把这种浆液加入到被净化的 $TiCl_4$ 中，$TiCl_3$ 与溶于 $TiCl_4$ 中的 $VOCl_3$ 反应生成 $VOCl_2$ 沉淀：

$$3TiCl_4 + Al(粉末) \Longrightarrow 3TiCl_3 + AlCl_3$$

$$TiCl_3 + VOCl_3 \Longrightarrow VOCl_2 \downarrow + TiCl_4$$

并且 $AlCl_3$ 可将溶于 $TiCl_4$ 中的 $TiOCl_2$ 转化为 $TiCl_4$：

$$AlCl_3 + TiOCl_2 \Longrightarrow TiCl_4 + AlOCl \downarrow$$

俄罗斯海绵钛厂采用铝粉除钒法取代了原来的铜粉除钒法，使用高活性的细铝粉，每净化 1t $TiCl_4$ 消耗 0.8~1.2kg 铝粉。铝粉除钒法精制 TiCl₄ 的流程如图 4-14 所示。

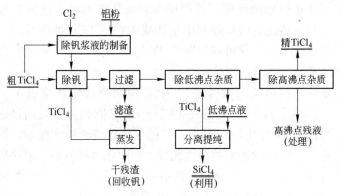

图 4-14 铝粉除钒法精制 TiCl₄ 的流程

铝粉除钒可将 TiCl₄ 中的 TiOCl₂ 与 AlCl₃ 反应转化为 TiCl₄，这有利于提高钛的回收率，除钒残渣易于从 TiCl₄ 中分离出来，还可从中回收钒。但细铝粉价格较高，且是一种易爆物质，生产中要有严格的安全防护措施。除钒浆液的制备是一个间歇操作过程。

用铝粉除 TiCl₄ 中的钒杂质，比用铜粉或铜丝成本低，而且除钒过程可连续。

从俄罗斯的实践来看，铝粉除钒工艺生产出的海绵钛普遍存在着钛中铝含量较高的问题。所以为了避免这一不当措施，要准确加入所需铝粉的用量。

4.2.2.3 硫化氢除钒法

硫化氢是一种强还原剂，它将 $VOCl_3$ 还原为 $VOCl_2$：

$$2VOCl_3 + H_2S =\!=\!= 2VOCl_2\downarrow + 2HCl + S$$

硫化氢也可与 TiCl₄ 反应生成钛硫氯化物：

$$TiCl_4 + H_2S =\!=\!= TiSCl_2 + 2HCl$$

硫化氢可与溶于 TiCl₄ 中的自由氯反应生成硫氯化物，为避免此反应的发生，在除钒前需对粗 TiCl₄ 进行脱气处理以除去自由氯。经脱气的粗 $TiCl_4$ 预热至 $80 \sim 110\,^{\circ}\mathrm{C}$，在搅拌作用下通入硫化氢气体进行除钒反应，并严格控制硫化氢的通入速度和通入量，以提高硫化氢的有效利用率和减少它与 $TiCl_4$ 的副反应。硫化氢除钒效果好，并可同时除去 $TiCl_4$ 中的铁、铬、铝等有色金属杂质和分散的悬浮固体物。

硫化氢的消耗与被处理的 $TiCl_4$ 中杂质含量和除钒条件有关，一般净化 1t $TiCl_4$ 要消耗 $1 \sim 2kg$ H_2S。除钒残渣可用过滤或沉淀方法从 $TiCl_4$ 中分离出来。不过这种残渣的粒度极细，沉降速度小，沉降后的底液的液固比较大，除钒干残渣量一般是原料 $TiCl_4$ 质量的 $0.3\% \sim 0.35\%$，其中钒含量可达 4%，残渣中的钛量占原料 $TiCl_4$ 中钛量的 $0.25\% \sim 0.30\%$。

硫化氢除钒成本低，但硫化氢是一种具有恶臭味的剧毒和易爆气体，会恶化劳动条件；除钒后的 $TiCl_4$ 饱和了硫化氢，必须进行脱气操作以除去溶于 $TiCl_4$ 中的硫化氢，否则在其后的精馏过程中硫化氢会腐蚀设备，并与 $TiCl_4$ 反应生成钛硫氯化合物沉淀，引起管道和塔板的堵塞，并降低 $TiCl_4$ 的回收率。

当原料 $TiCl_4$ 中钒含量较高且附近又有硫化氢副产品的工厂时，可考虑选用硫化氢除钒法。美、日、英等国的某些海绵钛和钛白工厂采用硫化氢除钒法精制 $TiCl_4$。

4.2.2.4　有机物除钒法

可用于除钒的有机物种类很多，但一般选用油类（如矿物油或植物油、硬脂酸钠等）。将少量有机物加入 $TiCl_4$ 中混合均匀，将混合物加热至有机物碳化温度（一般为 $136 \sim 142\,^{\circ}\mathrm{C}$）使其碳化，新生的活性炭将 $VOCl_3$ 还原为 $VOCl_2$ 沉淀，或认为活性炭吸附钒杂质而达到除钒的目的。

粗 $TiCl_4$ 与适量有机物的混合物连续加入除钒罐进行除钒反应，并连续从除钒罐取出除钒反应后的 $TiCl_4$（含有除钒残渣），加入高沸点塔的蒸馏釜中进行蒸馏。定期从釜中取出残液进行过滤，过滤的滤液返回除钒罐进行除钒处理，分离出来的除钒残渣（含高沸点物）进行处理回收钒。$TiCl_4$ 的精制过程可连续进行。

有机物除钒操作简便，除钒效果好，但有如下问题需要研究解决：

（1）除钒残渣易在容器壁上结疤。试验发现，用于除钒的有机物种类不同，所生成的除钒残渣的性质也不一样。某些有机物如液体石蜡油作为除钒试剂时，尽管它的加入量只有被处理的 $TiCl_4$ 质量的 0.1%，但在除钒时却生成大量体积庞大的沉淀物。这种沉淀物呈悬浮状态，很难沉淀和过滤，将其蒸浓后的残液呈黏稠状，易在容器壁上黏结成疤。这种疤不仅严重影响传热，而且难以清除。

试验发现，选用某些植物油和类似植物油的其他有机油类作为除钒试剂时，生成分散的颗粒状的非聚合性残渣，这种残渣不黏稠，不易在容器壁上结疤，可用过滤方法将其从 $TiCl_4$ 中分离出来。除钒残渣量是原料 $TiCl_4$ 质量的 0.4%~0.6%，残渣中的钛量是原料钛量的 0.3%~0.5%，残渣中钒含量为 2% 左右，所以必须选用合适的有机物。

（2）除钒后的 $TiCl_4$ 在冷却时，有时会析出沉淀物，使冷凝器和管道发生堵塞。这是由于在除钒过程中生成的氧氯碳氢化合物（$CHCl_2COCl$、$CH_2ClCOCl$）、光气（$COCl_2$）与 $TiCl_4$ 反应生成一种固体加成物的缘故。在工艺和设备方面采取适当措施，便可防止这种固体加成物的生成。

（3）在除钒过程中会有少量有机物溶于 $TiCl_4$ 中，这些有机物均是低沸点物，需在其后的精馏过程中加以除去。

用矿物油作除钒试剂，精制 $TiCl_4$ 的工艺流程如图 4-15 所示。

制备海绵钛的原料纯 $TiCl_4$ 时，该工艺流程是适用的。但是，当该工艺作为制备制取钛白的原料纯 $TiCl_4$ 时，因为 $SiCl_4$ 并非是非除不可的杂质，可以保留，因此该流程省略除低沸点杂质的过程，即用除钒蒸发器即可完成精制，一步可以完成工艺过程。全过程连续，生产能力大，操作成本低，作业安全。目前，

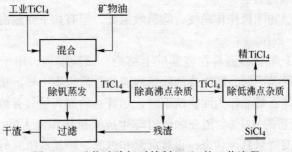

图 4-15　矿物油除钒时精制 $TiCl_4$ 的工艺流程

国内外氯化法钛白工厂及部分钛厂都采用矿物油除钒精制 $TiCl_4$ 工艺。国内外的实践表明，该工艺已经成熟。

有机物廉价无毒，使用量少，除钒成本低；除钒同时可除去铬、锡、锑、铁和铝等有色金属及杂质；除钒操作简便，精制 $TiCl_4$ 流程简化，可实现精制过程的连续操作，是一种比较理想的除钒方法。国外已广泛应用这种方法。我国对这种方法的研究和应用还不充分，还有许多问题需研究解决，需要进一步研发。

在工业生产中应用的 4 种除钒方法的优缺点和应用范围见表 4-9。综合考虑，以有机物除钒法较好。

表 4-9　4 种工业除钒方法的比较

比较项目	铜丝除钒	铝粉除钒	H_2S 除钒	有机物除钒
除钒试剂物性	无毒固体	易爆粉末	剧毒易爆气体	无毒液体
1t $TiCl_4$ 除钒试剂用量/kg	2~4	0.8~1.2	1~2	0.3~1
可否连续操作	间歇	制备除钒浆液是间歇的	可连续	可连续
是否腐蚀设备	不腐蚀	不腐蚀	可能腐蚀	残渣可能黏壁
分离残渣的难易程度	操作麻烦	较容易	较难	较难

续表 4-9

比较项目	铜丝除钒	铝粉除钒	H₂S 除钒	有机物除钒
可否综合回收钒	不便于回收	可回收	可回收	可回收
应用范围	含钒低原料的小海绵钛厂	含钒低原料的海绵钛厂	含钒高原料的大海绵钛及钛白厂	含钒高原料的大海绵钛及钛白厂
应用国家	中国	苏联	日本和美国	日本和美国

4.3 铜除钒时精制工艺流程和设备

4.3.1 工艺流程

粗 $TiCl_4$ 的精制工艺（即经简化了的 $TiCl_4\text{-}SiCl_4\text{-}VOCl_3\text{-}FeCl_3$ 四元系的分离）一般应采用三套分离设备串联操作才能完成。当选用铜丝除钒时，为了减少铜的消耗，必须最后除钒。它的设备流程如图 4-16 所示。

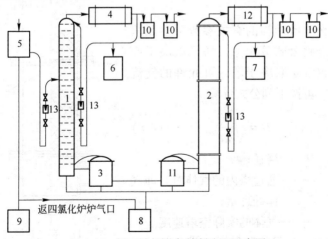

图 4-16 铜丝除钒设备精制流程示意图

1—浮阀塔；2—铜丝塔；3，11—蒸馏釜；4，12—冷凝器；

5—粗 $TiCl_4$ 高位槽；6—$SiCl_4$ 储罐；7—纯 $TiCl_4$ 储罐；

8—泵槽；9—粗 $TiCl_4$ 储罐；10—液封罐；13—流量计

在设计该工艺的设备流程时，可以采用两塔串联使用，一塔除低沸点杂质，二塔装有铜丝球，除钒的同时除去高沸点杂质。两塔合并成一塔，可以减少一塔。方案设备紧凑，降低了热能的消耗，图 4-16 所示就是该方案的设备流程，下面具体介绍其主要设备。

4.3.2　蒸馏设备

蒸馏的主要设备是蒸馏塔、蒸馏釜及冷凝器。

4.3.2.1　铜丝蒸馏塔

蒸馏塔兼有除钒和除高沸点两种杂质的功能。由于塔内放置的填充料是铜丝球，所以称为铜丝塔。

铜丝塔结构简单，圆柱形钢塔内上部和下部分别有栅板两块。每块栅板上堆积铜丝球层，要求栅板开孔率大，并有足够强度，其结构如图 4-17所示。

铜丝塔结构的有关参数可参照填料塔经验公式算出来。塔径取决于产能，也就是取决于塔内可允许的气流速度，可按下列公式计算：

$$D = \sqrt{\frac{4Q}{\pi u}} \qquad (4-8)$$

式中　D——塔径；

　　　　Q——通过塔内的气体量，即气体处理量；

　　　　u——气体的实际空塔速度。

塔高 H 是按除钒要求设计的，增加铜丝层高度，可增加蒸气在塔内的停留时间，从而提高了除钒效率。但随着塔高的增加，阻力也增大。通常

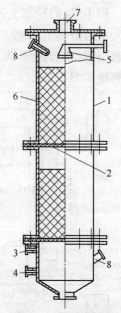

图 4-17　铜丝蒸馏塔

1—塔壳；2—栅板；3—蒸气管口；4—虹吸管口；5—回流管喷头；6—铜丝球；7—冷凝气管口；8—测温管

塔高与塔径间应有适当比例，经验上采用 H/D 为 2~6。

为了增大铜的表面积，常用直径为 2mm 的铜丝卷成直径约为 150mm 的球堆积而成。

4.3.2.2　蒸馏釜

这是一种加热料液使其汽化的设备。蒸馏釜可直接装入塔的下部，也可用导管连接于塔外的下方。蒸馏釜有卧式和立式两种，但以立式为多。釜内装有加热装置，形式较多，如有直接式、列管式、夹套式或蛇管式等，用以加热料液，使之汽化。燃料可用天然气、煤气或电加热。

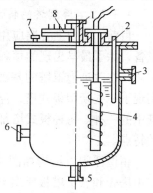

蒸馏釜装于塔外便于清理。图 4-18 所示为立式蒸馏釜的示意图。该釜采用直接式电加热。塔底 $TiCl_4$ 液可沿回流管进入釜中，釜中蒸气则沿蒸气管进入塔中。

由于 $TiCl_4$ 不导电，采用电加热时，直接将加热电阻丝埋入 $TiCl_4$ 液面下，它加热的电效率高。但电阻丝不能露出液面，否则易烧断。

图 4-18　立式蒸馏釜
1—蒸气管；2—测温管；3—溢流管；
4—加热元件；5—排渣口；
6—回流管；7—测压管；
8—加热套筒

蒸馏釜的容积大小是根据最大生产能力和加热面积来确定的。实践证明，要使生产稳定，分离效果好，釜的装料量不能过多，这样才能保证釜内液面上有较大的空间，使汽化产生的蒸气有充分的机会和液体分离干净而不使其进入蒸馏釜中，影响蒸馏效率。较稳妥的办法是装料容积占釜容积的 50%~60%。

4.3.2.3　冷凝器

冷凝器是在蒸馏时使逸出的塔蒸气冷凝成馏出液的冷凝设备。冷凝器是常见的一种热交换器，有蛇管式、套管式和列管式 3 种基本形式。蒸馏设备中通常采用列管式冷凝器。

为了提高冷凝效率，常采用逆流操作，并使塔蒸气从管束内通过,冷却水自管束外通过。

4.3.3　精馏浮阀塔

精馏设备包括精馏塔、蒸馏釜和冷凝器,因蒸馏釜和冷凝器同蒸馏设备结构和大小相同,所以从略。已被应用的精馏塔型有填料塔、栅板塔、筛板塔和浮阀塔等。这里主要介绍浮阀塔。

4.3.3.1　浮阀塔的特性

目前,工业上普遍应用的传质塔设备,除了最早出现的填料塔和泡罩塔外,在改进泡罩塔的基础上,先后出现了一些新型板式塔,浮阀塔就是其中的一种。每种板式塔都具有各自的特点。

精馏浮阀塔结构如图 4-19 所示。它由塔壳和若干塔板所组成,塔板由浮阀塔板、溢流装置和其他构件所组成。每块浮阀塔板上安装一定数目的浮阀片。

浮阀塔兼有泡罩塔和筛板塔的优点,又克服了它们的缺点。蒸馏时,塔内上升蒸气克服板上浮阀质量,从阀孔的边缘水平喷入塔板上的液体层,改善了鼓泡状态,增加了气液接触时间,即使采用较大的蒸气速度,也不会发生雾沫夹带,所以分离效率高。而且操作弹性大,负荷上下限比值可达 9。它比填料塔生产能力大,分离效率高,并克服了泡罩塔和筛板塔易被脏黏物料堵塞的缺点。所以,它是一种综合性能良好的板式塔。

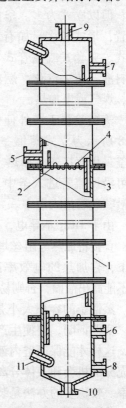

图 4-19　浮阀塔结构

1—塔壳;2—塔板;3—溢流管;4—浮阀;5—加料管口;6—蒸气管口;7—回流管口;8—虹吸管口;9—冷凝气管口;10—排液管口;11—测温管

影响浮阀塔塔板的一些主要特性的因素很多，有压力降、泄漏、雾沫夹带和塔板效率等。分离物系已经确定的情况下，影响因素归纳起来可以分为两个方面：

一方面与塔设备结构有关，如阀重、开孔率、阀开度、堰高、板间距等，均能影响塔板特性，因而设计合理的塔设备结构十分重要。

另一方面还与工艺操作条件有关，如操作的空塔速度、液流强度等均能影响塔板特性，同时泄漏和雾沫夹带也对塔板效率有影响。因此，必须制定合理的工艺操作制度，保证在最佳条件下进行操作，以提高塔板效率。

4.3.3.2 浮阀塔的设计

小型简单的浮阀塔的结构如图 4-19 所示。已有专著详细介绍了浮阀塔的工艺和结构设计的有关问题，这里仅扼要介绍一些工艺设计的原则。

A 塔板的构造

浮阀塔板可分为盘式和条状两种，盘式应用最多。它又可分为整块式（见图 4-20）和分块式。对于粗 $TiCl_4$ 精馏而言，一般

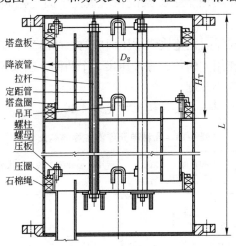

图 4-20 整块式定距管式塔板结构

产能较小，常选用结构简单的整块盘式塔板。

单元浮阀（见图 4-21）按阀片和支架的不同可分为十字架形、V 形和 A 形 3 种基本形式，其中前两种应用较广，A 形已逐渐被淘汰。

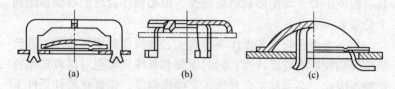

图 4-21   单元浮阀
（a）十字架形；（b）V 形；（c）A 形

V 形盘式浮阀是在重盘式（A 形）浮阀基础上改进和发展而成的，性能比 A 形好，结构简单，造价也低，它的阀片和支腿是一个整体，它用支腿来保证浮阀的位置并进行导向。

十字架形浮阀是 T 形盘式浮阀经改进而成的，与 T 形相比，结构简单，易于加工，钢材利用率提高 30%，而且性能好，操作稳定。它是利用十字支架嵌在塔板上来固定浮阀位置和进行导向。

A 形盘式浮阀是整块式冲压而成的，冲出 3 个支腿作为固定位置和导向作用，阀片边缘冲压出 3 个凸部，以保证阀片下落时与塔板保持最小开度。

几种单元浮阀主要结构尺寸见表 4-10。

表 4-10   几种单元浮阀主要结构尺寸

阀　型	阀重/g	阀片厚/mm	阀径/mm	阀片最小开度/mm	阀片最大开度/mm	备　注
V-1 重	32~34	2	ϕ39	2.5	8.5	
V-1 轻	25~26	1.5				
十字架重	30~32	2	ϕ32~40，常用 ϕ39	1~2	8~8.5	拱形阀片 ϕ50mm
十字架轻	22~24	1.5				

B　塔径和板间距

塔径主要取决于处理物料量，可按下式算出：

$$D = \sqrt{\frac{Q}{0.785u}} \qquad (4\text{-}9)$$

式中　D——塔径；

　　　Q——处理物料的蒸气流量；

　　　u——选定的适宜的空塔速度。

塔板间距与产能、操作弹性以及塔板效率有密切关系，而塔板间距的选择也受塔径的影响。如选用较大的塔板间距，可采用较大的气体速度，而不致产生严重的雾沫夹带。此时，可适当地减少塔径；反之亦然。同时还要兼顾塔的造价费用。对于塔板数较多的塔，往往采用较小的塔板间距，适当地加大塔径和降低塔高，以减少设备费用。盘式浮阀塔建议采用的塔径 D 和塔板间距 H_0 选取数据见表 4-11，供参考。

表 4-11　盘式浮阀塔建议采用的塔径 D 和塔板间距 H_0 选取数据

塔径 D/m	0.3~0.5	0.5~0.8	0.8~1.6	1.6~2.4	2.4~4.0
塔板间距 H_0/m	0.2~0.3	0.25~0.35	0.3~0.45	0.35~0.6	0.4~0.6

C　溢流装置

溢流可分为单程和双程两种。小塔径可采用单溢流，这种溢流装置构造简单。降液管形式又分为弓形和圆形管两种，弓形的溢流效果较好，常被采用。溢流装置的结构如图 4-22 所示。

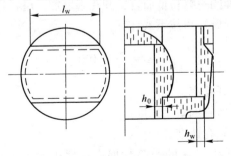

图 4-22　溢流装置的结构

　　出口堰堰板高度增加时，板上泡沫层高度也增加，气液两相在塔上停留时间增长，则塔板效率可提高，但泄漏有较显著增加。要兼顾两者，确定合适的堰高。

　　对于常压塔和加压塔，取堰高 $h_w = 40 \sim 50mm$，对分离精度要求较高的物系，取上限值 $h_w = 50mm$。

　　出口堰长是根据液体负荷和液流程度来确定的。对单流弓形溢流管，取堰长 $l_w = (0.6 \sim 0.8) D$。

　　受液盘分为凹型和平型两种。对于精馏 $TiCl_4$ 而言，采用平型为宜。

　　降液管底缘距塔板的距离 h_0 要选用合适，以防止杂质堵塞管道，保证液体流畅地流入下层塔板。h_0 不能太高，否则液封不好，气体会出现短路。常使降液管插入下块塔板距上液层 $15 \sim 25mm$ 高处。小塔径常取 $h_0 = 20 \sim 25mm$。

　　对于较小塔径的盘式浮阀塔，可在加料塔板和回流塔板上设置进口堰，以保证液封和减少降液管水平冲击。当出口堰高 $h_w > h_0$ 时，常取进口堰高 $h'_w = h_0$。

　　D　浮阀布置

　　浮阀阀孔间距以三角形排列为宜，并且正对液流方向常用叉排，有利于气液间传质传热作用。

　　浮阀孔的开孔率是设备设计的重要参数。开孔率不同，其传质效率也不同。随着开孔率的增加，相应塔的处理能力也增加；另外，对处理同一物料量而言，开孔率增加，塔径可以减小。

　　开孔率（%）可按下式计算：

$$\varphi = \frac{u}{u_0} \times 100 \qquad (4\text{-}10)$$

式中　　φ——开孔率；

　　　　u——适宜的空塔速度；

　　　　u_0——阀孔速度。

　　浮阀塔开孔率 φ 的经验数据有：常压减压塔取 $\varphi = 10\% \sim 13\%$，加压塔取 $\varphi < 10\%$，小直径塔取 $\varphi = 6\% \sim 10\%$，本工艺推荐

$\varphi = 9\% \sim 10\%$。

浮阀数计算式为：

$$N_0 = \frac{A_0}{0.785 d_0^2} \varphi \qquad (4\text{-}11)$$

式中 N_0——浮阀数；

A_0——塔板有效面积；

d_0——阀孔径。

对于 V 形浮阀，阀孔直径 d_0 一般标准规格为 $\phi39\text{mm}$；对于十字架形浮阀，可选用直径 $\phi = (30 \sim 40)\text{mm}$，常采用 $\phi39\text{mm}$。

E 塔板数的确定

塔板数的确定对所设计的塔的投资费用以及能否满足工艺分离要求，有着重要的意义。通常按在满足产品质量要求情况下，选用较少的塔板数的原则来综合考虑。

塔板数的确定又与塔板结构、操作条件和分离物系的物化性质等因素有关，所以情况复杂，难以找到适用范围很广的统一公式。常通过实验方法求测或经验计算算出。

塔板数的计算通常有 M-T 图解法、解析法和热图法 3 种。对于二元系的分离，一般情况下用 M-T 图解法较为简便，但由于在 $TiCl_4$ 中的 $SiCl_4$ 含量比较低（<2%），图解法不方便。因此可用解析法计算。

按简捷法计算，最小理论板数为 5.08，理论板数为 7.22，取效率为 0.3。浮阀塔塔板数需要 26 块。其中，提馏段为 20 块，精馏段为 6 块。实践表明，这一数目可以满足工艺要求。

应用实例：某精制工艺采用盘式浮阀塔，塔板数为 27 块，其中，提馏段 18 块，精馏段 9 块。浮阀片采用不锈钢质十字架形。

计算最后还应进行水力学参数验算，以校核塔内操作情况是否合理。

　　由于对塔设备长度和宽度的偏差范围有规定，所以对设备制造和安装也有一定的技术要求，详见有关专著。

　　在专著《浮阀塔》中，推荐的某些工艺中浮阀塔塔板数理论计算中可采用解析法。其中较简单的计算方法为简捷法。本节按该文献推荐的简捷法的公式依次推算。

　　a　先算出最小回流比 R_{min}

　　当进料为沸点时，$q=1$，$x_s=x_f$，$y_s=y_f^*$，所以有：

$$R_{min} = \frac{x_p - y_f^*}{y_f^* - x_f} \tag{4-12}$$

式中　q——TiCl$_4$ 液进料状态参数；

　　　x_f——液相进料状态组成；

　　　y_f^*——与液相平衡的气相组成；

　　　x_p——馏出液的组成。

　　在本工艺中可查出下列数据，并参照本工艺在精馏分离 TiCl$_4$-SiCl$_4$ 二元系中，有：

　　$x_p = 99.9\%$，$x_f = 0.6\%$

　　同时，TiCl$_4$-SiCl$_4$ 分离系数 α 等于相对挥发度之比：

$$\alpha = \frac{p_{SiCl_4}^0}{p_{TiCl_4}^0} = 9 \tag{4-13}$$

式中　p_i^0——纯组分蒸汽压。

　　因缺乏 y_f^* 数据，可按 $\alpha=9$ 推算。则 $y_f^* = 5.4\%$，将上述数据代入式（4-12）可得到：

$$R_{min} = \frac{0.999 - 0.054}{0.054 - 0.006} = 19.7$$

　　所以最小回流比为 19.7。

　　b　最小理论塔板数 N_{min} 计算

　　对于本工艺，精馏分离 TiCl$_4$-SiCl$_4$ 时，已有：

$$\alpha = \frac{p^0_{SiCl_4}}{p^0_{TiCl_4}} \tag{4-14}$$

$$\alpha_p = \alpha(57℃) = \frac{p^0_{SiCl_4}}{p^0_{TiCl_4}}\bigg|_{57℃}$$

57℃时，$p^0_{SiCl_4} = 101kPa$，$p^0_{TiCl_4} = 9kPa$，则：

$$\alpha_p = \frac{101}{9} = 11.2$$

$$\alpha_w = \alpha(136℃) = \frac{p^0_{SiCl_4}}{p^0_{TiCl_4}}\bigg|_{136℃}$$

因缺乏 136℃ 时 $p^0_{SiCl_4}$ 的数据，所以取 $\alpha_w = 9$，则：

$$\overline{\alpha} = \sqrt{\alpha_p \alpha_w} = \sqrt{11.2 \times 9} = 10$$

并取 $x_p = 99.9\%$，$x_w = 0.6\%$。

在全回流时所需的理论塔板数，可用芬斯克方程式求之：

$$N_{min} = \frac{\lg\left[\left(\dfrac{x_p}{1-x_p}\right)\left(\dfrac{1-x_w}{x_w}\right)\right]}{\lg\overline{\alpha}} - 1 \tag{4-15}$$

式中　$\overline{\alpha}$——全塔轻组分对重组分的平均相对挥发度；

　　　x_w——釜液中轻组分的组成。

而　　　　　　　　$\overline{\alpha} = \sqrt{\alpha_p \alpha_w}$

式中　α_p——塔顶液相对挥发度；

　　　α_w——塔釜液相对挥发度。

由式（4-15）求得的最少理论板数已将塔釜作为一层理论板加以扣除。

将上述各式代入式（4-15）中，有：

$$N_{min} = \frac{\lg\left(\dfrac{0.999}{1-0.999} \times \dfrac{1-0.006}{0.006}\right)}{\lg 10} - 1 = 5.08$$

所以最小理论塔板数为 5.08 块。

c　求理论板数 N

设实际的操作回流比为 R，取 $R = 40$ 时，则有：

$$\frac{R - R_{\min}}{R + 1} = \frac{40 - 19.7}{40 + 1} = 0.495$$

可由图 4-23 求出理论板数 N 之值。

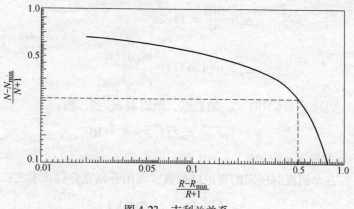

图 4-23　吉利兰关系

由该图可查出 $\dfrac{N - N_{\min}}{N + 1} = 0.26$，推算之，则 $N = 7.22$。

理论板数 N 为 7.22 块。

d　实际塔板数 $N_{实}$

一般取塔板效率 η 为 0.3，所以有 $N_{实} = N/\eta = 7.22/0.3 = 24.05$。

取实际的塔板数为 25 块。

4.3.4　工艺条件的选择

4.3.4.1　精馏塔操作

A　加料速度

粗 $TiCl_4$ 料液的加料速度就是精馏塔的生产率，影响因素较多。

首先，取决于设备的大小和结构。塔设备越大，生产率也随之增大，因此，精馏塔的最大加料速度往往被塔设备本身所限制。

其次，与所处理的粗 $TiCl_4$ 料液的成分有关。粗 $TiCl_4$ 液中所含杂质越少，可以采用较小的回流比，相应地可以提高生产率。

还与精馏塔的工艺操作条件有关。一般来说，提高釜加热功率和提高入塔的粗 $TiCl_4$ 液的温度，在相同条件下，均可以提高生产率。

实践上，加料速度是按实际需要，常常是按整个工艺连续作业的需要来控制的。

B 塔体温度

维持适宜的塔体温度是精馏操作的关键。因此，必须遵守加热釜的加热制度。塔釜和塔底温度常控制在 $140 \sim 145℃$ （略高于 $TiCl_4$ 沸点），塔顶温度常控制在 $57 \sim 70℃$ （略高于 $SiCl_4$ 沸点）。

C 塔内蒸气压

蒸气压是塔内挥发的蒸气量的一个标志，较高的蒸气压表明有大的挥发量。挥发量的大小直接与塔内温度的控制和加料速度有关，也与塔内阻力和料液成分有关。正常操作中，加料速度一定时其塔内阻力也恒定，此时蒸气压仅与温度有关。所以，常调节塔体温度和加料速度来控制适宜的蒸气压。

D 塔釜料液面

为使釜内有较大的空间，保证气液分离完全，因此釜内料液面不宜太高。但为了使 $TiCl_4$ 保持一定的挥发速度，对于直接采用电阻丝加热器加热的精馏塔而言，料液面又不应控制得太低，否则电阻丝有被烧断的危险。

E 塔顶回流比

回流既可以强化气液两相间的传质作用，增浓馏出液的浓度，又可取走塔板上多余的热量。所以，塔顶回流是进行精馏操作的重要条件，也是精馏与蒸馏相区别的标志。回流比 R 影响到分离效率：回流量大，分离效率好，但处理量就减小；反之亦然。所以，适宜的回流比是经反复实践确定的。

我国钛的生产实践表明，在制得的粗 $TiCl_4$ 中 $SiCl_4$ 含量都比较低，因此采用较大的回流比。

当粗 $TiCl_4$ 中 $SiCl_4$ 含量大于 0.1% 时，取 $R = 40 \sim 50$；当粗 $TiCl_4$ 中 $SiCl_4$ 含量小于 0.1% 时，采用全回流间歇定期放低沸点馏分，取 R 约为 100。

4.3.4.2　铜丝塔操作

A　加料速度

同精馏塔。

B　塔体温度

为利于 $TiCl_4$ 和高沸点杂质的分离，必须控制好釜内温度。塔釜和塔底温度常控制在 $140 \sim 159℃$（略高于 $TiCl_4$ 沸点），塔顶温度保持在 $137℃$（$TiCl_4$ 沸点）左右。因此，铜丝塔的热量不应散失太多。

C　塔内蒸气压

如同浮阀塔所述，蒸气压是 $TiCl_4$ 挥发性大小的标志，它反映了 $TiCl_4$ 气体的流速，所以必须控制准确。为保证塔内的 $VOCl_3$ 充分还原，挥发性气体在塔内应有一定的停留时间。根据经验，$TiCl_4$ 气体挥发速度在 $0.03 \sim 0.05 kg/(cm^2 \cdot h)$ 为宜，此时 $TiCl_4$ 在塔内停留时间约需 $2.4 \sim 4 min$。

D　塔釜料液面

同精馏塔釜。

E　铜丝的再生处理

在蒸馏过程中，铜丝参加还原反应，逐渐消耗，而反应产物 $VOCl_2$ 等黏稠物逐渐覆盖在铜丝外表，一定时间后，铜丝的活性表面积大大减少，致使除钒能力降低，纯 $TiCl_4$ 中钒含量增高。此时，应将铜丝再生处理，并往塔内补加新铜丝。

为了改善铜丝再生操作时的劳动条件，提高生产率，可以采用机械化酸洗再生铜丝球。一种可行的方案是直接在铜丝塔内用泵将酸（盐酸）液打入塔内喷淋洗涤，用压缩空气搅拌加速反应，待酸液除去黏附在铜丝球上的含钒杂质后，再喷入清水洗涤，最后用热空气干燥。此法需用热风设备和容积较大的酸循环泵槽。由于酸洗腐蚀严重，铜丝塔应采用耐蚀材料制造。

4.3.5 异常现象及处理

精制作业易出现的异常现象及处理方法见表4-12。

表4-12 精制作业易出现的异常现象及处理方法

异常现象	产生原因	解决措施
淹塔，塔板上积液料多，常发生在运转初期	加料量过大；降液管堵塞	减少加料量或暂停料量；拆塔清理降液管
干塔，有的塔板上无液层	加料量过小或电热过大，造成液泛	减少电加热；暂停进出料；进行全回流，待正常后进出料
釜温太低	加热量不够或者电阻丝已断；回流比过大	增加加热量或检修电阻丝；调节回流比
除硅不合格（属浮阀塔的问题）	精馏时间短；加料量大	延长精馏时间，减少料量
除铁不合格（属铜丝塔的问题）	塔釜中悬浮物多；塔釜温度高	更换塔釜中的料液；增加料液；停电
除钒不合格（属铜丝塔的问题）	铜球量小；蒸馏量太大；铜球使用时间太长	加铜球；减少加料量；停工更换铜球

4.3.6 四氯化钛的储藏和运输

4.3.6.1 储藏

可用槽、罐体和玻璃容器来储藏四氯化钛。除了少量试剂外，一般不采用玻璃容器。若采用玻璃容器也应存放在冷暗处，以避免阳光照射引起着色。大量 $TiCl_4$ 一般使用槽或大型罐体储藏。若要避免 $TiCl_4$ 着色，最好使用搪瓷槽；储藏用作制取催化剂和金属钛的 $TiCl_4$ 最好用不锈钢槽。但尽量不使用内衬橡胶或塑料的容器储藏 $TiCl_4$。装料前槽内要洗净去锈，若可能最好用 $TiCl_4$ 洗涤一次，并在槽内充入干燥的氩保护。粗 $TiCl_4$ 可用普通钢槽或罐体储藏。

4.3.6.2　运输

四氯化钛可用管道、容器、槽车、船舶或铁路运输。

近距离常采用管道输送：纯 $TiCl_4$ 用不锈钢管，或内衬四氟乙烯管等；粗 $TiCl_4$ 可采用普通钢管。可采用泵输送或氩气压送两种输送方法，尤以泵输送法最好，可使用无油封的泵（如化学泵）或隔膜泵（隔膜用聚四氟乙烯或不锈钢做成）。

远距离运输常采用铁路槽车或汽车槽车，但运输过程中必须注意设备的安全操作。

4.3.7　纯四氯化钛的质量规格

纯 $TiCl_4$ 的质量标准各国并不完全一致，下面列出美国、日本和中国的质量规格供参考，见表 4-13~表 4-15。

表 4-13　美国纯 $TiCl_4$ 产品允许的杂质含量

杂　质	Al	Sb	As	Cl_2	Cu	Fe
含量(质量分数)/%	$(5\sim10)\times10^{-4}$	$(5\sim10)\times10^{-4}$	$(10\sim15)\times10^{-4}$	$(2\sim5)\times10^{-4}$	$(2\sim5)\times10^{-4}$	$(10\sim30)\times10^{-4}$

杂　质	Pb	Ni	Si	V	Sn
含量(质量分数)/%	$(1\sim5)\times10^{-4}$	$(2\sim5)\times10^{-4}$	$(10\sim30)\times10^{-4}$	$(5\sim20)\times10^{-4}$	$(10\sim25)\times10^{-4}$

表 4-14　日本纯 $TiCl_4$ 产品质量规格

厂　家	成分(质量分数)/%				颜　色
	$TiCl_4$	$SiCl_4$	$VOCl_3$	$FeCl_3$	
住友钛公司 OTC 标准	>99.9	<0.009	<0.0003	<0.006	无色透明

表 4-15 中国纯 $TiCl_4$ 的国家标准（YS/T 655—2007）

品级	化学成分（质量分数）/%				色 度
	$TiCl_4$	杂 质			
		$SiCl_4$	$FeCl_3$	$VOCl_3$	
一级	≥99.96	≤0.01	≤0.001	≤0.0012	$K_2Cr_2O_7$≤5mg/L
二级	≥99.94	≤0.01	≤0.002	≤0.0024	$K_2Cr_2O_7$≤5mg/L
三级	≥99.92	≤0.03	≤0.003	≤0.0024	$K_2Cr_2O_7$≤8mg/L

4.4 铝粉除钒时精制工艺流程和设备

4.4.1 概况

粗 $TiCl_4$ 的精制工艺，即经简化了的 $TiCl_4$-$SiCl_4$-$VOCl_3$-$FeCl_3$ 四元系的分离，理论上应采用三套分离设备串联操作才能完成。当选用铝粉除钒时，铝粉还原获得的 $TiCl_3$ 是还原 $VOCl_3$ 的还原剂，作为还原剂有用，但反应完毕必须除净，因为其中 $AlCl_3$ 也是杂质。因此，它的工艺流程如图 4-14 所示。

乌克兰等国家是采用两步完成除钒工艺的。第一步是制备催化剂，又制备还原剂；第二步才加入 $TiCl_4$，进行连续不断地除钒反应。该工艺使用三套精馏和除钒反应器进行除钒。虽然运转多年，但整个过程较复杂而且不经济。

针对上述弊病，如果利用反应生成的 $AlCl_3$ 作为催化剂，让上述两步反应变成一步直接除钒是可能的。我国在实验研究中创立了一步法除钒工艺。

在设计设备流程时，粗 $TiCl_4$ 首先除钒，铝粉首先加入除钒浆料的制备器中，或称料浆制备蒸馏釜中，边加入边反应。随后制备的料浆进入四氯化钛液中，除钒反应逐步完成。这时，除钒不必要增加更多的精制设备。

此时，精制可以认为是 $TiCl_4$-$SiCl_4$-$FeCl_3$ 三元系的分离。理论上只要 2 套精馏或蒸馏设备就能完成精制。其中，$TiCl_4$-$SiCl_4$

分离必须精馏，而 $TiCl_4$-$FeCl_3$ 分离仅采用蒸馏即可完成。

设计的设备流程建议参考图 2-22 大阪钛公司 $TiCl_4$ 的生产工艺，它是一种节能的流程。它是在除钒蒸馏釜内除钒；在精馏塔内除 $SiCl_4$；在侧塔进行蒸馏除 $FeCl_3$；图中再沸器等同国内的蒸馏釜，侧塔就是一种蒸馏塔（或蒸馏釜）。参照国内外实际情况设计的设备流程如图 4-24 所示（仅供参考）。图中 2 是一种矮精馏塔，该塔塔板数选用 10 个左右即可。

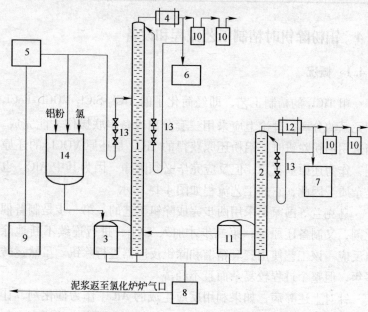

图 4-24　铝粉除钒精制设备流程示意图

1—除硅塔；2—除高沸点塔；3，11—蒸馏釜；4，12—冷凝器；5—粗 $TiCl_4$
高位槽；6—$SiCl_4$ 储罐；7—纯 $TiCl_4$ 储罐；8—泵槽；9—粗 $TiCl_4$ 储罐；
10—液封罐；13—流量计；14—$TiCl_3$ 料浆制备罐

该工艺中关键的步骤是除钒浆液的制备。此时，反应初期加入氯气是制取 $AlCl_3$，用作催化剂。反应为：

$$2Al + 3Cl_2 \Longrightarrow 2AlCl_3$$

因为氯气用量少，但必须有，仅仅在反应初期加入适量即可。

所用氮气（或氩气）只是为了防止着火，是徐徐加入的，一旦铝粉加入完毕，就可以停止加入。这里氮气并不参与反应。所以工艺流程不必注明一定要加入氮气。

"一步法"铝粉除钒工业试验获得的精四氯化钛产品质量高于铜丝除钒产品，并与独联体"两步法"除钒工艺产品质量相当（见表4-16）。用工业试验产品精四氯化钛制造的海绵钛产品，全部为优级品 MHT-100（见表4-17）。

表4-16　"一步法"铝粉除钒工业试验产品与独联体"两步法"产品指标比较（质量分数）　　　　（%）

成　分	TiCl$_4$	V	Al	Si	Fe	C	O
一步法	≥99.9	≤0.0003	≤0.0009	≤0.002	≤0.001	≤0.002	
铜丝除钒	≥99.9	≤0.0003	≤0.004	≤0.002	≤0.002	≤0.002	
独联体"两步法"	≥99.9	≤0.0006	≤0.002	≤0.001	≤0.001	≤0.001	≤0.0001

表4-17　"一步法"铝粉除钒工业试验产品精四氯化钛制造的海绵钛的质量指标

批　次	杂质元素化学成分(质量分数)/%							硬度 HBW
	Fe	Si	Cl	C	N	O	H	
XH-08139	≤0.06	≤0.016	≤0.053	≤0.016	≤0.009	≤0.058	≤0.004	97
XH-08140	≤0.054	≤0.014	≤0.052	≤0.016	≤0.005	≤0.054	≤0.002	98
XH-08141	≤0.06	≤0.012	≤0.052	≤0.018	≤0.005	≤0.055	≤0.003	99

"一步法"省去了制备 AlCl$_3$ 催化剂消耗的铝粉，两步反应同时进行提高了铝粉的利用率，因此，"一步法"的铝粉耗量大幅减少。

4.4.2　精制设备

精制设备中，蒸馏釜、冷凝器和精馏浮阀塔结构同第4.3节中的设备完全相同，请参考。仅将铜丝塔改成塔 2（见图 4-24），为精馏浮阀塔，选用塔板数为 10 块。

本节主要介绍除钒浆液中 $AlCl_3$ 的制备设备。该设备大小按需要设计。图 4-25 所示为除钒浆液制备 $AlCl_3$ 发生器基本结构示意图。该设备为流化床，是国外许多公司使用的设备。这种工艺装置体积小，生产能力大，传质、传热效果好，结构简单，安全可靠，全部参数由 DCS 控制。

4.4.3　精制工艺

精馏塔 1 操作完全同第 4.3 节，精馏塔 2 操作工艺基本上同铜丝塔，请参考第 4.3 节。

本节仅论述除钒浆液的制备工艺。

北京有色金属研究总院在小试中确定了除钒工艺：铝粉除钒温度 136℃，保温 10min，加铝粉量为 0.13kg/t（$TiCl_4$），并需要 $AlCl_3$ 0.156kg/t（$TiCl_4$）。并参考俄罗斯的除钒工艺（工业生产工艺）后制定下列工艺条件：

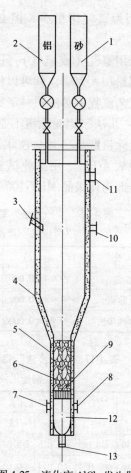

图 4-25　流化床 $AlCl_3$ 发生器

1—惰性物加入罐及加入系统；2—铝粒加入罐及加入系统；3—测压孔；4—炉壳，材料 Incon600；5—耐高温耐腐蚀炉衬；6—惰性物填料；7—$TiCl_4$ 气体进口管，来自预热器；8—Cl_2 进口管及计量控制系统；9—筛板；10—测温孔；11—$AlCl_3$、$TiCl_4$ 出口引入氧化炉；12—缓冲室（$TiCl_4$、Cl_2 气）；13—出渣管

（1）除钒温度 136℃；

（2）保温时间 1h；

（3）加铝粉量 0.4~0.6kg/t($TiCl_4$)；

（4）加氯气量 0.12kg/t($TiCl_4$)（理论）。

上述工艺条件在进一步的工业实验中修正。本工艺制备完除钒浆液，可以是 $AlCl_3$-$TiCl_3$-$TiCl_4$ 混合液，属间隙作业。将此混合液徐徐加入到被净化的粗 $TiCl_4$ 中。

由于除钒浆料是浓缩液，它的浓度是实际需要的 n 倍，实际除钒浆液应加：铝粉为($0.4~0.6$)n kg；氯气为 $0.12n$ kg；可使 n t $TiCl_4$ 除钒净制。结果是假设 n 为 5 时，需加入 2~3kg 铝粉和 0.6kg 氯，可除钒净化 5t $TiCl_4$ 液。

4.4.4　安全操作

在除钒工艺中，使用铝粉作还原剂。铝粉，特别是细铝粉，是易燃易爆危险物。因此，操作时，必须采取措施，防火防爆。

铝粉是高热熔的金属燃料，它也是火箭推进的常用的固体燃料。可能摩擦自燃，着火点比较低，并放出大量热，一旦自燃，扑灭困难。因此，操作者必须清楚作业的危险性，一旦出现事故应采用预案加以扑灭。应减少操作间的明火发生。还要留心静电产生故障，作业者必须穿棉布工作服，不允许穿戴人造编织物工作服；使用器皿只能用金属制的铁桶和铁铲，不允许使用塑料桶和塑料铲，操作时要轻拿轻放。

一旦铝粉着火，宜用氮气（或氩气）和石棉布覆盖，不能用水灭火。因此，加铝粉时要准备好氮气或氩气，以及石棉布。同时必须有两人作业，其中一人管理氮气，负责安全。

铝粉加入时必须徐徐通氮气保护，当铝粉落入 $TiCl_4$ 液体后就安全了。并及时将铝粉加入口的残余铝粉扫除干净。

铝粉也是易爆剂，当空气中存在有铝粉时，最低浓度达 40g/m³ 时，有可能发生爆炸。或者铝粉在密闭器内燃烧，然后达一定压力时也会爆炸。但本工艺因使用少量铝粉，这种爆炸的可能性较小。

4.5　含钒泥浆回收钒和"三废"处理

过去我国钛冶金工业规模较小，从除钒泥浆回收有价金属钒一直尚未提到议事日程。现在无论是氯化法钛白还是海绵钛厂，生产规模大，实现了大型化生产。因此，从含钒泥浆中回收钒是必须要研究的课题。因为钒是昂贵的稀有金属，回收钒也符合循环经济，也能提高经济效益。否则，随着泥浆处理而丢弃其中的有价成分钒，是十分可惜的。

4.5.1　含钒泥浆

工业粗 $TiCl_4$ 液中，含杂质主要是 $VOCl_3$。采用各种试剂除钒时，将液体中的 $VOCl_3$ 变成固体的 $VOCl_2$，$VOCl_2$ 从液体 $TiCl_4$ 中沉淀出来，而使 $TiCl_4$ 达到净化。一般情况下，$VOCl_2$ 沉积在含 $TiCl_4$ 和 $FeCl_3$、$AlCl_3$ 等氯化物的泥浆中。而 $VOCl_2$ 富集的泥浆位置因不同的工艺而异。

如铜丝球除钒时，$VOCl_2$ 富集在铜丝的外表层，此时含 $VOCl_2$ 和 $CuCl$、$CuCl_2$ 泥浆包裹着铜丝。

如铝粉除钒和无机物除钒时，$VOCl_2$ 富集在精制塔底和加热釜底的泥浆中。

4.5.2　回收钒技术

从含钒泥浆中回收钒，多数泥浆含多量的 $TiCl_4$。因此，如果有 $TiCl_4$，先要回收 $TiCl_4$，然后再回收钒。

回收钒的工艺和 $TiCl_4$ 除钒时为相反过程，即互为逆反应。一般是将 $VOCl_2$ 变成 $VOCl_3$，这就必须进行氯化。反应式为：

$$2VOCl_2 + Cl_2 \Longrightarrow 2VOCl_3$$

泥浆中尚存的固体 $VOCl_2$ 就变成了液态的 $VOCl_3$。此时，只要将该泥浆蒸馏汽化并收集冷凝的 $VOCl_3$，经过这样的作业便完成了钒回收。

实践中含 $VOCl_2$ 的氯化渣放置在一套独立的回收装置中，经过操作便可达到回收钒的目的。当采用不同的除钒工艺时有下列不同的作业：

（1）采用铜除钒工艺时，由于钒化合物黏附在铜丝表面，当铜丝球进行再生作业时，钒杂质溶入清洗的废酸中。应设法在回收废酸液中 $CuCl$ 和 $CuCl_2$ 的同时，回收钒化合物。这需要进一步研究回收工艺，目前尚未解决这一难题。

（2）采用有机物除钒工艺时，锦州钛白粉厂已经建立了一套回收钒渣设备（该厂是采用有机物除钒的），顺利运转表明，该工艺简单、连续、处理产能大，而且节能。该工艺过程是将精制的残渣和氯化炉收尘渣集中在氯化炉的收尘渣桶中集中处理，先汽化蒸发出 $TiCl_4$，然后将含钒泥浆渣集中放入回收装置处理。

（3）采用铝粉除钒工艺时，俄罗斯采用铝粉除钒工艺中，因钒化合物富集至精制工序残渣中，这些残渣是返回到独立的熔盐炉中处理回收钒的。先回收 $TiCl_4$，随后加入氯气，使 $VOCl_2$ 重新转变成液态的 $VOCl_3$。最后将其蒸发后，气体 $VOCl_3$ 经冷凝回收，获得纯的液态 $VOCl_3$。然后经氧化获得 V_2O_5，这便是可以销售的商品。

4.5.3 "三废"处理

详见《钛业综合技术》一书中第 7 章和《钛化合物》一书中第 2 章。

5 镁还原制备海绵钛

镁还原法（即克劳尔法）是目前海绵钛制备的基本方法。

5.1 镁还原反应原理

5.1.1 镁还原热力学

5.1.1.1 镁还原反应

镁还原 $TiCl_4$ 总反应为：

$$TiCl_4 + 2Mg = Ti + 2MgCl_2$$

$$\Delta G_T^{\ominus} = -462200 + 136T \quad (987 \sim 1200K) \tag{5-1}$$

钛是一个典型的过渡元素，还原过程中存在稳定的中间产物 $TiCl_2$ 和 $TiCl_3$，而 TiCl 不稳定，故不能稳定存在。所以，上述反应具有分步还原的特征。$TiCl_4$ 被还原是一个连串依序逐次的反应过程，即 $TiCl_4 \rightarrow TiCl_3 \rightarrow TiCl_2 \rightarrow (TiCl) \rightarrow Ti$。实践表明，因 TiCl 不能稳定存在，当生成产物 TiCl 时迅速分解，获得 Ti。所以，镁还原反应只有三步串联而成，即 $TiCl_4 \rightarrow TiCl_3 \rightarrow TiCl_2 \rightarrow Ti$。因此，式（5-1）是一个总式，它的反应历程可能经过下列三式串联：

$$TiCl_4 + 0.5Mg = TiCl_3 + 0.5MgCl_2 \tag{5-2}$$

$$TiCl_3 + 0.5Mg = TiCl_2 + 0.5MgCl_2 \tag{5-3}$$

$$TiCl_2 + Mg = Ti + MgCl_2 \tag{5-4}$$

式（5-1）的反应平衡常数见表 5-1。

表 5-1　式（5-1）的反应平衡常数

温度 T/K	298	600	800	1000	1200
平衡常数 K_p	1.6×10^{39}	6.3×10^{16}	2.4×10^{11}	3.2×10^{8}	3.2×10^{6}

可以看出，上述镁还原反应的平衡常数值很大，所以各主要反应均能自发进行，而且自发进行的倾向性很大。从热力学观点来看，温度越低，还原反应自发进行的倾向性越大。在还原各种价态的氯化钛时，随着价态的递降，其 $\Delta G_T^{\ominus}$ 负值减少。这说明钛的氯化物价态越低，越不易被还原。即 $TiCl_4$ 易还原，$TiCl_3$ 次之，$TiCl_2$ 难还原。

该反应是个主要在熔体表面进行的气、液相多相复杂反应，生成物 $MgCl_2$ 不与 Ti、$TiCl_2$、$TiCl_3$、$TiCl_4$ 作用，所以不存在逆反应。

当还原过程镁量不足，或者反应温度低时，还可能出现下列歧化反应：

$$TiCl_4 + TiCl_2 \Longrightarrow 2TiCl_3 \tag{5-5}$$

$$TiCl_4 + Ti \Longrightarrow 2TiCl_2 \tag{5-6}$$

上述反应可以认为是个"二次"反应。反应过程中确实存在稳定的 $TiCl_3$，它是歧化反应的产物，并在一定条件下转换。

镁还原过程中的各"二次"反应和前面的主要反应相比，$\Delta G_T^{\ominus}$ 的负值要小得多，这说明反应的自发倾向也小得多，它们仅是还原过程的副反应。

在还原过程中，$TiCl_4$ 中的微量杂质，如 $AlCl_3$、$FeCl_3$、$SiCl_4$、$VOCl_3$ 等均被镁还原生成相应的金属，这些金属全部混杂在海绵钛中。混杂在镁中的杂质钾、钙、钠等，也是还原剂。它们分别将 $TiCl_4$ 还原并生成相应的杂质氯化物，但因含量很少，不会引起反应的热力学本质变化，所以可以忽略不计。

5.1.1.2 热平衡计算

镁还原 $TiCl_4$ 反应的总反应式为式（5-1），按该式生成 $1mol$ Ti 的反应物料进行热平衡粗算，先计算出反应热 $\Delta H_T^{\ominus}$ 和物料吸热 $Q_{T吸}$，则得出绝热下净发热量 Q_T 为：

$$Q_T = \Delta H_T^{\ominus} + Q_{T\text{吸}}$$

镁还原热效应计算结果见表 5-2。

表 5-2　镁还原热效应计算结果

温度 T/K	500	800	1000	1200
反应热 $\Delta H_T^{\ominus}$/kJ·mol^{-1}	−521.7	−539.6	−495.7	−508.3
物料吸热 Q_T/kJ·mol^{-1}	−455.6	−425.5	−318.5	−296.8

从表 5-2 中可以看出，镁还原反应的热效应很大，在绝热过程中除了物料吸热外，释放出的余热量相当多。在工业用的反应器中，不仅可以靠自热维持反应，而且还必须控制适宜的反应速度，并及时排出余热，否则会使反应器壁超温，烧坏反应器。只是在反应器下部，为了保持适宜的熔体温度，才需补充一部分热量。

5.1.2　非均相成核和组分性质

5.1.2.1　非均相成核

镁还原反应是一个复杂的多相反应，反应涉及相变中成核问题，成核的核心在反应中起重要作用。当该反应进行自发成核时，因发生了相变，新生的钛晶粒的胚芽因增加了固体界面，需要消耗大量能量，克服很大的能垒方能成核，所以不易成核。

钛晶粒半径为 r 成核时的自由能变 $\Delta G_{核}$ 为：

$$\Delta G_{核} = \Delta G_b 4/(3\pi r^3) + \sigma(4\pi r^2) \tag{5-7}$$

式中　　ΔG_b——体积自由能变；

　　　　σ——表面自由能。

当 $\Delta G_{核} = 0$ 时，临界晶核半径 r_c 为：

$$r_c = \frac{2\sigma}{\Delta G_b} \tag{5-8}$$

只有当 $\Delta G_{核} < 0$ 时，钛晶粒方能长大。此时晶粒半径必须大于临界半径，即 $r > r_c$ 时方能成核。

若反应区内出现固体微粒（或杂质）时，其某个表面与钛晶粒某晶面上的原子排列相似，而且原子间距也差不多。那么在该种固粒表面上成核时，异相固粒半径远远大于临界晶核半径，即有 $r \gg r_c$，使 $\Delta G_{核}$ 值大大降低，并导致 $\Delta G_{核} < 0$，成核就变得容易。常称这种成核为非自发成核或非均相成核。

处于金属表面的原子与基体内部的原子不同，前者具有多余的空悬键，因而对空间气体分子具有一定的吸附力。但是，各种金属的这种吸附力是不一样的。按化学吸附力分类，以镁的吸附力最弱，而钛、锆和铁较强。锆、钛和铁共同点是具有 d 电子空轨道，但未结合 d 电子数不同，钛、锆为 0，而铁为 2.20。当吸附气体时，金属表面原子可以利用多余的杂化轨道或者未结合电子和气体分子形成吸附键。未结合电子的能级要比杂化轨道的电子能级高，所以更活泼。但从吸附键的电子云重叠来看，铁少钛多，所以钛比铁吸附键强。总之，金属对气体的吸附能力与金属结构有关。按吸附力大小排列，顺序为：钛>铁≫镁。所以在镁还原反应过程中，新生钛粒本身就是最佳的非均相成核的核心质点，其次为铁壁。

5.1.2.2 组分的性质

在镁还原反应过程中，由于中间产物 $TiCl_2$ 和 $TiCl_3$ 能稳定存在，所以反应是在 $TiCl_4$-Ti-Mg-$MgCl_2$-$TiCl_2$-$TiCl_3$ 系统中进行的。各组分的性质对反应均有影响。其中，生成物 $MgCl_2$ 和钛晶体的结构对反应影响特别大。钛晶粒聚合体俗称海绵钛块，因外形似海绵而得名。海绵钛块的结构除与反应器尺寸、加料方式和加料速度有关外，也与反应过程的不同阶段有关。湿润角测定值见表 5-3。表 5-3 中数值表明，纯镁对钛粒和铁壁是不润湿的（此时 $\theta > 90°$），但当反应进程中生成 $MgCl_2$ 后，镁液表面覆盖一层 $MgCl_2$ 后就改变了它对海绵钛和铁壁的润湿性能，湿润角小，湿润性能好。而 $MgCl_2$ 对海绵钛和铁壁是润湿的。

表 5-3 湿润角测定值

项 目	测 定 物 质									
	液 镁			液镁表面有一层 $MgCl_2$ 液				$MgCl_2$ 液		
湿润表面	Fe	Ti		Fe		Ti		Fe		Ti	
温度/℃	750~800	750	800	750	800	750	800	750	800	750	800
湿润角 $\theta/(°)$	>90	107	104	68.5	44.5	23.5	18.7	61	45.5	53.5	38.2

镁还原系统中各组分性质的比较见表 5-4。

表 5-4 镁还原系统中各组分性质的比较

性 质		组 分					
		Mg	$MgCl_2$	$TiCl_2$	$TiCl_3$	$TiCl_4$	Ti
密度 /g·cm^{-3}	25℃	1.745	2.325	3.13	2.66	1.721	4.51
	800℃	1.555	1.672				4.30 (1000℃)
熔点/℃		651	714	1030	920	-23	1668
黏度/Pa·s			$4.12×10^{-3}$ (808℃)			$0.395×10^{-3}$ (110℃)	
表面张力 /N·m^{-1}		0.563 (681℃)	0.127 (800℃)			$23.37×10^{-3}$ (100℃)	

5.1.3 还原机理

镁还原过程包括：$TiCl_4$ 液体的汽化→气体 $TiCl_4$ 和液体 Mg 的外扩散→$TiCl_4$ 和 Mg 分子吸附在活性中心→在活性中心上进行化学反应→结晶成核→钛晶粒长大→$MgCl_2$ 脱附→$MgCl_2$ 外扩散。这一连串过程的关键步骤是结晶成核，即随着化学反应的进行伴有非均相成核。

优先成核的核心是在一些"活性中心"上，还原刚开始在反应铁壁和熔镁表面夹角处，一旦有钛晶粒出现后，裸露在熔镁面上方的钛晶体尖锋或棱角便成为活性中心。其中，$TiCl_4$ 主要靠气相扩散，而液镁靠表面吸引力沿铁壁和钛晶体孔隙向上爬，被吸附在活性中心上。从微观上看，每个钛晶体的长大都包括诱导期、加速期和衰减期3个阶段。因钛晶体生长迅速，经过低价钛步骤不明显。钛晶体生长过程包括下列呈S形过程：

（1）诱导期，局部地区产生结晶中心并成核；

（2）加速期，随着"活性中心"增多，晶体成核增多，反应加速进行；

（3）衰减期，随着"活性中心"减小，反应速度下降。

但镁还原为半连续工艺，属大批结晶过程。在反应整体上活性中心很多，各处生长速度不同步，同时发生着成核和长大交错及重叠过程。尽管还原过程按镁利用率（F_{Mg}）人为地分为初期（$F_{Mg} \approx 5\%$）、中期（F_{Mg} 为 $5\% \sim 50\%$）和后期（$F_{Mg} > 50\%$）3个阶段。但实际上除还原初期存在着短暂的诱导期，其后就难以区分晶体生长的阶段了。

由于各处成核几率不等，越是钛晶体的尖端处越易成核，随后平行连生成初生枝晶。初生枝晶长大时又不断二次成核，生长出第二次枝晶，它与初生枝晶呈正交垂直，以及继续生成第三次枝晶、第四次枝晶……，逐渐使钛晶体呈树枝状结构。

枝晶长大和发展方向因条件不同而异，即因长大条件不同，枝晶轴在各方向的发展也不同。钛晶粒的大小与成核速率和长大速率直接有关。若成核速率大，长大速率就小，晶粒来不及长大就形成新核，则晶粒细小；反之亦然。

就反应整体而言，由于存在众多的活性中心同时成核和长大，后来的钛晶体的生长只能在原树枝状枝晶孔隙中纵横交叉地生长，逐渐填满孔隙。加上随后的高温烧结，使还原产物失去了树枝状原貌而呈海绵体。所形成的反应面是指裸露在熔体外表的海绵体含有众多的活性中心的空间区域。此处的海绵体提供了吸附 $TiCl_4$ 和 Mg 分子相互接触的场所，成为自催化剂。从这点出发，可以认为在海绵体内的反应属于自催化反应。

但是，还原过程生成的海绵体具有"架桥"效应。生成的钛桥成为传质的障碍层，对动力学又有负面的阻滞作用。随着还原的进行，海绵体逐渐长大，沿着块体纵向和横向向三维空间发展。对于小型反应器（估计直径小于0.8m），反应中期即可形成钛桥。对于大型反应器也有架桥趋势，但一般至后期方能形成钛桥。一旦钛桥形成，就会使液镁的输送阻力和液 $MgCl_2$ 的排除阻力增大，导致成核速率降低。

随着镁还原进程的进行，惰性的 $MgCl_2$ 逐渐累积，最后会淹没海绵体上原有的活性中心，对反应起负面的阻滞作用。因此，必须适时地排除多余的 $MgCl_2$，才能保持适当的反应速率。

下面按照还原过程不同阶段来进行介绍。

5.1.3.1　还原初期

滴入反应器的液 $TiCl_4$ 落入液镁中吸热汽化，在液镁表面和反应器钢罐壁处和液镁反应，生成的海绵钛黏附在罐壁上，逐渐聚集并长大。还有少量生成的钛粉，夺取液镁中的杂质后沉积于反应器的底部。

5.1.3.2　还原中期

还原中期的还原过程与还原初期类似。由于熔体内存在充足的镁，反应速度大。因为反应剧烈，使反应区域温度逐渐增高，尤以熔体表面料液集中的部位温度最高，甚至可超过1200℃，这就造成很大的温度梯度。

在小型反应器（其直径约小于0.8m）中，熔体表面生成的海绵钛依靠其聚集力黏结成块体。海绵钛块依赖与铁壁的黏附力和熔体浮力的支持逐渐长大并浮在熔体表面，并不沉浸在熔体内。生成的海绵钛桥的结构示意如图5-1所示。从表

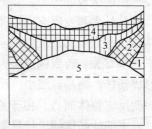

图 5-1　生成的海绵钛桥的结构示意

（不排放 $MgCl_2$ 操作）

1—镁利用率达5%的结构；2—镁利用率达30%的结构；3—镁利用率达40%的结构；4—镁利用率达60%的结构；5—初始液面

5-4 中看到，在 800℃时液体 Mg 和 $MgCl_2$ 的密度分别为 1.555g/cm^3 和 1.672g/cm^3。因 $MgCl_2$ 比 Mg 略重，它们可以分层，而液镁应浮在熔体表面上。但是，当熔体表面形成了海绵桥，覆盖了液镁的自由面，此时反应区域主要在海绵桥的表面。反应的继续进行主要依靠熔体中的液镁通过海绵桥中的毛细孔向上吸附至反应区，随着反应的进行，海绵桥逐渐增厚，液镁上浮的阻力增大，使反应速度逐渐下降。

如果采用排放 $MgCl_2$ 的工艺制度，将熔体底部的 $MgCl_2$ 排除出去后，熔体表面便随之下降，失去熔体浮力支持的海绵桥只能沉落熔体底部，此时熔体表面又重新暴露出液镁的自由面，还原反应又恢复到较大的速度。随着反应的进行，在熔体表面又重新出现钛桥……，如此周而复始。因此，反应速度是呈周期性变化的。

在大型反应器(直径约大于 0.8m)中，于熔体表面生成的海绵钛，依靠自身的聚集力黏结成块体，并有"搭桥"的趋势。但因反应器横截面大，生成的海绵钛块依其与铁壁的黏附力难以支持，常发生崩塌，部分钛块沉积于熔体下部。所以，熔体表面无法搭成钛桥，只能形成类似环状的海绵钛块体，黏附在熔体表面的铁壁上，熔体表面始终暴露着液镁的自由表面，此时还原反应主要是在沸腾的液镁表面上进行，反应区域随熔体液面的升降而变化。

还原中期过程持续到液镁自由表面消失为止，大约到镁的利用率达到 40%~50%。

5.1.3.3 还原后期

在还原后期，反应生成的海绵钛占据了反应器的大部分容积，液镁的自由表面已消失，剩余的液镁已全部被海绵钛毛细孔吸附。还原反应是在累积的海绵钛桥表面上进行的。此时，反应是依靠吸附在海绵钛里的液镁通过毛细孔浮力上爬至反应区和 $TiCl_4$ 接触进行反应。同时，反应生成的 $MgCl_2$ 也是通过毛细孔向下泄流的。因此，海绵钛毛细孔便成了 Mg 和 $MgCl_2$ 的迁移通道。

后期反应主要生成金属钛，当镁的扩散速度小于 $TiCl_4$ 的加料速度时，则可生成 $TiCl_3$ 和 $TiCl_2$。

海绵钛的毛细孔可简略地分为细孔和粗孔两种。当镁的利用率大于 40%~50% 时，液镁的自由表面消失，粗孔（100~500μm）的管壁上吸附有镁膜，管内中心开始出现液 $MgCl_2$。当镁的利用率约 57% 时，海绵钛不同部位的粗孔内壁镁膜的厚度大致相同。当镁的利用率达到 65%~75% 后，由于镁量的减少，粗孔内壁镁膜厚度随海绵钛部位不同而有变化，此时镁膜厚度在钛坨上部约 5μm，在钛坨下部就降到 0.5μm。

而在细孔（<20μm）中，内壁吸附的镁膜厚度与镁的利用率无关，大致保持一常数，含 $MgCl_2$ 1%~4%、Mg 6%~9%（以海绵钛质量计）。这是因为液体 Mg（或 $MgCl_2$）通过毛细管向上扩散时受毛细管吸力（p_σ）的作用：

$$p_\sigma = \frac{0.2\sigma}{r}\cos\theta \tag{5-9}$$

式中　p_σ——毛细管吸力；

　　　σ——吸附的液镁的表面张力；

　　　r——毛细管半径；

　　　θ——湿润角。

式（5-9）表明，毛细孔半径 r 越小，对镁液的吸力就越大。因此，细孔内吸附的镁和 $MgCl_2$ 被吸附力束缚得很紧，这部分细孔中吸附的镁是无法解脱的。粗孔内，由于吸附力要小得多，因此便成为镁和 $MgCl_2$ 的主要迁移通道。镁对钛的湿润性比 $MgCl_2$ 大，所以在海绵钛细孔及粗孔的管壁上吸附的主要是液镁。

反应后期反应物和生成物的迁移趋向如图 5-2 所示。反应后期液镁上爬的阻力随着海绵钛层厚度的增加而增大。一般情况下，镁利用率达 55% 左右时，反应速度开始下降，加料逐渐变得困难。所以，反应后期应逐渐减慢加料速度。当镁的利用率达 65%~70% 左右时，不仅反应速度缓慢，而且反应生成物中 $TiCl_2$ 和 $TiCl_3$ 量增加，这些低价氯化钛继续被镁还原，生成小颗粒钛，充填于海绵钛孔隙中，致使海绵钛表面结构致密，真空蒸馏

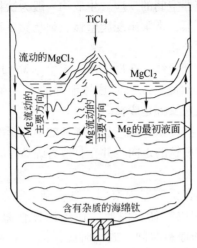

图 5-2 反应后期反应物和生成物的迁移趋向

排除 $MgCl_2$ 困难。因此，适时地停止加料，有利于提高产品质量和生产率。

5.1.4 还原过程相态副反应

镁还原反应过程是一个复杂的多相反应，反应物和生成物中分别有气、固、液三相同时存在，并且相互影响。参与反应相态的主反应是气液反应，即有总反应式：

$$TiCl_4(气) + 2Mg(液) == Ti(固) + 2MgCl_2(液)$$

该反应式在熔体表面进行，生成物固粒钛下沉在熔体中。

当镁蒸气挥发至反应器上方空间时，就存在 $TiCl_4$（气）—Mg（气）间的反应，生成物是细小的钛粒。这些小钛粒或黏附在器盖上、器壁上，或掉入熔体中。

当镁沿器壁上爬至熔体上部时，就存在 $TiCl_4$（气）—Mg（液）间反应，生成物是爬壁钛。爬壁钛也是细粒钛，或细粒钛聚合物，钛粒也不太大。

常将气气反应和气液反应称为相态副反应。它们是脱离主反应区域，在反应器空间的反应。生成物一般为钛粒，或钛粒的聚合物。打开还原器，常常出现爬壁钛、须状钛及黏壁钛，这些就是相态副反应的产物。

这些副产物细粒钛，在反应空间无熔体 $MgCl_2$ 覆盖，也是良好的吸气剂。自然能不断吸附罐体泄漏的大气和反应物中的杂质，所以这些细粒钛都是废钛。

为了避免这些废钛粒对产品海绵钛的不利影响，在生产过程中必须及时了解废钛的走向。并在打取海绵钛坨时，及时剥离这些废钛。

爬壁钛暴露在反应器内空间，且夹杂有钛粉和镁粉，易自燃，因此必须加以控制。因此，在还原操作过程中，应减少 $TiCl_4$ 加料过程的停料时间，放气时应保持一定的剩余压力，以防止反应器内镁的挥发；同时，空间温度不宜控制太高，以降低空间的气相反应速度。

反应器内反应过程中有一个温度场，熔池表面反应区是高温区，其中心最高温度可达到 1200℃ 以上，横向和纵向都存在温度梯度。反应温度和熔体物质热流的流动对钛晶体生长也有影响，即影响钛晶体生长速度和走向。晶体长大的方向与散热最快的方向相反，因此，靠罐壁的树枝状结晶是沿着罐壁横向有序生长，即钛坨罐壁处晶体的结构是横向有序排列的。同时，熔体内存在缓慢的熔体物质流动的冲刷，会阻止钛晶体的横向生长。

5.1.5　还原动力学

整个镁还原过程比较复杂，它的控制环节因情况不同而异。在大型反应器的情况下，还原的初、中期阶段主要为成核控制，后期阶段为扩散控制。在初、中期，化学反应和成核速率同步，即总的还原速率等于化学反应速率，也等于成核速率。由于从化学反应着手推导动力学速率比较简单，按此推导出初、中期时简化的速率方程式为：

$$\frac{\mathrm{d}W_{\mathrm{Ti}}}{\mathrm{d}t} = kAp_{\mathrm{TiCl_4}} = kAu_{\mathrm{TiCl_4}} \tag{5-10}$$

式中 $\dfrac{\mathrm{d}W_{\mathrm{Ti}}}{\mathrm{d}t}$ ——钛的还原速率；

$p_{\mathrm{TiCl_4}}$，$u_{\mathrm{TiCl_4}}$ ——分别为 $TiCl_4$ 的分压和物料流量；

A ——反应表面积。

式 (5-10) 表明，该反应在初、中期时在一定的加料速度内属一级反应。

为了提高还原反应速率，在大型反应器的情况下必须设法提高反应区的散热能力，后期必须设法提高扩散速率。动力学影响因素主要有反应器尺寸、温度、加料速度和传质输送效应，其次有压力等。

5.1.5.1 反应器尺寸

由速率方程式可知：

$$\frac{\mathrm{d}W_{\mathrm{Ti}}}{\mathrm{d}t} \propto A \tag{5-11}$$

即反应速率与反应表面积成正比。欲提高反应速率，必须增大反应表面积。

增大反应器的尺寸，特别是采用大型反应器，其相应的横截面也随之增大，即反应表面积 A 增加，还原速率提高。此外，还原过程还存在所谓的放大效应。这种效应表现为反应器越大，海绵钛块体的晶体生长越不容易"架桥"。因此，采用大型反应器可以减少还原时海绵钛桥的阻力，对提高还原速率十分有利。总而言之，反应器尺寸越大，还原速率也越大。

5.1.5.2 加料速度

由速率方程式可知：$\dfrac{\mathrm{d}W_{\mathrm{Ti}}}{\mathrm{d}t} \propto u_{\mathrm{TiCl_4}}$。它表明在一定范围内反应速率与物料流量成正比。但是，因为还原过程反应热很大，$TiCl_4$ 必须从外设的储料罐中徐徐加入，控制流量以防反应热过大烧穿反应器壁而造成事故。

$TiCl_4$ 的加料速率控制着还原速度，并影响到反应温度、反应压力和海绵钛的结构。从还原过程成核速率的角度来看，增大加料速度有利于增大反应的成核速率，钛的活性中心增加，成核的晶粒细小，获得的海绵钛为疏松多孔不致密的块状物，孔隙率高。这种结构的海绵钛不利于蒸馏脱除 $MgCl_2$。欲制取含 Cl^- 低的优质产品，宜采用较慢和平稳的加料速度。这种加料制度也容易产生粗粒钛结晶，降低产品的孔隙率，对提高蒸馏速率有利。

加料速度还与还原过程的不同阶段有关，即在大型反应器内，还原反应中期料速可以适当加大，但后期由于钛坨形成钛桥，影响反应速率，所以必须适时降低加料速度。

5.1.5.3　温度效应

阿伦尼乌斯经验公式描述反应速率常数与温度的关系：

$$k = k_0 e^{-\frac{E}{RT^2}} \tag{5-12}$$

式中　k_0——只和化学反应有关，而与其他因素（如温度、压力、浓度等）无关的常数；

　　　　E——反应活化能，kJ/mol。

阿伦尼乌斯公式（5-12）两边取对数可得：

$$\ln k = \ln k_0 - \frac{E}{RT^2} \tag{5-13}$$

因此

$$\frac{d\ln k}{dT} = \frac{E}{RT^2}$$

对于镁还原四氯化钛的反应，在不同的加料速度下测定的表观活化能见表 5-5。从表 5-5 可见，镁还原四氯化钛的反应表观活化能都大于零，所以温度升高时 k 值增大，即随着反应温度的升高，反应速率迅速增大。

表 5-5　镁还原四氯化钛反应的表观活化能

$TiCl_4$ 加入速度/$cm^3 \cdot min^{-1}$	3	5	10	15
反应表观活化能/$kJ \cdot mol^{-1}$	107.47	65.24	44.96	44.96

镁还原四氯化钛生成海绵钛的反应速率随温度变化情况如图5-3所示。

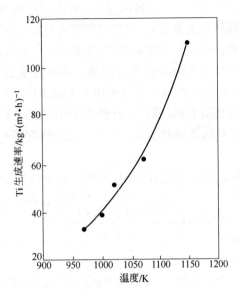

图 5-3 镁热还原四氯化钛生成海绵钛的反应速率随温度变化情况

在化学反应控制步骤内，从反应速率方程式可知：$k = Z\exp\left(-\dfrac{E}{RT}\right)$，即 $\lg k \propto -\dfrac{1}{T}$。它表明反应速率常数随温度的增加呈指数关系迅速增大，所以提高反应温度能使反应速率迅速增加。而且在高温反应过程中，伴随释放的反应热使自加热，产生自加速。

提高反应温度还能明显地改变体系内各组成的性质。当温度高于720℃后，镁和氯化镁均呈液态，流动性良好，且温度越高熔体黏度越小，流动性也越好，扩散阻力也越小，越有利于镁的扩散和氯化镁的迁移，即对还原反应越有利。

单从还原动力学考虑，可以采用高温作业，为兼顾工艺过程反应器的安全性和防止器壁钛铁合金生成，常需控制反应区器壁温度低于 1000℃，熔体温度维持在 800~850℃。

5.1.5.4　传质输送效应

随着反应的进行，反应器内逐渐累积生成产物 $MgCl_2$ 和海绵钛块体（钛晶体的聚集物），它们对传质过程发生运输效应。

还原后期，反应区上部形成了海绵钛桥，此时游离镁已消失，剩余镁已被多孔海绵钛孔隙吸附。由于受毛细管吸附力束缚，使液体镁向上扩散至反应面的速率下降，从而降低了反应速率。而且镁的利用率 F_{Mg} 越高，这种阻滞作用就越大，所以反应后期应阶梯式地降低加料速度，并在 F_{Mg} 达到 65%~75% 时适时地停止加料。

随着还原过程的进行，$MgCl_2$ 的积累越来越多，淹没了许多钛晶体的活性中心，阻滞了还原反应的进行。因此，及时排放多余的 $MgCl_2$，恢复裸露在反应区表面的活性中心，能相应地恢复原有的反应速率。在大型反应器的操作中，每一还原周期必须多次排放 $MgCl_2$。

在还原反应的熔体内，Mg 和 $MgCl_2$ 因不同密度而自然分层。而镁在 $MgCl_2$ 中的溶解度也比较低，排放 $MgCl_2$ 时镁的损失率也不大。在排放 $MgCl_2$ 的过程中又可同时排除部分余热，增大了反应器容积利用率，提高了炉的生产能力。

5.1.5.5　传热效应

目前，还原—蒸馏一体化设备已实现大型化。设备的规模一般为炉产海绵钛 4~12t。此时，反应器直径多数为 1.5~2m（有的超过 2m）。

大型设备在还原中期时，因反应面大，可以提高加料速度，随之可以增大反应速度。因在高温反应过程中伴随着释放的大量反应热，自加热产生自加速。此时，大量的反应热又增大了反应区的温度，还可能继续增大加料速度，达到更大的反应速度。

但是，由于化学热效应很大，太大的还原速度产生反应区大量的热聚积，这些热如果不能及时输送出去，首先会引起反应器器壁超温。过高温度下，钢质反应器会大大降低抗拉强度，这对反应器的安全性能产生威胁。这便是传热效应。此时，对反应而言，能否顺利传热就成控制步骤。

随后，必须迅速有效地排除多余的反应热，方能进一步提高反应速率。在尚未有效排热措施实行前，必须适当控制加热速度以降低反应速度，达到安全生产的目的。

5.1.5.6 反应压力

在镁还原 $TiCl_4$ 过程中，还原速率随 $TiCl_4$ 分压的增加而增大。但实际反应器的空间压力（表压）主要代表氩气的分压，并不是反应物的真正蒸气压力。反应器的总压力 p 为：

$$p = p_{Ar} + p_{TiCl_4} + p_{Mg} + p_{TiCl_3} + p_{TiCl_2}$$

一般情况下，$p_{Ar} = (93\% \sim 98\%)p$，其余都较小，$p_{TiCl_4} \approx 660 \sim 4000 Pa$。在 $TiCl_4$ 加料速度过大的特殊情况下，p_{TiCl_4} 才会急速上升。所以，反应压力（表压）对动力学虽有影响，但影响较小。在正常的加料过程中，反应压力的增高主要是由于反应器空间容积逐渐减少，剩余氩气膨胀而造成的。余氩压力太高，往往会降低反应速度。应适时采取放气操作，排除多余的氩。另外，加料不匀或者料速太大，有单一的反应物过剩变成蒸气也可能使压力增高，此时必须及时调整加料速度。特别是在反应后期，压力增高表明扩散阻力增大，应降低 $TiCl_4$ 加料速度；或者是预加镁量不足，应适时停止加料。

5.2 真空蒸馏原理

5.2.1 真空蒸馏过程和原理

经排放 $MgCl_2$ 操作后的镁还原产物，含钛 55% ~ 60%、镁 25% ~ 30%、$MgCl_2$ 10% ~ 15%，还有少量 $TiCl_3$ 和 $TiCl_2$。常用真空蒸馏法将海绵钛中的镁和 $MgCl_2$ 分离除去。

蒸馏法是利用蒸馏物各组分某些物理特性的差异而进行的分离方法。事实上，镁还原产物中诸成分的沸点差异比较大，相应的挥发性也有很大的差别。在标准状态下，镁的沸点为 1107℃，

$MgCl_2$ 为 1418℃，钛为 3262℃；在常压和 900℃时，镁的平衡蒸气压为 $1.3×10^4Pa$，$MgCl_2$ 为 975Pa，钛为 $1×10^{-8}Pa$。镁和氯化镁的蒸气压随温度变化情况如图 5-4 所示。

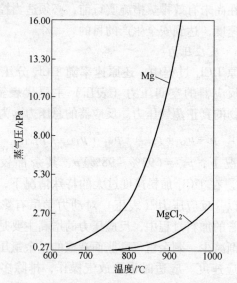

图 5-4　镁与氯化镁的蒸气压随温度变化情况

一些还原产物在同一蒸气压下相应的温度见表 5-6。由此得知，采用蒸馏法精制钛是可以实现的。

表 5-6　一些还原产物在同一蒸气压下相应的温度　　　　（℃）

物质	蒸气压/Pa							熔点
	10	101	1010	10108	25270	50540	101080	
Mg	516	608	725	886	963	1030	1107	651
Ti	2500						3262	1668
$MgCl_2$	677	763	907	1112	1213	1310	1418	714
KCl	704	806	948	1136	1233	1317	1407	775
NaCl	743	850	996	1192	1290	1373	1465	801

在采用常压蒸馏时，$MgCl_2$ 比镁的沸点高，分离 $MgCl_2$ 更困

难些。在这种情况下，蒸馏温度必须达到 $MgCl_2$ 的沸点（1418℃）。可是，在这样高的温度下，海绵钛与铁壁易生成Ti-Fe合金，从而污染产品，同时镁和 $MgCl_2$ 的分离也不易完全。实践中常采用真空蒸馏，此时还原产物各组分的沸点相应下降，镁和 $MgCl_2$ 的挥发速度比常压蒸馏大很多倍，这就可以采用比较低的蒸馏温度。在低的蒸馏温度下还可减少铁壁对海绵钛的污染。如蒸馏操作真空度达 10Pa 时，镁和 $MgCl_2$ 的沸腾温度分别降至 516℃ 和 677℃。

在真空蒸馏的物质迁移过程中，随着真空度的变化，其气体呈现出复杂的流型。按气体流动类型区分，刚开始启动时为湍流；随后很快进入黏滞流（即普通蒸馏）；蒸馏中期为过渡流；蒸馏后期为分子流。

与普通蒸馏不同的是，分子蒸馏只有表面的自由蒸发，没有沸腾现象，它可以在任何温度下进行，因而可以选择较低的作业温度。在理论上这种蒸馏是不可逆的。

在蒸馏工艺中，各蒸馏组分随着气体的不同流动形式而具有不同的分离系数 α。在本工艺 $(Mg+MgCl_2)/Ti$ 的两相三元分离中，由于镁比较容易蒸发，$MgCl_2$ 便成为精制分离的关键组元，所以可简化为 $MgCl_2/Ti$ 二元系的分离。它们在不同流型时的分离系数分别为：

普通蒸馏 $$\alpha_p = \frac{p_1 r_1}{p_2 r_2}$$

理想时 $$\alpha_p \approx \frac{p_1}{p_2} \approx \frac{p_1^0}{p_2^0}$$

分子蒸馏 $$\alpha_m = \alpha_p M_2^{0.5} M_1^{-0.5}$$

过渡蒸馏 $$\alpha_p = \alpha_m Q + \alpha_p (1 - Q)$$

式中　p_i——i 组元的蒸气压，p_i^0 为纯组元 i 的蒸气压；

　　　r_i——活度；

　　　M_i——相对分子质量；

　　　Q——系数。

计算的一些物质的分离系数值见表 5-7。

表 5-7 一些物质的分离系数值

温度/℃	分离组分	α_p	α_m
900	Mg/Ti	1.1×10^9	1.6×10^9
	$MgCl_2$/Ti	1×10^8	7.2×10^7
1000	Mg/Ti	1.1×10^9	1.6×10^9
	$MgCl_2$/Ti	1×10^8	7.2×10^7

从表 5-7 中所列的分离系数值来看，蒸馏组分的分离系数很大，应该易于分离。但事实上蒸馏净制海绵钛比较困难，因为要将残留在海绵钛内部 1%~2% 的 $MgCl_2$ 全部蒸馏除去，要消耗蒸馏周期 80%~90% 的时间。这是因为在高温蒸馏过程中，Mg 和 $MgCl_2$ 均呈液相残留于钛的毛细孔中，由于毛细管的吸附作用，增大了它们向空间的扩散阻力。这些少量的液相残留物便成为缓慢的放气源。只要系统中存在残留液相，系统达到的最高真空度就是液相现有温度下的蒸气压，使得蒸馏中期真空度无法迅速提高。也可以认为，残留在毛细孔中的液相蒸发成气体分子向外迁移时，由于毛细管直径小，气体分子与管壁频频碰撞，降低了汽化蒸发速度。因此，从考察残留液相在毛细管内的蒸气压时不难发现，由于毛细管力 p_σ 的束缚，残留钛坨表面层液相的蒸气压 p_i 低于饱和蒸气压 p_0，增大了内扩散阻力，也降低了蒸馏速率。其中：

$$p_i = p_0 - 2\delta\rho_0 \sin\theta / (r\rho) \tag{5-14}$$

式中　δ——表面张力；

　　　r——毛细管直径；

　　　ρ_0，ρ——分别为 $MgCl_2$ 的气体密度和液体密度；

　　　θ——湿润角。

蒸馏过程按时间顺序分为 3 个阶段，即初期、中期和后期。初期从开始蒸馏到恒温为止，主要脱除各种最易挥发的挥发物，此时蒸馏速度很快。中、后期即恒温阶段至终点，主要脱除钛坨中毛细孔深处残留约 2% 的 $MgCl_2$，此时蒸馏速度较慢。

蒸馏初期主要脱除的挥发分有：$MgCl_2$ 吸水后形成 $MgCl_2 \cdot nH_2O$ 中的结晶水，还原产物中 $TiCl_2$ 和 $TiCl_3$ 分解后产生的 $TiCl_4$ 气体，大部分裸露在海绵钛块外表的 Mg 和 $MgCl_2$。

对于还原—蒸馏间歇作业，在还原结束后于炉体拆卸时，还原产物有可能暴露于大气中，引起 $MgCl_2$ 吸水。为了防止 $MgCl_2$ 所吸附水分进入高温阶段使钛增氧，真空蒸馏必须进行低温脱水作业。脱水作业维持 $200 \sim 400℃$ 达 $2 \sim 4h$。在此期间，$MgCl_2 \cdot nH_2O$ 逐步脱水。但在联合法工艺的情况下，还原产物无暴露大气的机会，无需进行低温脱水。

在真空蒸馏过程中，存在少量的 $TiCl_3$ 和 $TiCl_2$ 发生分解反应：

$$4TiCl_3 \Longrightarrow Ti + 3TiCl_4$$

$$2TiCl_2 \Longrightarrow Ti + TiCl_4$$

$TiCl_4$ 排出蒸馏设备外，生成物粉末钛一部分沉积在真空管道内，另一部分沉积在海绵钛块和爬壁钛上。粉末钛易燃，对蒸馏和取出操作都不利，因此在还原过程中应尽量减少低价氯化钛的生成。

在真空蒸馏初期，Mg 和 $MgCl_2$ 的挥发先从海绵钛坨表面裸露的 Mg 和 $MgCl_2$ 开始，然后再到钛坨内部浅表面粗毛细孔内夹杂的 Mg 和 $MgCl_2$。

还原产物海绵钛在真空蒸馏过程中经受长期的高温烧结逐渐致密化，毛细孔逐渐缩小，树枝状结构消失，最后呈一坨状整块，俗称海绵钛坨。海绵钛坨因自重造成上下方向有收缩力而下陷，使海绵钛坨上部黏壁处断裂落入容器底部。

实测数据可以看出，还原结束时海绵钛毛细孔粗大且疏松，它的整体结构很好，但在长时间的蒸馏高温及自重影响下，海绵钛内部结构不断地收缩挤压，而且蒸馏时间越来越长，其收缩挤压越来越严重，这一物理变化使海绵钛的结构变得致密。还原至蒸馏过程中海绵钛收缩尺寸统计见表 5-8。表 5-8 数据显示，蒸馏恒温时间长，烧结收缩严重。因此，蒸馏恒温时间长短与海绵钛结构致密有密切关系。

表 5-8　还原至蒸馏过程中海绵钛收缩尺寸统计

炉　次	还原结束后海绵钛的 高度/mm	蒸馏结束后海绵钛的 高度/mm	海绵钛收缩高度 /mm
1	2000	1300	700
2	2100	1380	720
3	2150	1450	700
4	2200	1500	700
5	2210	1480	730

5.2.2　真空蒸馏动力学

在真空蒸馏过程中，不同阶段具有不同的气体流型，也具有不同的动力学特点。中、后期的气体流动被认为是分子流。此时，海绵钛坨内部的 $MgCl_2$ 向外迁移和挥发的过程由下列 4 个步骤组成：

（1）$MgCl_2$ 通过海绵钛内部从毛细孔向钛坨外表层迁移，并达到钛坨的表面层；

（2）钛坨表面层的 $MgCl_2$ 脱附并从表面挥发；

（3）$MgCl_2$ 通过气体扩散排出炉外；

（4）$MgCl_2$ 气体在冷凝区冷凝。

一般情况下，第（3）步骤和第（4）步骤不会成为控制环节。当第（2）步骤，即 $MgCl_2$ 的表面挥发成为控制步骤时，有：

$$\frac{dW_A}{dt} = \sqrt{\frac{M_A}{2\pi RT}} \alpha_A \gamma_A p_A x_A \tag{5-15}$$

如果海绵钛坨表面 $MgCl_2$ 残压 p_1 不能忽略时，式（5-15）

应改写成:

$$\frac{\mathrm{d}W_A}{\mathrm{d}t} = \sqrt{\frac{M_A}{2\pi RT}}\alpha_A\gamma_A(p_A - p_1)x_A \tag{5-16}$$

式中 $\dfrac{\mathrm{d}W_A}{\mathrm{d}t}$ ——$MgCl_2$ 的挥发速度;

α_A ——$MgCl_2$ 的凝聚系数;

p_A ——纯 $MgCl_2$ 的饱和蒸气压;

p_1 ——炉内残压,即 $MgCl_2$ 表面蒸气压;

γ_A ——$MgCl_2$ 的活度系数;

x_A ——$MgCl_2$ 在海绵钛中的含量(摩尔分数);

M_A ——$MgCl_2$ 的物质的量。

海绵钛块中镁等元素的挥发速度也可以利用式(5-15)计算。当反应的控制步骤为 $MgCl_2$ 内扩散(即第(1)步骤)时,$MgCl_2$ 在海绵钛坨表层出现表面贫化现象,使式(5-15)产生偏差,此时式(5-15)可写成:

$$\frac{\mathrm{d}W_A}{\mathrm{d}t} = k_A c_{AS} \tag{5-17}$$

式中 k_A ——气相表面挥发系数;

c_{AS} ——海绵钛块表层 $MgCl_2$ 的浓度。

海绵钛块表面液相界面层的 $MgCl_2$ 传质速度由下式表示:

$$\frac{\mathrm{d}W_A}{\mathrm{d}t} = k_d(c_A - c_{AS}) \tag{5-18}$$

式中 c_A ——海绵钛块内部 $MgCl_2$ 浓度;

k_d ——液相边界层传质系数。

达到稳态时,$MgCl_2$ 表面挥发速度和界面层传质速度相等,将式(5-17)和式(5-18)联合消去 c_{AS},再考虑海绵钛块外表面积 A,得到:

$$\frac{\mathrm{d}W_A}{\mathrm{d}t} = \frac{k_A k_d}{k_A + k_d}Ac_A = KAc_A \tag{5-19}$$

进一步导出:

$$W_A = KAc_A t \tag{5-20}$$

式中　W_A——蒸馏出的 $MgCl_2$ 量；

　　　　t——蒸馏时间。

由此可见，真空蒸馏速率无论是表面气相扩散控制或是由海绵钛块内部传质扩散控制，或者混合控制，均和 $MgCl_2$ 浓度成正比，属一级反应。

应该指出的是，上述动力学方程式与实际仍有偏差，只能对真空蒸馏过程做定性的描述。

影响真空蒸馏的因素主要有压力、温度、蒸馏物特性及批量。

5.2.2.1　压力

由式（5-16）可以看出，$\dfrac{dW_A}{dt} \propto (p_A - p_1)$。在设定的蒸馏温度下，$p_A$ 是定值，仅 p_1 是变数。当降低蒸馏压力 p_1 时，可以增大蒸馏速度。从图 5-5 中可见，炉内残压 p_1 越低，$MgCl_2$ 的挥发速度越大。

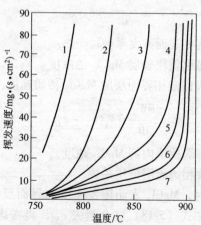

图 5-5　不同压力下 $MgCl_2$ 的挥发速度

1—80Pa；2—133Pa；3—200Pa；4—266Pa；

5—333Pa；6—399Pa；7—466Pa

研究表明：当蒸馏压力 $p_1 \leqslant 0.07\text{Pa}$ 时，蒸馏速率与压力的大小关系不大，再降低蒸馏压力对蒸馏速度的提高影响甚微；当蒸馏压力 $p_1 > 0.07\text{Pa}$ 时，蒸馏速率与压力有关，此时，降低压力能提高蒸馏速率。但为了降低生产成本，取得最佳经济效益，选用炉内蒸馏压力最佳值为 0.07Pa。

5.2.2.2 温度效应

$MgCl_2$ 的饱和蒸气压公式为：

$$\lg p_A = - 0.01/T - 5.03\lg T + 25.53 \qquad (5\text{-}21)$$

由式（5-21）可见，提高蒸馏温度便可迅速提高 $MgCl_2$ 的饱和蒸气压力，必然增大蒸馏速度。因式（5-15）中 $\dfrac{dW_A}{dt} \propto p_A$，从图 5-5 中也可以看出这一规律，所以选用高的温度会提高蒸馏速率。但是，为了防止高温下钛和铁罐壁生成钛铁合金，保证蒸馏罐的强度，蒸馏温度以选用 1000℃ 为宜。

5.2.2.3 蒸馏物特性

从式（5-19）可知，$\dfrac{dW_A}{dt} = KAc_A$，降低海绵钛坨中的 $MgCl_2$ 含量 c_A 和增大蒸馏物的表面积 A，可以增大蒸馏速率。如果还原制取的海绵钛是致密少孔的，那么钛坨中夹杂的 $MgCl_2$ 量少，c_A 小，通过真空蒸馏容易将 $MgCl_2$ 除尽，反之亦然。如果钛坨外表面积大，对提高蒸馏速率自然也是有利的。

由于蒸馏过程属扩散控制，因而蒸馏物的扩散系数 K 对蒸馏速率影响很大。若海绵体内的毛细孔细长而弯曲，且闭孔毛细管多者，扩散阻力大，K 小，蒸馏速率低；反之亦然。另外，蒸馏速率还与海绵钛的热传导有关。一些材料的热导率见表 5-9。从表 5-9 可以看出，在 900℃ 时，$\lambda_{海绵钛} = 0.025\lambda_{铜}$，这说明海绵钛的热导率很低。在分子蒸馏时，由于对流传热消失，海绵钛的热导率还要低。由于钛坨和蒸馏罐壁有一层孔隙，还原有氩气保护，而 $\lambda_{氩} = 1.6 \times 10^{-4}\lambda_{铜}$（$900\text{℃}$ 时），这说明氩气的热导率更低，

表 5-9　一些材料的热导率

项　目	钛	氩	海绵钛	工业钛	铜	镁
λ 编号	λ_1	λ_2	λ_3	λ_4	λ_5	λ_6
$\lambda(20℃)$ /W·(m·K)$^{-1}$	78.4	0.017	5.3	16.3	397	165
$\lambda(900℃)$ /W·(m·K)$^{-1}$	40.0 (800℃)	0.050	8.0	24.5	320	98 (800℃)
λ_i/λ_5（900℃）	0.125	1.6×10^{-4}	0.025	0.077	1	0.31

蒸馏罐从外部加热要通过这层氩气（或 $MgCl_2$ 气氛层），热量的传递是十分困难的。如前述，必须采用高温方能有大的蒸馏速率。在非联合法工艺的情况下，将冷态的钛坨中心升温至恒温温度需要相当时间，增加了无意义的能耗。在联合法工艺的情况下，由于还原后立即进行真空蒸馏，蒸馏物仍处在高温状态，避开了蒸馏物热导率低、加热升温时间长的影响。这也是联合法工艺节能的根本原因。因此，采用联合法工艺可以提高蒸馏速率，减少能耗，缩短生产周期。

5.2.2.4　蒸馏物批量

蒸馏速率还与蒸馏物批量有关。随着批量的增加，只要排气速率足够大，蒸馏时间并不成比例增加，而是稍加延长，即能获得相同的产品质量。所以，设备大型化对提高蒸馏生产率十分明显，也利于节能。

5.3　镁的制备

5.3.1　镁的性质

镁是元素周期表中第三周期 II_A 族（即碱土金属）元素。金属镁不仅密度小，而且具有良好的力学性能，是一种常见的轻金属。

镁的主要物理常数为:

原子序数	12
相对原子质量	24.305
核外电子构型	1s22s2p63s2
原子半径	0.16nm
离子(Mg^{2+})半径	0.074nm
自然同位素(3 个)	^{24}Mg(占 78.6%±0.13%);^{25}Mg(占 10.11%±0.05%);^{26}Mg(占 11.29%±0.008%)
晶格类型	六方密排晶格, $a=0.3203nm$, $c=0.5200nm$
熔点	649℃
熔化热	(8.78±0.4)kJ/mol
沸点	1090℃
汽化热	(127.5±0.6)kJ/mol(1107℃)
升华热	(142.1±0.6)kJ/mol
燃烧热	6013kJ/mol
电阻率	$4.18×10^{-6}Ω·cm(0℃)$
电化当量	0.454g/(A·h)
标准电位	−286V
固态的收缩率	2%(20~651℃)
液态凝固时的收缩率	3.97%
结晶初始温度(最小)	150℃
熔体的表面张力	0.563N/m(681℃);0.502N/m(894℃)
平均线膨胀系数	$25.5×10^{-6}(0~100℃)$
线膨胀系数与温度的关系式	$l_1=l_0(1+24.8×10^{-6}t+0.96×10^{-8}t^2)$

镁的密度、比热容和热导率见表 5-10。

表 5-10　镁的密度、比热容和热导率

项　目	温度/℃							
	20	100	400	500	600	650	700	800
密度/g·cm⁻³	1.745		1.692	1.676	1.622	1.572	1.575	1.555
比热容/J·(g·K)⁻¹	1.020	1.191	1.233	1.250			1.396	1.396
热导率/W·(m·K)⁻¹	164.69	148.89		133.76	131.25		97.33	97.33

蒸气压（Pa）与温度的关系式为：

$$\lg p = (3.27 - 2.95 \times 10^{-3}T - 7.64 \times 10^{3}T^{-1} + 8.74 \times$$
$$10^{-7}T^{2} + 2.5\lg T) \times 133 \quad (570 \sim 924\text{K}) \quad (5\text{-}22\text{a})$$

$$\lg p = (11.61 - 7.61 \times 10^{2}T^{-1} -$$
$$1.021\lg T) \times 133 \quad (924 \sim 1380\text{K}) \quad (5\text{-}22\text{b})$$

式（5-22）镁的蒸气压 p 的计算值见表 5-11。

表 5-11　镁的蒸气压 p 的计算值

温度/℃	327	527	627	727	827	927	1027	1107
镁的蒸气压 p/Pa	0.014	19	220	1158	5293	17941	54184	101080

　　常温下，镁在干燥的空气中具有很好的化学稳定性，这是由于镁表面生成一层氧化膜，防止镁继续氧化。镁在湿空气中，其耐腐蚀性能降低。温度升高，镁的化学活性迅速增加。温度低于350℃时，氧化速度缓慢；高于400℃时，氧化速度加快，并随着温度的增加而迅速增加。镁在接近熔点温度或液态时很易燃烧，用熔剂覆盖可以防止镁发生燃烧。但镁粉的化学活性很强，极易燃烧，并会发出耀眼的白色光焰。

　　温度高于300℃时，镁和氮开始明显的反应，670℃时氮化反应很迅速，生成氮化物。在常温下，镁与煤油、汽油和矿物油不起反应。镁在氢氟酸、铬酸和苛性碱中是稳定的，但被许多矿物酸和有机酸所溶解，镁在盐类（除氟盐外）的水溶液中是不稳定的。

在高温下，镁具有很高的化学活性，能把许多金属氧化物、氮化物、氯化物和氟化物还原成金属。在冶金工业中，镁常用作制取钛、锆、铪、铀、钇等金属的还原剂。

镁还能与铝、锰、锌、钙、硅等金属生成合金。

5.3.2 电解法制取金属镁

金属镁的工业生产方法有 $MgCl_2$ 熔融盐电解法（简称电解法）和 MgO 的热还原法（简称热法）两种。在热法中常采用的是硅热还原法，所用的还原剂为硅或硅铁，其中皮江法炼镁技术在 20 世纪 90 年代已经成熟，因它的工艺流程较简单、投资少、生产规模灵活，我国又具备所需的原料白云石等资源丰富的特点，几乎无公害、耗电量也低（单产吨镁达 $10000kW \cdot h$），使皮江法炼镁获得迅速的发展。目前，中国已成为世界上最大的原镁生产国和出口国。2003 年，中国镁产量达 354kt，占全球产量的 70%。

但是，在热还原生产海绵钛工艺中产出大量的 $MgCl_2$，这些优质的 $MgCl_2$ 必须循环利用，才能形成全流程的封闭。此时，必须采用电解法制取镁（和氯）。所以镁钛联合企业应该采用克劳尔法生产海绵钛。因此，一定要深入研究电解法工艺。而且，在电解过程中要消耗大量的电能。它的耗电量直接影响到海绵钛生产过程的技术指标和生产成本，千万不可轻视镁电解工艺的重要性。

5.3.2.1 电解工艺

自然界镁的储量丰富，含镁矿物主要有菱镁矿（$MgCO_3$）、白云石（$CaCO_3 \cdot MgCO_3$）、光卤石（$MgCl_2 \cdot KCl \cdot 6H_2O$）和水氯镁石（$MgCl_2 \cdot 6H_2O$）等，而海水和某些盐湖则蕴藏着大量的可溶性镁盐（$MgCl_2$ 及 $MgSO_4$）。

电解法生产镁的原料是 $MgCl_2$ 或 $MgCl_2 \cdot 1.5H_2O$，可由 MgO

氯化制得，也可由含结晶水的 $MgCl_2 \cdot nH_2O$ 脱水制得，还可由还原获得副产品产物 $MgCl_2$。

$MgCl_2$（无水）是一种白色晶体，其物理常数为：

相对分子质量　　95.211

熔点　　　　　　714℃

沸点　　　　　　1418℃

分解电压　　　　2.51V（700℃）

电导率　　　　　10.5S/m（729℃）；11.8S/m（800℃）；13.9S/m（909℃）

密度　　　　　　固体20℃时为2.325g/cm³；液体时为

　　　　　　　　1.686g/cm³

　　　　　　　　计算式 $\rho_t = 1.686 - 2.9 \times 10^{-4}(t - 752)$

熔盐黏度　　　　4.12×10^{-3}Pa·s（808℃）

熔盐表面张力　　0.138N/m（熔点）；0.127N/m（800℃）

镁在 $MgCl_2$ 熔盐中的溶解度较小，随温度的升高溶解度略有增加。镁在 $MgCl_2$ 熔盐中的溶解度数值：800℃为0.23%；900℃为0.29%；1000℃为0.32%。当 $MgCl_2$ 熔盐中存在其他碱金属氯化物时，镁的溶解度大为下降。

无水 $MgCl_2$ 易溶于水，在空气中也易潮解。$MgCl_2$ 进行水合反应时，生成 $MgCl_2 \cdot nH_2O$ 水合物。

$MgCl_2 \cdot nH_2O$ 中的 n 所代表的具体数字值既与温度有关，也与水蒸气的分压有关。当逐渐升温时，$MgCl_2 \cdot nH_2O$ 在理论上应按下列转变温度脱水：

$$MgCl_2 \cdot 12H_2O \xrightarrow{-19.4℃} MgCl_2 \cdot 8H_2O \xrightarrow{-3.4℃}$$

$$MgCl_2 \cdot 6H_2O \xrightarrow{117℃} MgCl_2 \cdot 4H_2O \xrightarrow{182℃}$$

$$MgCl_2 \cdot 2H_2O \xrightarrow{240℃} MgCl_2 \cdot H_2O \tag{5-23}$$

实践表明，上述脱水进行至 $MgCl_2 \cdot (2 \sim 1.5)H_2O$ 时，进一步脱除剩余的结晶水变得很困难。在304～544℃温度下则发生下列反应：

$$MgCl_2 + H_2O = MgOHCl + HCl$$

当温度大于550℃时，生成物MgOHCl按下式分解：

$$MgOHCl = MgO + HCl$$

当温度在520~700℃时，$MgCl_2$能与H_2O按下式进行反应：

$$MgCl_2 + H_2O = MgO + 2HCl$$

上述脱水过程进行至$MgCl_2 \cdot 2H_2O$形态时，含水的氯化镁继续脱水的同时发生了水解反应，此时反应为：

$$MgCl_2 \cdot 2H_2O = MgOHCl + HCl + H_2O$$

$$MgCl_2 \cdot H_2O = MgOHCl + HCl$$

因此，$MgCl_2 \cdot nH_2O$在脱水过程中发生水解是不可避免的。为了减少水解反应，通常分两阶段脱水：第一阶段使$MgCl_2 \cdot 6H_2O$或$MgCl_2 \cdot 4H_2O$在空气中加热至200℃，脱水至$MgCl_2 \cdot (1~1.5)H_2O$的形态时为止；第二阶段继续在有HCl的气氛中进行脱去剩余结晶水，制得无水$MgCl_2$。

以MgO为原料制取$MgCl_2$是在竖式电炉中加碳氯化的过程，其主要反应为：

$$MgO + C + Cl_2 = MgCl_2 + CO$$

$$MgO + \frac{1}{2}C + Cl_2 = MgCl_2 + \frac{1}{2}CO_2$$

氯化反应在800℃下进行得很完全。但是，MgO必须配碳后，经粉碎、混料和制成球团料才能加入竖炉中进行氯化作业。生成的$MgCl_2$从竖炉下部放出。

用抬包将$MgCl_2$直接加入电解槽中进行电解。电解槽内电解获得的液镁定期用泵吸取，即为电解产物粗镁。

5.3.2.2 电解槽

镁电解技术不断进步，使电解槽日趋大型化，结构不断完善，有的已实现了密闭和自动化控制。镁电解槽已由最初的300A 发展到 90~250kA，每吨镁的直流电耗也由最初的 35000~40000kW·h 下降到 12800~17000kW·h。

镁电解采用多组分氯盐作电解质。向氯化镁电解质中加入其他组分的目的是要降低熔点和黏度，提高熔体的电导率以及降低 $MgCl_2$ 的挥发度和水解作用等。电解过程的两极反应为：

阴极　　　　　　　　$Mg^{2+} + 2e \longrightarrow Mg$

阳极　　　　　　　　$2Cl^- \longrightarrow Cl_2 + 2e$

阴极产生的液态镁因比电解质的密度小而上浮于表面，阳极产生的氯气则通过氯气罩排出。

镁电解槽按槽型分埃奇型、道屋型和无隔板型 3 种。其中，无隔板槽包括阿尔肯（Alcan）式、苏联式和挪威式等多种类型。本节仅介绍最有代表性的两种。

A　无隔板型电解槽

20 世纪 60 年代以后，无隔板电解槽发展很快。这种槽子的阴阳极之间没有隔板，但设有隔墙把槽腔分成电解室和集镁室两部分，阴极析出的镁汇集到集镁室。无隔板电解槽具有单位槽底产能高、电耗低、密闭性好、氯气浓度高和便于实现大型化、自动化等优点，从而得到越来越广泛的应用。

阿尔肯式电解槽于 1940 年首先在加拿大阿尔肯公司研制，后来在日本使用。它以无水氯化镁为原料，典型的电解质组成（质量分数）为 $MgCl_2$ 18%~23%，$CaCl_2$ 20%~25%，NaCl 55%~58%，MgF_2 2%，于 670~685℃电解。这种电解槽多在钛厂使用，用来电解以镁还原四氯化钛所副产的氯化镁。苏联式无隔板电解槽按阴阳极插入方式及集镁室配置的不同而具有多种形式。电解使用两种原料，熔融的氯化镁和光卤石。挪威新式无隔板槽电流达到250kA，是当代容量最大的镁电解槽。它以粒状无水氯化镁为原料，实现了全流程密闭自动控制。

目前，我国已在生产中应用的有循环集镁型无隔板电解槽和双极性电解槽，同时引进了流水线无隔板连续电解槽。

集镁室沿一侧纵墙配置的单排电极上插阳极无隔板电解槽如图5-6所示。电解槽主要由下列主要部件和零件组成：金属外壳、黏土砖内衬、排氯系统和集镁室盖等。电解槽分两部分：电解室和集镁室。电解室设有阴极和阳极。集镁室收集从电解室随电解质循环带来的金属镁。集镁室和电解室之间用隔板隔开，镁和氯被分离。在循环集镁的无隔板槽中，电解质在电解室和集镁室之间循环流动。随着循环流动，镁从电解室进导镁槽后，在电解质浮力的作用下顺着导镁槽流入集镁室。另外，阴极是双面工作的，是固定的。因此，电解室中没有阴极室和阳极室之分，结构较紧凑。阴极是从纵墙插入槽内的，为框式结构，以增加有效工作面。电解室是全封闭的，加料、出镁、出渣都在集镁室内进行。

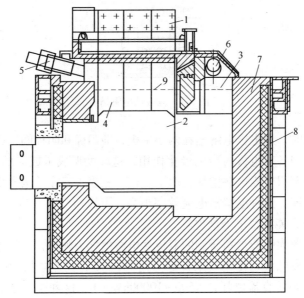

图5-6 集镁室沿一侧纵墙配置的单排电极上插阳极无隔板电解槽
1—阳极；2—阴极；3—集镁室；4—电解室；5—阳极氯气出口；
6—集镁室卫生排气口；7—隔墙；8—槽壳；9—电解质水平

B　双极性电解槽（有的称为多极性电解槽）

双极性电解槽是近年来研制成功的新型电解槽，只在钛生产中使用，以钛生产返回的 $MgCl_2$ 为原料。该槽型由位于电解槽两端的电极供电，即电流从电解槽一端进入，从另一端电极槽出来，中间串联多个双电极。图 5-7 所示的例子中，一座双极性电解槽（配置两个复极）相当于三座单极电极槽。

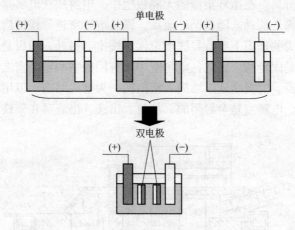

图 5-7　双极性电解槽

此时，双电极电解槽在两端主极，即阳极和阴极间，配置了复极，因各双电极内产生极化作用，这样就形成了成对的电极。如果一座双电极电解槽配置两个复极，相当于三座单极电极槽组合在一起。这种电解槽电流效率很高，可以达 90% ~ 93%，最高达 93%，能大幅度降低电耗。

加拿大铝业公司研制的双极性电解槽称为阿尔肯双极槽，在日本住友钛公司使用效果良好。到 1988 年，在建立的 100kA 双极槽上吨镁直流电耗达 9500 ~ 10000kW·h。这种槽的建设费和生产费低于无隔板电解槽，密闭性能好，几乎无氯气外逸。美国钛金属公司也采用这一技术，建立了 2 台 75kA 的槽，槽电压 25V，吨镁直流电耗为 9300kW·h，达到最佳水平。但是，该工

艺要求 $MgCl_2$ 纯净，这样才能获得高的电流效率。阳极完全为钢阴极包围的双极性电解槽如图5-8所示。

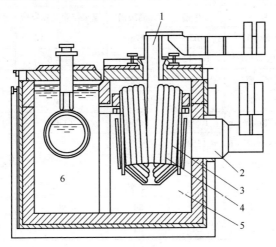

图 5-8 阳极完全为钢阴极包围的双极性电解槽
1—阳极；2—阴极；3—双极性电极；4—极间空间；
5—电解室；6—集镁室

5.3.2.3 技术经济指标比较

各种电解槽的主要技术指标见表5-12。国内外电解镁技术经济指标比较见表5-13。

表 5-12 各种电解槽的主要技术指标

槽 型		电流强度 /kA	电流效率 /%	槽电压 /V	直流电耗 /kW·h·kg⁻¹
埃奇型		150	80~85	5.5~7.0	15~18
道屋型		90	80	6.0	16.5
无隔板型	阿尔肯式	80	90~93	5.7~6.0	14
	苏联式	105~150	78~85	4.6~4.85	12.8~13.5
	挪威式	250	85~90	5	12.8~14

表 5-13　国内外电解镁技术经济指标比较

比较项目	美国、日本	独联体		中国
槽　型	多极槽	无隔板槽	流水作业无隔板槽	无隔板槽
电流强度/kA	165	175	200	110
槽电压/V	10~12	约 5	约 4.6	5.05
日产镁量/t·槽$^{-1}$	3.65	1.525		0.95
电流效率/%	≥80	78~80	>80	>74
吨镁直流电耗/kW·h	10500	13250	13300	14800
吨镁交流电耗/kW·h	1350	550		
吨镁总电耗/kW·h	11850	13800		16000~18000
吨镁氯产量/t	2.9	2.8	2.8	2.75
氯气浓度/%	95	89	89	>70
槽寿命/月	24	24	>30	28

注：表中数据为设计数据。

从表 5-13 中可见，我国镁电解的技术经济指标最差。

实践表明，要提高镁电解工艺的经济指标效果，第一是要选择最佳的电解槽型，经比较，双极性电解槽认为是最佳槽型；第二是电解槽要大型化，选用大的电流强度。日本钛公司的实践表明，由于他们选用了大型的双极性电极槽，因此取得了良好的经济效益。

5.3.2.4　氯气回收

$MgCl_2$ 电解工艺有两种产品，一种是镁，另一种是氯气。两种产品必须都要兼收。因为氯是必须的原料，并应在系统内闭路循环。氯是在镁电极阳极析出并汇集收集的。

目前，我国国内氯气回收率只有 65%~70%。而国外先进的技术指标氯气回收率已达 95%。国内的技术问题是电解槽封闭状况差，在槽压控制不好的状况下，会造成氯气溢出损失和浓度降低。获得的最低氯气浓度只有 70% 左右。随后，氯气液化时又有部分氯气损失。必须对实际技术问题进行改进，提高氯气回收率，增加经济效益，改善车间的作业环境。

5.3.3 镁的精制

电解法（或硅热法）所制得的粗镁含有许多杂质，必须进行精制。

电解镁所含的杂质分为两类。一类是金属杂质，如铁、钾、钙、钠等，铁是由钢设备溶解进入的，而钾、钠、钙主要是电解析出。另一类为非金属杂质，如 $NaCl$、$MgCl_2$、$CaCl_2$、KCl 及 MgO，主要来源于电解质成分；其次是液镁和大气中的氧、氮和水等作用生成的。

硅热法制得的镁不含氯化物杂质，但是由于大气的污染，造成氧和氮含量较高，并含有少量的硅。

精制镁的工业方法主要有两种，即熔剂再熔法和蒸馏法。

熔剂再熔法工艺简单，应用最广泛。所用设备是精炼坩埚炉或连续精炼炉。此法能除去非金属杂质，若以电解镁为原料，精制镁纯度可达到99.9%以上。

添加熔剂的目的在于再熔时防止金属氧化和使液镁中的杂质转变为炉渣，在澄清净化中使镁和杂质分离。熔剂一般用碱金属和碱土金属氯化物的混合物。添加 $MgCl_2$ 是由于它能和杂质 MgO 生成化合物，并能吸收氮化物和其他非金属杂质，沉积于坩埚底部。添加 KCl 是为了降低熔剂的熔点并提高它的表面张力。$CaCl_2$ 和 $BaCl_2$ 是增重剂，而 MgO 和 CaF_2（或硼酸）是为了增加熔剂的黏度，使其稠化并生成结实的壳皮。常用的精炼熔剂成分见表5-14。

表5-14 常用的精炼熔剂成分（质量分数） （%）

熔剂名称	$MgCl_2$	KCl	NaCl	$CaCl_2$	$BaCl_2$	MgO
钙熔剂	38±3	37±3	8±3	8±3	9±3	≤2
精炼熔剂	（90~94）钙熔剂+（6~10）CaF_2					
撒粉熔剂	（70~80）钙熔剂+（20~25）硫黄粉（粒度不超过0.4mm）					

精炼熔剂用量约 15～17kg/t（Mg），机械搅拌 5～10min，然后取出搅拌器。镁精炼坩埚如图 5-9 所示。待澄清 20～30min 后，液镁浮至液面上，再撒一层撒粉熔剂，用量约 300～350g/t，便可防止镁的燃烧。温度达 700～720℃时，用抬包从坩埚中析出的液镁便是工业精制镁。

工业一级镁的成分见表 5-15。还原剂用镁必须达到工业一级镁（即 $w(Mg) \geqslant 99.95\%$）标准。

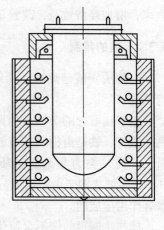

图 5-9　镁精炼坩埚

表 5-15　工业一级镁的成分（质量分数）　　　　（%）

品号	Mg/%	杂质/%					
		Fe	Si	Cu	Al	Cl	杂质总计
Mg-1	≥99.95	≤0.02	≤0.01	≤0.005	≤0.01	≤0.003	≤0.05

5.3.4　液镁输送

镁钛联合企业常采用加液体镁的还原工艺，这种工艺可节省热能、缩短还原周期和提高生产率。但液镁的活性大，输送比较困难，必须采用专用设备，以防止镁被大气污染。

为了从精炼坩埚中取出镁，并运输和加入还原设备中，可以采用联动的真空抬包，其结构如图 5-10 所示。往还原罐注液镁的装置如图 5-11 所示。先将真空抬包预热至 750～790℃，充入氩气，安装在车架上，再抽成一定的真空度，从精炼坩埚中汲取液镁，充氩至正压，计量后送至还原车间，在还原罐上用注液镁装置通过罐盖上的加镁管道将液镁加入，注镁时需不断通入氩气，使还原罐处于正压，以减少镁的污染。

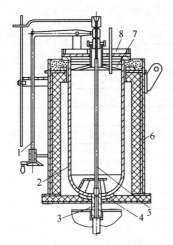

图 5-10 带注镁管的真空抬包
1—闭锁机构；2—坩埚；3—放流管；4—闭锁端头；
5—连杆；6—炉衬；7—隔热板；8—坩埚盖

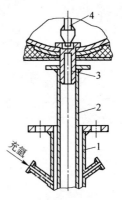

图 5-11 注液镁装置
1—加镁管；2—注镁管；
3—放流管；4—连杆

5.4 镁还原设备

5.4.1 工艺流程

大型的钛冶金企业都为镁钛联合企业，多数厂家采用还原—蒸馏一体化工艺，它实现了原料 $Mg-Cl_2-MgCl_2$ 的闭路循环。它们的原则流程大体相同，如图 5-12 所示。

还原反应器（也作蒸馏器用）经所谓"过渡段"与冷凝器连接。它们可在还原之前连接好，或者还原完成后不需冷却趁热连接；在蒸馏时，冷凝了镁和氯化镁的冷凝器便用作下炉次的还原反应器。按还原反应器（蒸馏器）与冷凝器连接时间不同，又分为"联合法"和"半联合法"，在还原之前就将两者连接的称为联合法，在还原完全之后才将两者连接的称为半联合法。一般来讲，I 形炉是在还原完成之后才将还原反应器（蒸馏器）与冷凝器连接；而倒 U 形炉既可在还原之前连接也可在还原之后

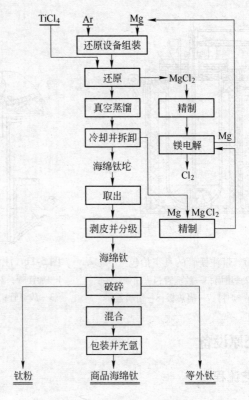

图 5-12　镁还原工艺流程

连接。从提高设备的利用率考虑，还原之后才将还原反应器（蒸馏器）与冷凝器连接是比较合理的。因此，本书将上述联合法和半联合法统称为联合法。

目前，联合法有两种不同的工艺，即所谓倒 U 形联合法和 I 形联合法。倒 U 形联合法又称为并联法，日本和美国采用这种方法。I 形联合法又称为串联法，独联体国家应用这种方法。我国上述两种方法都在应用。

独联体国家海绵钛厂是应用炉产 4t 大的 I 形炉，我国有炉产 2t、3t 和 4t 的 I 形炉。乌克兰已研究成功炉产 7.5t 的 I 形炉联合法工艺。我国的 I 形联合法与独联体的工艺稍有不同。独联体国家使用的还原反应器是下排氯化镁结构，我国是采用上排氯化镁。日本和美国海绵钛厂主要采用炉产 10t 的倒 U 形联合炉，也有 5t、7t 炉；我国现有炉产 5t、8t、10t 和 12t 的倒 U 形联合炉。

上述两种联合法工艺各有优缺点，但目前仍有争论。两种工艺的先进性都有充分的理论依据和工程实践给予支持，并且各自形成了比较完善的工业化生产体系。但事实上，倒 U 形装置更有利于设备的大型化。

I 形工艺是联合法发明时早期成功应用的装置，它最大的关键点是设计了紧凑、多功能的过渡段，既实现了还原反应器与冷凝器的机械连接，又有效、顺畅地结合了还原—蒸馏的工艺过程。因此，过渡段是联合法制钛的关键部位。过渡段集中体现了联合法制钛工艺省时、省力、节能、提高产品质量等技术进步的精髓。

倒 U 形装置是设备大型化过程中，I 形装置受厂房标高、吊车吨位、冷凝物负荷极限等因素制约而转型为倒 U 形结构的。其实质在于，不仅设备上使 I 形紧凑的过渡段变形成相对较长的过道，而且蒸馏期蒸馏物的传输方向、路线长度、蓄热量维持等工艺发生了较大的变化。与 I 形装置相比，倒 U 形工艺的关键点在于，如何在结构上保证过道在蒸馏期不发生冷凝物堵塞，并尽可能节能、省力。

显然，联合法 I 形和倒 U 形的设备、工艺参数本质上没有太大区别，并且都强有力地推动着海绵钛生产的技术进步。具体采用哪种工艺形式，很大程度上与投资者、设计者的主观判断和偏爱有关。

5.4.2 还原—蒸馏设备

图 5-13 所示为倒 U 形联合法系统设备示意图。

图 5-14 所示为一苏式半联合设备，其冷凝罐倒置在还原罐上，中间用带镁塞的"过渡段"联结。我国的 I 形设备和其结构

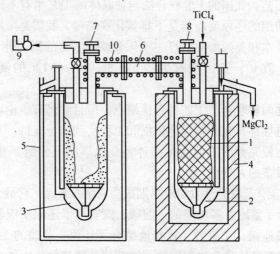

图 5-13　倒 U 形联合法系统设备示意图
1—还原产物；2—还原—蒸馏罐；3—冷凝器；4—加热炉；5—冷却器；
6—联结管；7，8—阀门；9—真空机组；10—通道加热器

大致相同，仅放氯化镁管道的结构位置略有差异。

还原—蒸馏一体化工艺属循环作业，还原罐与蒸馏罐尺寸相同，可以互换交替使用。联合设备构造的诀窍在管道联结处或"过渡段"上，对此各厂家有所不同，但其余部分大体均相同，主要包括还原反应器、电加热炉、$TiCl_4$ 高位槽、液体镁加料抬包和自动控制机构等。

5.4.2.1　还原反应器（还原—蒸馏罐）

竖式电阻炉采用竖式圆筒形反应器，还原罐由罐体和罐盖两部分组成。

罐体为底部半弧形的圆筒形坩埚。罐体和罐盖间用真空橡皮圈密封，为防止橡胶圈烧坏，需采用冷却水套保护。

罐盖上除有 $MgCl_2$ 排放管、$TiCl_4$ 和镁加料管、排气管和充氩管外，罐盖上还有用于保温的隔热板（称为保温套）。为了防止罐壁局部超温和钛坨形状不正，$TiCl_4$ 加料管必须安装在罐盖

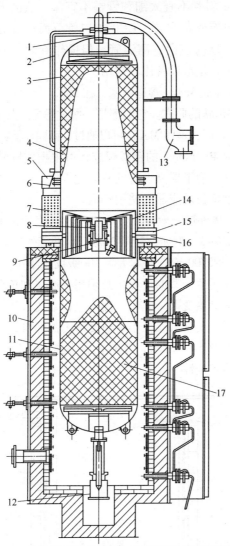

图 5-14 带循环蒸馏釜和镁加料装置的真空蒸馏设备

1—真空系统管接头；2—喷淋器；3—上蒸馏釜(循环使用的)—冷凝器；
4—冷凝物；5—水收集器；6—密封环；7—保温层；8—连接管；9—金属
镁假底(镁盲板)；10—电炉；11—下蒸馏釜；12—假低(焊杯)；
13—真空管道；14—隔热屏；15，16—釜盖；17—反应物

中心。$TiCl_4$ 加料管不宜太细和管端不宜深入热区太深，以免堵塞。为了使料液分布均匀，$TiCl_4$ 加料管下面可设分布板。如果采用内测温，罐内还设有测温管，但操作麻烦；如果采用外测温，操作方便，定形设备比较常用。

为了防止排放 $MgCl_2$ 管道堵塞，在 $MgCl_2$ 管道口处一般需配用马蹄罩或各种形状的假底。它们都是一些过滤器，其上面有许多小孔。排放 $MgCl_2$ 时，液体 $MgCl_2$ 可以通过，而固体钛粒被截留下来。

罐壁常用 40~60mm 的钢板焊成，可根据实际情况选用耐热钢或不锈钢材。为了提高设备的抗氧化性能，可采取外壁渗铝等防护措施，以延长反应器的使用寿命。

反应器罐体外形一般以高度与直径比来表示，大型反应器罐的比值约为 1.5~2。例如，某厂 2t 级反应器罐外形（直径 $\phi \times$ 高度 h）为 1400mm×2700mm。日本大阪 10t 级反应器外径已达 2m。

反应器在还原—蒸馏过程中必须耐受高温和负压的考验，反应器壁局部承受热变形，此时，支力点在器盖大法兰处。为了保证大法兰密封处安全可靠，不受热变形力的影响，设计了双法兰式反应器，如图 5-15 所示。此时，着力点在下法兰处，这样增强了反应器的安全性。

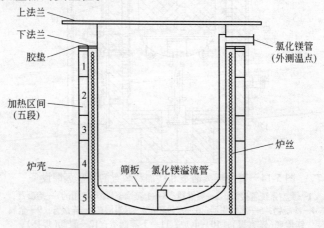

图 5-15　双法兰式还原反应器示意图

5.4.2.2 氯化镁排放装置

氯化镁排放装置有两种方式,即下排氯化镁反应器(见图 5-16)和上排氯化镁反应器(见图 5-17)。

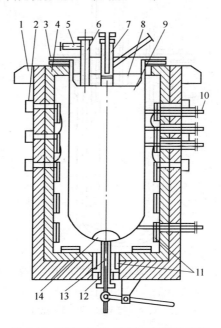

图 5-16 下排 MgCl$_2$ 型还原装置示意图

1—炉子支架;2—空气进出集风管;3—大盖;4—炉衬;5—抽真空和充氩管;6—加熔体镁管;7—TiCl$_4$ 加料管;8—遮热板;9—还原罐;10—热电偶;11—电热元件;12—炉壳;13—连接杆;14—假底

独联体的海绵钛厂采用下排氯化镁反应器。在还原完成之后将反应器用天车从还原炉中吊出来,对反应器下部的排氯化镁管进行处理,放空氯化镁,经组装冷凝器后再吊入到蒸馏炉中进行真空蒸馏。还原和蒸馏分别在两个不同的加热炉中进行。

我国海绵钛厂采用上排氯化镁反应器。在还原完成之后不从炉中吊出,原地让反应器冷却到 700℃ 左右,在反应器正压条件下从反应器盖上拆除四氯化钛加料管,并迅速将一片易熔金属片

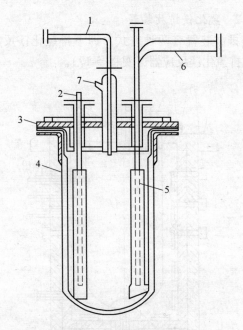

图 5-17　上排 $MgCl_2$ 不带内坩埚型还原反应器

1—$TiCl_4$ 加料管；2—测温管；3—大盖；4—反应器；

5—马蹄罩；6—排 $MgCl_2$ 管；7—充氩管

（镁片或铝片）盖住加料管入口，再经组装冷凝器后进行真空蒸馏。还原和蒸馏在同一加热炉内进行。

　　两种排放氯化镁的方法各有优缺点。下排式是早期镁还原工艺采用的方式，我国一直采用上排式工艺。上排氯化镁的方法，还原和蒸馏在同一炉内进行，不需吊出反应器，组装冷凝器操作较简单。

　　5.4.2.3　还原加热炉

　　还原加热炉按加热源分为气体或液体燃料加热炉和电加热炉两种。气体燃料加热炉可参考钠还原加热炉。电加热炉由炉壳、炉衬和电热体三部分组成，中间为放置还原反应器的炉膛。炉壳一般采用钢结构，作为加固炉衬用。炉衬由耐火砖和保温材料两层组成，按炉膛最高温度约 1000℃，炉壳表温要求达到 40 ~

60℃，需采用耐火砖厚 115mm，保温材料厚 250mm。电热体为镍铬电阻丝，安装在炉膛内托盘砖上，一般由 3~4 组炉丝组成，以便还原时按不同部位需要送电加热。炉产 2t 海绵钛的电加热功率约为 200kW。

还原加料时，为了及时排除余热以提高加料速度，炉体上部可以安装排风装置。

5.4.2.4 过渡段

过渡段是实现还原—蒸馏一体化的关键部件。在还原过程中，过渡段将还原反应器与冷凝器分开；在蒸馏过程中，过渡段使两者沟通，即从整流器蒸出的镁和氯化镁蒸气，必须通过过渡段进入冷凝器冷凝为固体。因此，过渡段必须维持高温（850~900℃），使镁和氯化镁蒸气在真空作用下顺利通过过渡段，而不能让它们冷凝在过渡段，否则过渡段会发生堵塞。

过渡段包括连接管道、阀门和加热装置。目前，我国采用管道外部电加热方式，容易出现堵塞现象。据介绍，国外采用管道内外同时加热方式，可以彻底避免过渡段出现堵塞现象。管道如何实现内加热是值得研究的问题。

过渡段因形式不同而异，其结构需要精心的设计，一个结构合理的过渡段是保证联合法工艺顺利实现的前提。过渡段的结构需要在生产过程中不断改进、不断完善。

5.4.2.5 蒸馏器和蒸馏冷凝套筒

蒸馏器和还原器相同，可以通用，便于设计和加工。但为了蒸馏排出的 Mg 和 $MgCl_2$ 能够经精制后再使用，需要设计蒸馏冷凝套筒，套筒壁厚约 15~20mm。套筒放置在蒸馏器内，当蒸馏完毕，将套筒直接运往电解车间，经过精制处理，再返回电解槽内使用。

5.4.2.6 蒸馏炉

蒸馏炉的外形尺寸和还原炉相似，但必然会用电加热炉。炉型结构和要求也和还原炉（电加热炉）基本相同，炉膛最高温度 1000℃，炉壳温度要求达 40~60℃。电功率按需要独立设计。

与蒸馏炉不同之处是，还原炉需要有冷却带，即安装排风装置，蒸馏炉不需要；相反，蒸馏炉必须安装真空系统，它的原因是为了适用于蒸馏。炉壳必须密封，并能使炉膛达到低真空状态，降低蒸馏罐的外压力，防止其热变形。

5.4.2.7　自动控制机构

自动控制机构包括 $TiCl_4$ 加料控制、温度控制、压力控制、排放 $MgCl_2$ 控制等机构，理想的是应用计算机程控。

5.4.2.8　还原设备放大

镁还原设备放大必须兼顾还原、蒸馏和产品取出三方面。因为蒸馏物热传导限制了传统工艺设备的大型化，当改用联合法设备后，它放大的关键因素转化为设备的强度。因此，用简单的几何相似结合实际经验数据即可达到放大的目的。此时，要求反应器强度能足以耐长时间高温（1000℃）。经实践表明，设备的放大较易实现。

目前，联合法设备的形式大多采用直立式电炉。它的罐体内装有物料，加上自重，如大型反应器（10t/炉）相当笨重，单靠法兰悬挂支撑其整体质量，罐体上部反应区成为最薄弱处，受到的拉伸应力最大，平均温度也最高。同时，罐体不可避免地要产生热变形和不断伸长。由于应力比较集中，在设计罐体时要求有大的安全系数。

超大型还原设备的最佳方式可采用类似美国奥勒冈冶金公司使用的卧式反应器。该反应器的炉壳为隧道窑式结构，新式反应器构造可用 H 形，即一只使用的还原—蒸馏罐和另一只备用的冷凝罐，中间用通道联结。反应罐置于底盘支架上，靠轨道移动。由于底盘支撑面大，应力不集中，设备的结构比较合理，强度大，设计的安全系数可以小些。

因卧式反应器长，为了提高还原时温度的均匀性和沉积海绵钛结构的均匀性，常采用多点（$TiCl_4$）加料。

卧式反应器的供热最好使用气体或液体燃料。

联合法设备因炉膛加热区恒温时间长，宜采用多点外测温的方法进行温度控制。这种温度控制的方法尤其适用于大型炉体。由于取消了内测温，简化了反应器的结构，操作更为方便。

5.4.3 真空设备

克劳尔法制钛是一个高耗能的真空冶金过程，因而需要选用适宜的真空设备和其他构件组成的真空系统。

还原—蒸馏工艺应按工艺要求选用适宜的真空设备：

(1) 还原反应器和蒸馏设备预抽，极限真空度需达 1Pa，可采用精度较高的机械泵。

(2) 在还原和蒸馏初期的低温脱水操作中，为了避免 HCl 气体对泵体的腐蚀，应配置低真空泵，以供低温脱水单独使用，其极限真空度需达 60Pa，可采用水环泵。

(3) 真空蒸馏时，炉壳真空度仅要求低于 10^4Pa，可采用一般低真空度的机械泵。

(4) 真空蒸馏时，蒸馏设备的极限真空度需低于 0.07Pa，可供选用的真空设备组合方案有两种：机械泵+油增压泵；机械泵+油增压泵+扩散泵。同时，管路中应设置过滤器来捕集抽空带出来的固体粒子，以减少泵体的磨损和对泵油的污染，延长设备的使用寿命。

实践表明，该真空系统主泵宜选用油增压泵，而不宜使用机械增压泵。该系统配置方案举例如图 5-18 所示。

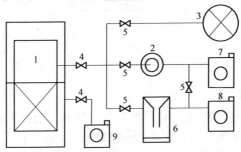

图 5-18 还原—蒸馏炉真空系统配置方案举例

1—蒸馏炉；2—过滤器；3—水环泵；4，5—阀；

6—油增压泵；7，8—机械泵；9—机械泵（粗泵）

5.4.4　成品处理设备

　　由于海绵钛块的韧性很好，破碎很困难，很难用几种简单的机械组合完成产品处理。海绵钛取出、破碎和分级工艺流程如图5-19所示。成品处理设备流程举例如图5-20所示。图5-20所示的成品处理设备流程选用的机械台数较多，比较庞杂。

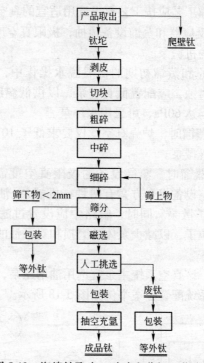

图 5-19　海绵钛取出、破碎和分级工艺流程

5.4.4.1　取出机械

　　海绵钛坨的取出机械大多为专用机械，由通用机械改造而成。通常可采用专用车床或冲压机取出。如带筛板反应器内的钛坨，可选用150t级卧式油压机顶出。从反应器取出的钛坨实物照片如图5-21所示。卧式压机顶取海绵钛坨并削边皮的示意图如图5-22所示。

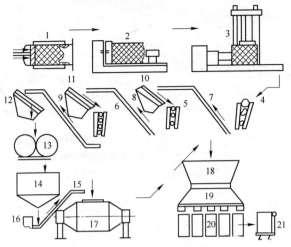

图 5-20 成品处理设备流程举例

1—顶出机；2—削皮机；3—钛坨切割机；4~6—颚式破碎机；
7~9，15—皮带运输机；10~12—振动筛；13—对辊破碎机；
14—料仓；16—磁选机；17—混料机；18—取样机；
19—分配器；20—料桶；21—称量计

图 5-21 日本大阪直径 2m 的 10t 海绵钛坨图

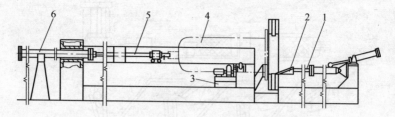

图 5-22 卧式压机顶取海绵钛坨并削边皮的示意图
1—象鼻；2—气动车刀；3—支撑蒸馏罐的轴承座；
4—蒸馏罐；5—护板；6—汽缸

铲除钛坨外层的黏壁钛的削片机是专用车床，可用普通车床改造而成，如图 5-23 所示。

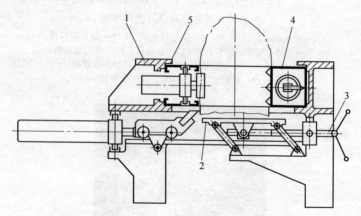

图 5-23 用切削法加工处理海绵钛坨底部的设备
1—机架；2—台面；3—螺杆；4—框架；5—定向座

5.4.4.2 破碎机械

常用粗碎、中碎和细碎三种破碎机械组成的破碎机械组合。

粗碎常用专用立式油压机切割。油压机由主缸、副缸和顶出缸三部分组成（见图 5-24）。主缸装有刀具，作切割用；副缸按住钛坨；顶出缸向工作台方向水平推动钛坨。采用程序控制协调动作，将钛坨切割成块状。

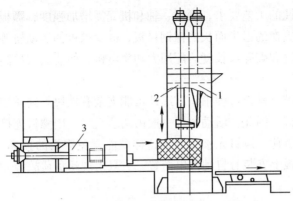

图 5-24 油压机切割钛块工作示意图
1—主缸；2—副缸；3—顶出缸

油压机的压力为 500t，实际使用为 200t。用工具钢刀具，呈双十字形，主刀背面为平面，正面为斜面，角度约 16°~200°。两具副刀与主刀形成双十字形，它具有将海绵钛块切下后立即再切成三块和加固主刀的功能。如果采用不带副刀的主刀切割，需要重复切割几次。

中碎常采用 3~6 台颚式破碎机进行破碎。这种设备外形如图 5-25 所示。目前，我国的标准产品强度都不够，为了适应破

图 5-25 颚式破碎机外形

碎海绵钛的工艺要求，颚板、轴和机壳需增加强度，颚板上最好采用可更换的齿尖而长的锰钢衬板，改变颚板的运动轨迹，加大齿板斜度和破碎口长度，配用大功率电机，便能大大提高破碎机的强度。

在破碎操作过程中，海绵钛可能夹杂有铁块等硬质物料，会损坏颚板。因此，活动颚板一般由两块组成，用螺钉连接，一旦出现大负荷，螺钉先被剪断，这样就能避免颚板的损坏。此外，还在颚板上安装有自动停电装置，一旦出现超负荷故障立即自动停电。

颚式破碎机进料口规格，第一级应大一些，如 760mm×460mm，第二级以后的规格可以稍小，如 600mm×300mm 和 500mm×230mm 等。

细碎采用齿辊式破碎机破碎。常采用的（双辊）齿辊式破碎机有一对平行的轧辊，它们相对转动，物料在冲击力和挤压力下破碎。主动轧辊快，被动轧辊慢。并在轧辊上安装带齿，有劈裂作用。将海绵钛块投入轧辊上，海绵钛块受摩擦力作用被拉入辊间，受挤压和劈裂作用将其破碎。

齿辊式破碎机结构简单，工作可靠，但生产效率低，轧辊易磨损。辊式破碎机外形如图 5-26 所示。在实践中，必须不断创

轧辊

图 5-26　辊式破碎机外形

新，逐渐改进设备，选用合理的效率高的破碎机械。

每台破碎机的进料和出料都用运输机输送，破碎后加筛分装置，粗料返回重新破碎。

运输机械可以采用折皱式输送机或改进后的皮带输送机；筛分装置可以采用振动筛（根据需要分别安装单层筛和双层筛）。

5.4.4.3 混合及分配设备

破碎好的海绵钛块因质量不均匀，给产品的取样分析和熔铸加工带来困难。所以必须进行混合操作，使产品质量混合均匀。由于产品质量与其粒度直接有关，因此，要求混合后的海绵钛具有均匀的粒度分布。

混合操作时，随着时间的延长，产品逐渐达到均匀。但这种均匀性不总是理想的，往往需要通过试验找到最佳混合工艺条件。

一般而言，混合效率可由考查混合后的样品和原样的特征值（如所含的化学元素和粒度等）的差异而得到。实验表明，混合效率的变化取决于混合器的旋转速度和进料比（进料体积占混合器总容积的百分比）。为了获得均匀性产品混合效率的最佳条件，可从试验性混合器（见图5-27）得到的实验性数据，应用修正的弗劳德数（Fr'）进行相似计算，便可得出外形和实验性混合器相似的工业混合器的最佳条件。

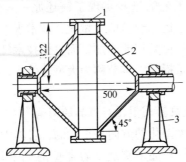

图 5-27 实验性双圆锥混合器

1—进出料口；2—混合器；3—支架

如一种双圆锥式工业混合器是一种双圆锥筒形容器设备，用钛板或不锈钢板作内衬，设有两个加料卸料口，由电机带动使之旋转，经相似计算得到的最佳值见表 5-16。

表 5-16　相似计算得到的最佳值

进料比/%	物料量/t	粒度/mm	最佳转速/r·min⁻¹
40	2	0.5~12.7	15
60	2.5	0.5~12.7	20
70	3	0.5~12.7	23

除此之外，还有其他类型的混合器，如圆锥式混合器。对于这些混合设备，也必须找出其实验性混合器的实验数据，然后再进行相似计算，得到最佳条件值。

分配器是将大批量已混合好的海绵钛在此均布，提高它们的宏观均匀性。分配器作业时的外观如图 5-28 所示。

分配器是将混合均匀的海绵钛均匀装桶的设备。常用的是旋转式分配器，在其下面有 10 只固定的加料管，加料管下放置 10 只包装桶。分配器旋转过程中，将海绵钛均匀地加入包装桶中。

5.4.5　设备大型化效应

目前，镁法工艺的进步实现了镁还原—蒸馏设备一体化工艺，随后又完成了还原设备的大型化，技术水平日趋成熟。技术工艺的进步，不仅使炉产能增加，而且使技术经济指标先进，成本下降，产品质量提高。本节称为大型化效应，但同时又出现了一些新问题。

5.4.5.1　反应器大型化对产品的影响

还原反应器大型化的方向是正确的，日本大阪钛公司的生产实践表明，随着炉产能的提高，容器壁的 Fe、Ni、Cr 等杂质的混入比例降低，容壁外气体杂质 O_2、N_2 的混入减少，因而产品质量随之提高（见表 5-17）。但随着反应器产能的增加，蒸馏

(a)

(b)

图 5-28 海绵钛分配入包装桶
(a) 钢密封桶；(b) 铝合金桶

时间也随着延长，海绵钛处于高温时间延长，海绵钛坨收缩率增加，导致产品致密化。且因散热问题限制了反应器的直径，提高炉产能单靠增加反应器的长度受到限制，因此，炉产能 5~10t 都是可以选用的，可根据生产规模进行选择。日本大阪钛公司炉产 10t 的反应器直径 2m，其海绵钛实际产品规格见表 5-17。

表 5-17　海绵钛产品质量与炉产能的关系　　　　（%）

性　能		炉产量/t			
		2	5	7	10
硬　度	BHN<80	0	2	2	5
	BHN80~85	7	14	19	26
	BHN86~90	20	30	33	45
氧含量 （质量分数）	<0.020%	1	3	4	6
	<0.025%	6	17	30	35
	<0.030%	20	37	50	55
铁含量 （质量分数）	<0.020%	0	1	2	5
	<0.025%	2	3	5	30
	<0.030%	3	10	15	35

5.4.5.2　大型设备的使用寿命

设备大型化后，如每炉次产海绵钛 10t，设备自重和还原产物的质量大，负荷可观，在长周期高温过程中，必须重视设备的安全性。一旦设备出现异常现象，设备泄漏，将损失大量的海绵钛，这部分经济价值必须考虑，而且安全是第一的。

生产过程必须考虑和确定设备的使用寿命，它直接涉及海绵钛的生产成本。因为每只反应器价格不菲，它的使用寿命与反应器的质量有关。所以，优质的反应器是保证海绵钛的质量和降低生产成本的前提。目前，我国反应器寿命较短，应向国外同行学习，学习他们提高反应器质量的经验。国外一些公司钛业反应器的大小和材质、使用寿命比较见表 5-18。

表 5-18　国外一些公司钛业反应器的大小和材质、使用寿命比较

公司名称	炉　形	反应器大小 /mm×mm	反应器材质	使用寿命/次
乌克兰 ZAPOROZHVE	3t I 形	φ1500×3000	不锈钢	30
俄罗斯 AVISMA	3t I 形	φ1500×3000	不锈钢	30
日本东邦钛	2.5t 倒 U 形	φ1260×3700	不锈钢	120
	5t 倒 U 形	φ1500×4500	不锈钢	
日本住友钛	5t 倒 U 形	φ1500×4500	不锈钢	80
	10t 倒 U 形	φ2000×5500	不锈钢	80

要使反应器优质而且价廉，最佳方案必须是器壁使用复合材。如图 5-29 所示，器壁基体 2 采用普通钢；器壁外包裹一薄层不锈钢 3，避免基体钢高温时发生氧化；器壁包裹材结构内衬 1 是一薄层钛板（1~2mm 即可），免除海绵钛被铁污染的可能，提高海绵钛的品级率。

5.4.5.3　加料器的改进

$TiCl_4$ 加料器是加入 $TiCl_4$ 于反应器中的。由于反应热特别大，$TiCl_4$ 加料管在徐徐加料过程中又控制了反应速度，同时也控制了反应热在适当的条件下散发。此时，要防止盲目迅速加料，以免反应热过多，如失控会发生安全隐患。

在小型反应器时，常常是一根加料管，反应过程比较容易控制。但是，在大型反应器（如 10t/炉）里，仍然依照原样机械复制时，就会出现异常现象。这是因为大型反应器仅是一根加料管加料，因为加料量很大，反应热很多，反应器中

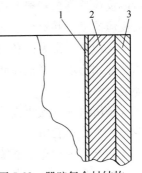

图 5-29　器壁复合材结构
1—内衬钛板；2—普通钢；
3—不锈钢

心部位是高温区，尽管反应热向器壁和器下部传热，但海绵钛的传热系数低下，造成大量的热无法及时传出，使器中心反应区局部超温，可能达到或者接近钛的熔点，使反应生成的钛坨中心部位很致密。同时，随着设备大型化，钛坨中心部位获得的海绵钛优质品率高。这种钛坨中心的海绵钛软而韧性好，布氏硬度低，品质优良。但是，这种产品在后处理工艺中破碎十分困难。为了降低高温区的温度，并进一步增加反应速度，必须改进加料管的结构。即将加料管（一点加料）改进成一加料器，实行多点加料。

使用加料器后，因多点加料，使反应中心由一点变成多点。这样使反应温度高温区变成反应器上部熔池表面一大面积，相应可以降低中心部位的温度，也有利于反应热向四周扩散传热。

加料器类似是只喷水的喷头，它是精细零件，需要将各加料管间距离、角度均布，为了避免反应速度因布点不均产生钛坨生长有偏移。因此，建议加工完后，安装前应进行用水模拟实验，合格后才安装。

5.4.5.4　反应热回收利用

随着设备大型化，大大增加了还原反应速度。与此同时，大量的反应热逐渐积聚。这些反应热必须及时排出，方能进一步加大反应速度，并保证设备的安全运转。

反应热量很大，必须考虑回收利用。回收热可供企业或居民的生活用热水，而且降低了车间的环境温度，改善了工人的操作环境。

排出余热方式可能有风冷和水冷两种。风冷的效果不如水冷。但水冷只能用水套某些部位间接冷却。同时，为了保证水冷水套的安全，冷却水系统应早开启，并且要避免高温直接水冷，因为瞬间会出现大压力故障。

可能设计冷却水的部位有大盖上和炉壁顶部，风冷的部位在还原器外壁上部处。

5.5 镁还原工艺

5.5.1 设备和原料的准备

设备和原料准备主要有4个方面:

(1) 还原反应器必须预先清理干净,内壁残留有 $MgCl_2$ 或有铁锈时需经酸洗、水洗并干燥后才能使用。特别是新还原反应器或新内坩埚,为了减少铁壁污染产品,除将其清理干净外,内壁还应经渗钛处理。操作过程为:用钛粉和水调和,涂于罐体内壁,吹干后抽空充氩,升温至900℃恒温6h。

(2) 若采用固体镁锭,如外表有氧化层或防氧化涂层,必须加以去除。除去方法可用稀盐酸洗涤,水洗再经干燥。

(3) 蒸馏设备达到的预抽真空度要求较高,真空度应达到5Pa,每10min的失真空度小于3Pa为合格标准;还原设备预抽真空度要求达40~65Pa,每10min的失真空度要求小于3Pa。

(4) 还原反应器或蒸馏釜在接近使用寿命时,为了安全生产,使用前需打压检漏,检查合格后方能使用。

5.5.2 镁还原工艺条件的选择

5.5.2.1 反应温度

反应温度一般控制在750~1000℃,控制的较适宜温度为850~940℃;熔体温度控制在800~840℃,但为了缩短生产周期,减少气相反应,初始加料可以在熔体温度稍低时,如720~750℃即可加料。

5.5.2.2 TiCl₄ 的加料制度

$TiCl_4$ 的加料制度,实践上因不同的炉型和大小,随着其他工艺条件的建立,可以制定出各种工艺加料制度。$TiCl_4$ 加料制度举例见表5-19。

表 5-19　TiCl$_4$ 加料制度举例

加料制度	1			2		
镁利用系数/%	0~5	5~55	55~58	0~15	15~55	55~67
TiCl$_4$ 加料速度 /kg·(m^2·h)$^{-1}$	147	163	130	116~133	141~232	141~165
加料制度	3					
镁利用系数/%	0~6	9~32	32~57	57~60	60~62	
TiCl$_4$ 加料速度 /kg·(m^2·h)$^{-1}$	130	200~260	240~260	180~200	120~160	

5.5.2.3　MgCl$_2$ 的排放制度

排放 MgCl$_2$ 的制度原则上有两种方案。一种是定期将 MgCl$_2$ 累积量全部排出,此种方案的熔体的液面下降的幅度大,钛坨黏壁部分增长,取出较困难,但排放次数减少,操作较简单,反应空间的容积增大,反应压力平稳。另一种是逐次排放 MgCl$_2$,维持熔体表面为一定高度,此种方案在反应器内总剩余一部分 MgCl$_2$ 液。其中,又可分为保持较高液面或较低液面两种操作方法。保持较高液面的操作制度可减少对产品的污染,但增加了 MgCl$_2$ 的排放次数。

上述排放制度原则确定后,按反应器的尺寸,可以计算出 MgCl$_2$ 的排放次数和排放量。MgCl$_2$ 的排放制度(炉产 2t 海绵钛)举例见表 5-20。

表 5-20　MgCl$_2$ 的排放制度(炉产 2t 海绵钛)举例

项　　目	排　放　次　序									总计
	1	2	3	4	5	6	7	8	9	
TiCl$_4$ 加料量/kg	800	800	800	1000	1000	1000	1000	1000	1000	7930
MgCl$_2$ 放出量/kg	500	800	700	900	900	800	900	800	放完	7960
剩余 MgCl$_2$ 量/kg	303	306	409	513	617	820	924	1128		
排放后液面高[1]/mm	1519	1458	1493	1458	1424	1432	1398	1405		

[1]反应器为 φ1400mm×2700mm,液镁初始液面高 1458mm。

按国外的经验，排放 $MgCl_2$ 作业不宜用氩气压排，应改用真空抬包吸出。因为充氩压排 $MgCl_2$ 时，必须停止加料（$TiCl_4$），此时还原反应也停止了。随后，排完 $MgCl_2$ 后，又要将多余的氩气排出，排氩气时又将部分 $TiCl_4$ 排泄，不仅浪费了 $TiCl_4$，而且污染了空气。同时，还原反应瞬间有停顿。当用真空抬包吸出 $MgCl_2$ 时，还原反应没有停顿，而且减少了氩气的消耗。很显然，这有很多的优点。

还原排放的 $Mg+MgCl_2$ 液送往电解槽循环使用时，必须先在恒温器中静止精制 1~2h 后方可使用。因为这样便于该液中夹杂的钛粒静止澄清、分离和净化，有利于提高镁电解的电流效率。

5.5.2.4 反应压力

为了保证还原反应器或蒸馏釜的安全，反应压力不宜太高，一般控制在 0.2~0.5Pa 范围。

5.5.3 真空蒸馏工艺条件的选择

5.5.3.1 蒸馏温度

蒸馏初期（即由还原过渡进入蒸馏的过渡期）温度 880~980℃，时间 6~8h，恒温温度控制在 950~1000℃。

5.5.3.2 冷却水温度

冷却水量要适宜，不能太小，以保证良好的冷凝效率，要控制冷却水温度在 35~50℃。

5.5.3.3 真空蒸馏终点的确定

蒸馏设备内的高真空度趋于稳定，并持续一定时间，这是真空蒸馏终点到达的主要标志，此时挥发物残留量已很少。

准确地确定蒸馏时间是极重要的。图 5-30 所示为蒸馏时间与产品中 Cl^- 含量的变化关系（小型蒸馏设备，保持 700℃）。蒸馏初期蒸发速度较大，随蒸馏时间的延长，蒸发速度大大下降，同时，产品中 Cl^- 含量越来越低；继续增加蒸馏时间，蒸发速度变得比较小了，产品中 Cl^- 含量已趋向一常数，降低杂质效果已不明显。即便采用更高的蒸馏温度和大型设备，也有类似的特

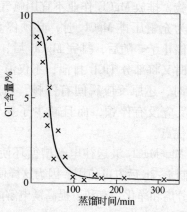

图 5-30　蒸馏时间与产品中 Cl⁻ 含量的变化关系

征。已蒸馏好的海绵钛在 960℃下再蒸馏 40h，产品中 Cl⁻ 含量见表 5-21。

表 5-21　　　产品中 Cl⁻ 含量　　　　（%）

组　别	蒸馏前	蒸馏后
1	0.14	0.13
2	0.12	0.11
3	0.11	0.09

　　上述数据说明，再延长蒸馏时间除氯化物杂质的效果甚微。蒸馏时间过长反而会引起产品中氧和铁含量的增加，产品的布氏硬度增高，既影响产品质量，又增加了不必要的电耗。所以，合理而准确地确定蒸馏时间、判断蒸馏终点是一项极其重要的工艺操作条件。

　　真空蒸馏终点的确定方法有多种，每种方法都有它的局限性和缺点。经过实践比较，我国常选用 3 种方法。

　　A　根据失真空度

　　当真空蒸馏设备达到较高的真空度时，切断真空系统。若挥

发分镁和 $MgCl_2$ 很少，泄漏的气体已基本上被高温的海绵钛所吸收，系统内的真空度基本维持不变，即达到终点。定期检查两次合格就可停止蒸馏。但该法会拖延蒸馏周期，这是因为失真空度既与设备的大小和密封性能有关，也与切断真空系统的阀门的密封性能有关，有时在某种情况下达到这种条件的时间不会到来。该法应用很少。

另外，蒸馏后期真空度大于 10Pa 时，每隔 1h 切断真空系统，连续 3 次测量其失真空度，每 15min 均小于 0.4Pa 时，即达到蒸馏终点。若一直达不到上述失真空度，蒸馏恒温时间达 45h 也可停止蒸馏。该法已获应用。

B　根据统计规律

找出大量炉次的蒸馏恒温周期平均值，即通过统计规律，找出产品达到含 Cl^- 0.08%~0.10% 的平均恒温时间。该法判断简单，对于多数炉次是适用的，但少数炉次会出现异常现象。此法适用于生产稳定和还原—蒸馏过程达到标准化的场合。如日本两个镁法生产厂，炉产海绵钛均为 1.6t，用该法确定蒸馏恒温周期分别为 28h 或 26h，此时最终真空度低于 0.07Pa。

C　综合法

首先通过统计规律确定产品质量合格所需的恒温时间上限值和下限值，即确定蒸馏恒温时间区域。同时，又参考达到稳定高真空度的持续时间再决定蒸馏周期。有的还同时测定蒸馏设备的失真空度，当达到合格标准即可停止蒸馏，但蒸馏周期最长不得超过下限值。该法获广泛应用。

5.5.3.4　蒸馏排出的 Mg 和 $MgCl_2$ 精制

蒸馏排出物 Mg 和 $MgCl_2$ 中因吸附了许多杂质，质量差，必须经过精制除去废钛后，Mg 和 $MgCl_2$ 方可使用，这利于提高质量。这是国外的实践经验。精制作业时将 $MgCl_2$+Mg 液送至电解车间恒温釜内静止 1~2h 即可。废钛粒便能沉淀到釜底，利于分离精制。

5.5.4　产品处理

产品处理主要包括：

（1）产品必须分级处理。按产品的质量大致分为 3 ~ 4 种成品，海绵钛坨中间块体质量好，破碎后包装为商品海绵钛；剥离的边部钛、底部钛和爬壁钛质量差，单独破碎包装为等外海绵钛。上述成品中的细粒钛质量最差，用粉末成形的方法压制成废钛块，也可直接按等外钛粉出售。

（2）产品粒度。为了适应挤压成锭的要求，破碎后的产品经振动筛筛分，筛上物返回破碎，筛下物再去磁选。破碎和筛分过程也是粒度分级过程，最终分成大粒度（0.83 ~ 25.4mm）、小粒度（0.83 ~ 12.7mm）和钛粉末 3 种产品。

（3）磁选。磁选是选出带有磁性的含铁杂质。

（4）人工挑选。人工挑选是选出变色产品和其他杂物。目前，国内都有人工挑选这道不可缺少的工序，现在还没有机械挑选方法来替代。

（5）混合和包装。产品需用专用混料器混匀后包装充氩保护。因海绵钛中残留有少量的 $MgCl_2$，和大气接触时 $MgCl_2$ 发生吸水反应，影响产品质量。所以，储存的镁法海绵钛必须充氩保存。

5.5.5　异常现象和处理

在还原—蒸馏过程中所出现的异常现象及处理方法见表 5-22。

表 5-22　在还原—蒸馏过程中所出现的异常现象及处理方法

工序	异常现象名称	现象	原因	处置方法
还原	加料管堵塞	加不进料；罐内出现负压	反应器空间温度高，加料管长	拆下加料管，打通或换管道；加料管改短
	胖管堵塞	充不进氩，加不进料	空间温度高，加料管短	拆加料管并打通
	排放 $MgCl_2$ 管堵塞	氩气压力大，排出的 $MgCl_2$ 量却小；放不出 $MgCl_2$	马蹄罩或假底处被堵；压差没有控制好或堵住管道	拆换排放 $MgCl_2$ 管道

工序	异常现象名称	现 象	原 因	处置方法
	烧坏胶垫	无冷却水	冷却水套管堵塞	及时处理,若长时间无水应停炉
真空蒸馏	隔热板堵死	真空度高,但长时间真空度不升	冷却水量少	降炉温,若过一段时间无效出炉重新安装
	罐壁烧漏	真空度突然骤降	罐壁温度局部过高	停电冷却并徐徐充氩,吊出炉腔处理
	海绵钛着火	燃烧	拆卸时,物料中的钛粉和镁粉燃烧	盖灭火罩

5.6 产品质量

5.6.1 产品质量分析

从还原反应器取出的海绵钛坨,其中的杂质在各部位的分布是不均匀的(见表 5-23)。对海绵钛质量影响最大和含量较多的杂质主要是铁、氯、氧,其次是氮、碳、硅等。杂质氧、氮、碳、铁、硅等会显著地增高钛的硬度,并使钛的加工塑性变坏。杂质氢对钛硬度、强度影响不大,但由于在钛金属晶界面上形成氢化钛网状畸变裂纹,会大大降低钛材的冲击韧性和机械加工性能。杂质氯根的残留,意味着海绵钛中强吸潮的氯化物 $MgCl_2$、$TiCl_2$、$TiCl_3$ 等伴存,海绵钛中的有害物质氧、氮、氢也会相应增加。20 世纪末到 21 世纪初,由于钛冶炼技术进步和现代工业对高质量钛的需求,金属锰、镁、氢、铬杂质也成为了关注的范围,其中,锰、镁、氢目前明确列入各国海绵钛新标准。锰、铬和铁杂质作用一样,会使钛塑性加工性能变坏，而镁会吸潮使钛中氧、氮、氢伴随量升高。因此，研究这些杂质的来源和分布规律，对于如何采取措施降低海绵钛的杂质含量，以及如何取样和产品分级都具有指导意义。

表 5-23　杂质在产品的中部和边部分布举例

炉次	产品部位	硬度 HB	杂质（质量分数）/%						等级
			Fe	Cl	O	N	C	Si	
1	中部	101	0.022	0.056	0.043	0.016	0.014	0.01	1
	边部	121	0.063	0.13	0.061	0.028	0.011	0.01	3
2	中部	97.1	0.013	0.047	0.058	0.015	0.003	0.01	0
	边部	118	0.081	0.13	0.067	0.025	0.013	0.01	3
3	中部	96.5	0.029	0.03	0.046	0.015	0.003	0.01	0
	边部	122	0.18	0.027	0.063	0.029	0.015	0.01	3

海绵钛中几种主要杂质的影响因素分述如下。

5.6.1.1　铁

钛坨中心部位含铁量最低，其次是上部，边部和底部黏壁部位最高，越接近铁壁越高。影响因素主要有以下 5 个方面。

A　铁壁的污染

在还原—蒸馏过程中，处于高温下的 $TiCl_4$ 腐蚀铁壁，发生下列反应：

$$3TiCl_4 + Fe \rightleftharpoons FeCl_3 + 3TiCl_3$$

$$3TiCl_4 + 2Fe \rightleftharpoons 2FeCl_3 + 3TiCl_2$$

$$2FeCl_3 + 3Mg \rightleftharpoons 2Fe + 3MgCl_2$$

最终生成物铁转移入产品内。

在还原—蒸馏过程中，当反应器壁超温或局部超温时（达到钛铁合金共熔点 1085℃），黏壁部位易生成 Ti-Fe 合金。

还原—蒸馏周期太长，铁壁的铁向钛坨的渗透能力增强。如在器壁950℃时，铁向钛中的渗透能力已很强。特别是使用新还原反应器，铁含量会更高，所以器壁必须经渗钛处理。

B MgCl$_2$吸附水的影响

在还原—蒸馏过程中，如果MgCl$_2$暴露于大气，所吸附的水未被脱除，在高温下水便可能和TiCl$_4$或MgCl$_2$等反应生成HCl。生成的HCl和铁壁反应生成FeCl$_3$（或FeCl$_2$），当FeCl$_3$进入反应区，会发生下列还原反应：

$$2FeCl_3 + 3Mg = 2Fe + 3MgCl_2$$

铁呈杂质进入了产品。

C 铁锈的影响

当还原反应器粘有铁锈时，这些氧化铁易和TiCl$_4$反应，生成氯化铁：

$$Fe_2O_3 + 3TiCl_4 = 2FeCl_3 + 3TiOCl_2$$

生成的FeCl$_3$进入反应区后，又易发生上述的还原反应，生成的铁呈杂质进入了产品。

D 镁中含铁的转移

盛装液镁的容器都是一些钢质材料，在高温下，由于液镁对铁壁的溶解，所以镁中一般都含有一定量的铁。在镁还原过程中，这些杂质铁便转移至钛。由于镁中的铁含量是均匀的，所以这部分铁在钛中分布也是均匀的。

E 机械夹杂物

在钛坨的破碎、混合等作业中，少量的铁屑呈机械夹杂物进入海绵钛，但这部分铁大多可用磁选分离除去。因此，商品海绵钛在包装前需经磁选处理。

5.6.1.2 氮

钛坨中与大气接触部位，即上表皮和黏壁钛中氮含量较高，其余部分大致相近。氮主要来自以下3个方面：

（1）还原—蒸馏设备组装预抽后，设备内残留的空气被钛吸收；

（2）氩气中残留的氮全部被吸入钛中；

（3）还原—蒸馏作业泄漏的气体，以及排放 $MgCl_2$ 作业等反应器出现负压时漏入的气体，都会使钛的氮含量增高。漏气后，海绵钛表面生成黄色 TiN，较易识别。

5.6.1.3　氧

钛坨中间部位氧含量低，底部较高，上表皮和黏壁钛也较高。若渗漏气体时，上表皮和黏壁钛氧含量更高。

海绵钛生产过程中杂质氧来源的进出平衡关系见表 5-24。研究表明，某些杂质的来源尚不能确定，而非控制源使产品硬度 HB 增加，其中某些杂质会随 $MgCl_2$ 一起排出。

表 5-24　海绵钛生产过程中杂质氧来源的进出平衡关系

	进		出	
编号	杂质来源	氧含量（质量分数）/%	产品	氧含量（质量分数）/%
1	从四氯化钛中	0.0008	海绵钛	0.0566
2	从镁中	0.0219	氯化镁	0.0104
3	镁循环冷凝物	0.0047		
4	$MgCl_2$ 循环冷凝物	0.0044		
5	氩气	0.0001		
6	空气水分	0.0078		
7	设备渗漏	0.0026		
8	破碎氧化	0.0060		
9	非控制来源	0.0187		
10	合　计	0.067	合　计	0.067

应该指出的是，增氧量与还原—蒸馏设备组装时反应产物暴露大气的时间长短密切相关。反应产物暴露的时间越长，当时的空气绝对湿度越大及海绵钛越疏松，$MgCl_2$ 吸水量就越大。如果不能有效脱除这些水分，水分中的氧会最终进入到海绵钛产品中，还可能使还原剂镁的氧化程度增加。因此，在采用联合法工艺时，由于反应产物没有暴露大气的机会，能大大地减少杂质氧对产品的污染。

借鉴国外操作经验，将蒸馏冷凝产物 Mg 和 $MgCl_2$ 经过精制后再使用，有利于降低海绵钛的氧含量。

5.6.1.4 氯根（Cl^-）

钛坨中 Cl^- 含量上表部（头部）最高，中间部位次之，边部和下部最低。海绵钛中 Cl^- 含量与细孔毛细管多少有关，也就是说，Cl^- 含量的分布规律与产品的结构紧密联系。影响因素主要有以下 4 个方面。

A TiCl₄ 的加料速度

加料速度增大，反应速度相应增加，活性质点增多，晶粒生长无规律，反应温度也随之增高，易引起海绵钛烧结，使产品密度增大，其包裹的 $MgCl_2$ 在蒸馏中不易蒸出。所以产品中的 Cl^- 含量随加料速度的增大而增多。$TiCl_4$ 的加料速度与产品中 Cl^- 含量的关系见表 5-25。因此，$TiCl_4$ 的加料速度应控制适宜。

表 5-25 TiCl₄ 的加料速度与产品中 Cl⁻ 含量的关系

TiCl₄ 的加料速度 /kg·(m²·h)⁻¹	海绵钛的 Cl⁻ 含量/%		
	底 部	上 部	平 均
150	0.05	0.07	0.06
230	0.07	0.10	0.08
320	0.09	0.10	0.09

注：镁利用率最终为57%。

加料速度不匀，对产品质量也有影响。瞬时加料速度过大与增大加料速度产生同样的不良效果，同时对钛坨的形状也有影响。因此，应匀速加料。

B 不同反应时期的产品结构

反应前期和中期，镁量充足，制取的海绵钛细孔隙较少，Cl^- 含量低。反应后期，镁量相对不足，反应速度降低；同时，产品中有低价氯化钛进行二次反应生成细钛粒，填充了海绵钛，使产品致密，蒸馏除 $MgCl_2$ 更困难，所以钛坨上表部（头部）

Cl⁻含量往往最高。如镁的利用率达 75% 以上时，反应生成的细孔隙增加 1.5 倍，其 Cl⁻含量也相应增加 1.5 倍。为了避免钛坨出现头部局部区域 Cl⁻含量高，可在加料管下加分布板，使该处产品 Cl⁻含量相近。

C　蒸馏升温速度

蒸馏升温太快会使海绵钛过早烧结，闭合了部分毛细孔，造成蒸馏除 $MgCl_2$ 困难，产品 Cl⁻含量增高。

D　高沸点杂质

还原产物中还含有少量的 KCl、NaCl、$CaCl_2$ 等高沸点杂质，它们的沸点比 $MgCl_2$ 高，真空蒸馏不易除去，致使产品中 Cl⁻含量增加。

5.6.1.5　其他杂质

这些杂质含量一般都不高，它们的分布规律也不明显。硅和碳可能是从原料 $TiCl_4$ 和镁中带入的，也可能来自黏附的脏污物。锰、铬、镍一般来自不锈钢反应器，它们大都富集在钛坨底部和边部黏壁处。如果采用普通钢质反应器，这些杂质含量会更低。

5.6.1.6　产品硬度

产品硬度既是杂质含量的综合指标，也是质量的综合指标。产品硬度与其所含的杂质均有关（除 Cl⁻外），特别与气体杂质关系密切。海绵钛产品的布氏硬度 HB 受氮、氧、铁的影响最大，而且具有加和性。所以，凡是氮、氧、铁高密集的部位，产品的布氏硬度也高。因此，钛坨的中心部位硬度最低，质量最好；边部和底部黏壁钛硬度最高，质量最差；上表部硬度稍高。

为了降低产品硬度，必须防止杂质，特别是氮、氧、铁的污染。在一般情况下，黏壁钛被铁、氧、氮等污染是不可避免的，但操作中要力争钛坨中心部位海绵钛少被污染，以保证产品质量。

从对海绵钛硬度的影响因素分析来看，以原料对硬度的影响最大（见表 5-26）。

表 5-26　各种因素对海绵钛硬度的影响

编　号	影　响　因　素	硬度 HB 增加值
1	原料（$TiCl_4$、Mg 和 Ar）	15~40
2	处理水平（还原、蒸馏和设备准备）	5~14
3	钛块破碎时的大气环境	1~3
4	非控制源	7~15
5	合　　计	28~72

根据大量数据统计，抚顺金铭钛业公司生产的海绵钛的硬度与对主要影响其布氏硬度的 3 个元素 Fe、O、N 的含量（质量分数/%）有如下关系：

$$HB = 79.20 + 194.83w(N) + 356.82w(O) + 117.30w(Fe)$$

$$(5-24)$$

产品质量还与炉产量有关。随着炉批量的增大，硬度降低，此时氧含量有降低的趋势，而氯含量和铁含量稍有增加，其他元素含量基本不变，等外钛所占比例下降。

产品质量还与工人的操作水平和企业的管理水平有关。一般情况下，工厂生产历史越长，产品质量越好。

海绵钛硬度还与其结构有关。随着海绵钛总孔隙率增加，海绵钛硬度也增加。海绵钛硬度与孔隙率的关系见表 5-27。

表 5-27　海绵钛硬度与孔隙率的关系

总孔隙率/$cm^3 \cdot g^{-1}$	0.0769	0.0920	0.1627	0.1944
硬度 HB	79.6	88.4	90.1	91.9

此外，随着海绵钛的孔隙率增加，比表面积增大，海绵钛的密度减小，其氧和氮总量增加。这是因为在还原过程排放 $MgCl_2$ 作业时，钛块起着过滤作用。越是疏松的钛块，其中残

留的 $MgCl_2$ 含量也越多。另外，越疏松的钛块在作业过程中或暴露大气时，吸附的气体也越多。总之，海绵钛越致密，其质量也越好。

综上所述，影响镁法海绵钛质量的主要杂质是 Cl^- 和氧、铁。从杂质分布范围来看，Cl^- 分布广，氧、铁较集中，造成产品处理难易程度不同。在蒸馏过程中，必须首先设法除净 $MgCl_2$，以降低 Cl^- 含量，然后又要准确适时地确定蒸馏终点，防止氧和铁含量的增加。

根据实践经验，提高海绵钛质量的途径主要有：尽量采用先进工艺（如联合法）；使用大型化设备；提高原料（$TiCl_4$、Mg、Ar）的纯度；提高企业的管理水平和工人的技术操作水平；尽可能使用自动控制，使工艺条件处于最佳状态。

5.6.2　产品质量现状

国内产品实际样品质量例子见表5-28。国外海绵钛厂商产品质量和产品规格见表5-29和表5-30。

表 5-28　国内产品实际样品质量例子

炉　型	$w(Ti)$ /%	质量分数/%						硬度 HB
		Fe	Si	Cl	C	N	O	
I形（3t/炉）	≥ 99.7	≤ 0.037	≤ 0.01	≤ 0.052	≤ 0.018	≤ 0.005	≤ 0.065	107
I形（3t/炉）		≤ 0.037	≤ 0.001	≤ 0.074	≤ 0.008	≤ 0.007	≤ 0.067	105
I形（3t/炉）		≤ 0.05	≤ 0.01	≤ 0.04	≤ 0.03	≤ 0.01	≤ 0.06	103
倒U形（5~8t/炉）		≤ 0.04		≤ 0.061		≤ 0.014	≤ 0.053	105

表 5-29　国外海绵钛厂商产品质量

等级	布氏硬度	乌克兰产品/%	俄罗斯产品/%	美国产品/%	日本产品/%
0	≤90	30	10~15	28	40~70
1	≤100	40	50~60	36	
2	≤110	10	5~7	26	
3	≤120	8	3~5	5	
4	>120			5	
5	≤130	4	4~6		
6	≤150	1	3~5		
等外		7	6~7		

表 5-30　日本大阪海绵钛实际产品规格

| 产品 | 规格 | JIS | $w(Ti)$/% | 杂质(质量分数)/% | | | | | | | | | 硬度 BHN |
				Fe	Cl	Mn	Mg	Si	N	C	H	O	
软海绵钛	S-90		≥99.8	≤0.03	≤0.08	≤0.002	≤0.04	≤0.02	≤0.006	≤0.01	≤0.003	≤0.05	≤90
	S-95		≥99.7	≤0.04	≤0.08	≤0.002	≤0.04	≤0.02	≤0.006	≤0.01	≤0.003	≤0.06	≤95
普通海绵钛	M-100	JIS1	≥99.6	≤0.08	≤0.1	≤0.005	≤0.05	≤0.02	≤0.01	≤0.02	≤0.004	≤0.07	≤100
	M-120	JIS2	≥99.5	≤0.12	≤0.12	≤0.01	≤0.06	≤0.02	≤0.015	≤0.02	≤0.005	≤0.1	≤120

5.6.3　技术经济指标

国内外海绵钛生产工艺和关键技术大体相当，但从表 5-31 和表 5-32 可见，国内外生产技术指标相差较大。原因不仅是技术水平有差距，而且管理水平也有差距。

表 5-31　国内外还原—蒸馏技术经济指标比较

比较指标	美国、日本	乌克兰、俄罗斯	乌克兰	中国	中国
炉　型	倒 U 形	I 形	I 形（试验）	倒 U 形	I 形
炉产能 /t·炉$^{-1}$	10	4	7.5	8	3
吨钛电耗 /kW·h	3000		6500	4520	5500
炉周期/h	240	215	240	250	180
吨钛镁耗/kg	11~26	90	90	40	
金属回收率/%	99.7	99.7	99.4	98.5	

表 5-32　国内外海绵钛生产全流程可达到的
技术经济指标比较（以 1t 海绵钛计）

比较指标	中　国	独联体	日本、美国
富钛料（90%TiO$_2$）单耗/t	2.18（90%TiO$_2$ 钛渣）	2.06（90%TiO$_2$ 钛渣）	1.8（90%TiO$_2$ 钛渣）
金属回收率/%	85	约 90	>90~95
镁净耗/kg	40~60	90	<20
氯净耗/t	1.5~2.0	0.65	0.12~0.5
总电耗/kW·h	>30000	<25000	<20000

　　海绵钛的技术指标属于全系统的系统工程。而海绵钛质量则主要是镁还原—蒸馏工序的责任。这与还原车间管理水平和工人的操作过程和经验有关。

5.6.4　海绵钛产品的质量标准

　　中国、乌克兰、俄罗斯、日本、美国海绵钛的质量标准见表 5-33~表 5-35。

表 5-33　中国海绵钛国家标准（GB/T 2524—2002）

产品等级	产品牌号	化学成分(质量分数)/%										布氏硬度
		Ti	杂　质									HB
			Fe	Si	Cl	C	N	O	Mn	Mg	H	
0	MHT-100	≥99.7	≤0.06	≤0.02	≤0.06	≤0.02	≤0.02	≤0.06	≤0.01	≤0.06	≤0.005	≤100
1	MHT-110	≥99.6	≤0.1	≤0.03	≤0.08	≤0.03	≤0.02	≤0.08	≤0.01	≤0.07	≤0.005	≤110
2	MHT-125	≥99.5	≤0.15	≤0.03	≤0.1	≤0.03	≤0.03	≤0.1	≤0.02	≤0.07	≤0.005	≤125
3	MHT-140	≥99.3	≤0.2	≤0.03	≤0.15	≤0.03	≤0.04	≤0.15	≤0.02	≤0.07	≤0.005	≤140
4	MHT-160	≥99.1	≤0.3	≤0.04	≤0.15	≤0.04	≤0.05	≤0.2	≤0.03	≤0.09	≤0.012	≤160
5	MHT-200	≥98.5	≤0.4	≤0.06	≤0.3	≤0.05	≤0.1	≤0.3	≤0.08	≤0.15	≤0.03	≤200

注：海绵钛粒度以 0.83~25.4mm 和 0.83~12.7mm 两种粒度供应。

表 5-34　乌克兰、俄罗斯海绵钛标准（ГОСТ 17746—1996）

牌　号	$w(Ti)$ /%	杂质化学成分(质量分数)/%							硬度
		Fe	Si	Ni	C	Cl	N	O	
ТГ-90	≥99.74	≤0.05	≤0.01	≤0.04	≤0.02	≤0.08	≤0.02	≤0.04	≤90
ТГ-100	≥99.72	≤0.06	≤0.01	≤0.04	≤0.03	≤0.08	≤0.02	≤0.04	≤100
ТГ-110	≥99.67	≤0.09	≤0.02	≤0.04	≤0.03	≤0.08	≤0.02	≤0.05	≤110
ТГ-120	≥99.64	≤0.11	≤0.02	≤0.04	≤0.03	≤0.08	≤0.02	≤0.06	≤120
ТГ-130	≥99.56	≤0.13	≤0.03	≤0.04	≤0.03	≤0.1	≤0.03	≤0.08	≤130
ТГ-150	≥99.45	≤0.2	≤0.03	≤0.04	≤0.03	≤0.12	≤0.03	≤0.1	≤150
ТГ-Т$_B$（等外钛）	≥97.75	≤1.9			≤0.1	≤0.15	≤0.1		

表5-35　日本和美国海绵钛标准

标准号	牌号	生产方法	化学成分(质量分数)/%													布氏硬度 HB	粒度
			Ti	Fe	Si	Cl	C	N	O	Mn	Mg	H	Ni	Na	其他总计		
日本标准 (JISH 2151 —1983)	TS-105M		99.6	0.10	0.03	0.10	0.03	0.02	0.08	0.01	0.06	0.005				≤105	0.83~12.7mm 的占90%以上; >12.7mm 的占5%以下; <0.83mm 的占5%以下
	TS-120M	A	99.4	0.15	0.03	0.12	0.03	0.03	0.12	0.02	0.07	0.005				106~120	
	TS-140M		99.3	0.20	0.03	0.15	0.03	0.03	0.15	0.05	0.08	0.005				121~140	
	TS-160M		99.2	0.20	0.03	0.15	0.03	0.03	0.25	0.05	0.08	0.005				141~160	
美国标准 (ASTM 299 —1982)	MD-120	A	99.3	0.12	0.04	0.10	0.020	0.015	0.10		0.08	0.010			0.05	120	≤12.7mm
	ML-120	B	99.1	0.15	0.04	0.20	0.025	0.015	0.10		0.50	0.03			0.05	120	
	SL-120	C	99.3	0.05	0.04	0.20	0.020	0.015	0.10		最大	0.05		最大	0.05	120	
	GP-1	D	—	0.25	0.04	0.20	0.025	0.020	0.15			0.03			0.05		
美国国家储备和采购标准 (P—1997 —R6)	1	A	99.5	0.08	0.04	0.10	0.020	0.010	0.10		0.08	0.005	0.02			100	
	2	B	99.1	0.10	0.04	0.20	0.025	0.015	0.10		0.50	0.03	0.02			100	
	3	C	99.3	0.04	0.04	0.20	0.020	0.015	0.10			0.05	0.02	0.19		120	
	4	E	99.6	0.04	0.04	0.10	0.020	0.008	0.07		0.08	0.02	0.02	0.01		120	

6 钠还原法制备海绵钛和钛粉

钠还原法，即亨特法工艺，是最早建立的生产海绵钛的工业方法。在 20 世纪 60~80 年代该法曾在国内外兴旺一时。但随着镁法工艺的进步，它作为生产海绵钛的工业方法而言，缺乏竞争力被淘汰，以该法生产钛的企业先后关闭。

钠还原法工艺是多样性的。过去它在生产海绵钛工艺时大体上分为一段法和二段法两种。但是，无论何种工艺，它的产品有两种，既有海绵钛，又有钛粉。而且生产的钛粉是优质的。所以钠还原工艺也是制取钛粉的工业方法。

现在钠还原法作为制取钛粉的工业方法获得新生，重新展现在世人面前，说明该法制取钛粉工艺仍有竞争力。

钠还原法既可作为制取海绵钛的工业方法，又可作为制取钛粉的工业方法，两者间既有共性，又有各自的特性。本文为了对钠还原法有全面深入的叙述，先回顾钠还原法制取海绵钛工艺，再回到制取钛粉工艺上来。

6.1 钠还原反应的理论基础

6.1.1 还原热力学

6.1.1.1 钠还原反应

钠还原法制取海绵钛的过程是钠和四氯化钛进行还原反应的过程。但钛是一个典型的多价态过渡金属，还原过程中具有分步还原的特性，即从 $TiCl_4$ 还原经过低价氯化钛，最后得到钛。由于中间产物——$TiCl_2$ 和 $TiCl_3$ 可以稳定存在，而 $TiCl$ 不能稳定存在，故 $TiCl_4$ 被还原是一个逐级连串的反应过程，即 $TiCl_4 \rightarrow TiCl_3 \rightarrow TiCl_2 \rightarrow (TiCl) \rightarrow Ti$。实践表明，因 $TiCl$ 不能稳定存在，

生成时迅速分解得到 Ti，因此钠还原过程只有三步，即 $TiCl_4 \rightarrow$
$TiCl_3 \rightarrow TiCl_2 \rightarrow Ti$。所以在一定条件下，可能发生一系列还原反
应。

$$\frac{1}{4}TiCl_4 + Na = \frac{1}{4}Ti + NaCl \qquad (6\text{-}1)$$

$$\Delta G_T^\ominus = -53210 + 14.17T \quad (409 \sim 1073\text{K})$$
$$\Delta G_T^\ominus = -53310 + 14.76T \quad (1073 \sim 1178\text{K})$$

式(6-1) 为反应的总式。反应过程由下面三个连串反应步骤
构成：

$$TiCl_4 + Na = TiCl_3 + NaCl \qquad (6\text{-}2)$$
$$TiCl_3 + Na = TiCl_2 + NaCl \qquad (6\text{-}3)$$
$$\frac{1}{2}TiCl_2 + Na = \frac{1}{2}Ti + NaCl \qquad (6\text{-}4)$$

上述反应式加和后，还可得到下列反应式：

$$\frac{1}{2}TiCl_4 + Na = \frac{1}{2}TiCl_2 + NaCl \qquad (6\text{-}5)$$
$$\frac{1}{3}TiCl_3 + Na = \frac{1}{3}Ti + NaCl \qquad (6\text{-}6)$$

钛生产工艺的总反应式为式 (6-1)，该式计算的平衡常数见
表 6-1。

表 6-1 钠还原反应式 (6-1) 的平衡常数

温度/K	298	409	600	800	1000	1178
K_p	5×10^{35}	3.4×10^{25}	2.5×10^{16}	3.5×10^{11}	3.7×10^8	5×10^6

可以看出，上述钠还原反应的平衡常数很大。从热力学观点
来看，这些反应都能自发进行。反应温度越低，自发进行的倾向
越大。同时，不同价态的氯化物在还原反应中，价态越低，其
$\Delta G_T^\ominus$ 负值越小。显然，$TiCl_4$ 最易还原，$TiCl_3$ 次之，$TiCl_2$ 最难
还原。

在上述反应的过程中，有时会出现下列次要反应，常称为"二次"反应：

$$TiCl_4 + TiCl_2 \rule[0.5ex]{2em}{0.4pt} 2TiCl_3 \tag{6-7}$$

$$\frac{1}{2}TiCl_4 + Ti \rule[0.5ex]{2em}{0.4pt} 2TiCl_2 \tag{6-8}$$

$$TiCl_4 + \frac{1}{2}Ti \rule[0.5ex]{2em}{0.4pt} TiCl_3 + \frac{1}{2}TiCl_2 \tag{6-9}$$

$$TiCl_4 + \frac{1}{3}Ti \rule[0.5ex]{2em}{0.4pt} \frac{4}{3}TiCl_3 \tag{6-10}$$

$$TiCl_3 + \frac{1}{2}Ti \rule[0.5ex]{2em}{0.4pt} \frac{3}{2}TiCl_2 \tag{6-11}$$

上述"二次"反应式 $\Delta G_T^\ominus$ 计算值大多为负值，这说明反应均可自发进行。但是负值都比较小，高温下则更小，反应倾向性要小得多。一般情况下，在还原过程中，"二次"反应是仅在一定条件下出现的副反应。

由于 $TiCl_4$ 中含有少量的诸如 $FeCl_3$、$AlCl_3$、$SiCl_4$ 和 $VOCl_3$ 等氯化物杂质，它们也被还原成金属，并全部进入海绵钛。由于钠也含有少量的钙、钾、镁等杂质，它们也是还原剂，同样会还原 $TiCl_4$，生成各自的氯化物进入 NaCl 中。但因杂质含量很少，对反应过程的热力学无多大影响，所以可以忽略不计。

6.1.1.2 热平衡计算

热平衡计算的具体内容如下。

(1) $TiCl_4$ 还原生成 Ti 的总反应为：

$$TiCl_4 + 4Na \rule[0.5ex]{2em}{0.4pt} Ti + 4NaCl \tag{6-1$'$}$$

按生成 1mol Ti 反应的热平衡粗算。

反应热 $\Delta H_{T,1}^\ominus$ 为：

$$\Delta H_{T,1}^\ominus = \Delta H_{298}^\ominus + \int_{298}^T (c_{pTi} + 4c_{pNaCl} - c_{pTiCl_4} - 4c_{pNa})dT + \Sigma\Delta H_{相,1}$$

式中　　　　　$\Delta H_{298}^\ominus = 4\Delta H_{NaCl}^\ominus - \Delta H_{TiCl_4}^\ominus = -840.5kJ/mol$

物料吸热 $Q_{T吸,1}$ 为：

$$Q_{T吸,1} = \int_{298}^{T} (c_{pTiCl_4} + 4c_{pNa}) dT + \Sigma \Delta H'_{相,1}$$

绝热过程中的余热 $\Sigma Q_{T,1}$ 为：

$$\Sigma Q_{T,1} = \Delta H_{T,1}^{\ominus} + Q_{T吸,1}$$

（2）$TiCl_4$ 还原成 $TiCl_2$ 的总反应式为：

$$TiCl_4 + 2Na \Longrightarrow TiCl_2 + 2NaCl \qquad (6-5)'$$

按生成 1mol $TiCl_2$ 反应的热平衡粗算。

反应热 $\Delta H_{T,2}^{\ominus}$ 为：

$$\Delta H_{T,2}^{\ominus} = \Delta H_{298}^{\ominus} + \int_{298}^{T} (c_{pTiCl_2} + 2c_{pNaCl} - c_{pTiCl_4} - 2c_{pNa}) dT + \Sigma \Delta H_{相,2}$$

式中 $\Delta H_{298}^{\ominus} = 2\Delta H_{NaCl}^{\ominus} + \Delta H_{TiCl_2}^{\ominus} - \Delta H_{TiCl_4}^{\ominus} = -537.9 kJ/mol$

物料吸热 $Q_{T吸,2}$ 为：

$$Q_{T吸,2} = \int_{298}^{T} (c_{pTiCl_4} + 2c_{pNaCl}) dT + \Sigma \Delta H'_{相,2}$$

绝热过程中的余热 $\Sigma Q_{T,2}$ 为：

$$\Sigma Q_{T,2} = \Delta H_{T,2}^{\ominus} + Q_{T吸,2}$$

（3）$TiCl_2$ 还原成 Ti 的总反应式为：

$$TiCl_2 + 2Na \Longrightarrow Ti + 2NaCl \qquad (6-4)'$$

按生成 1mol Ti 反应的热平衡粗算。

反应热 $\Delta H_{T,3}^{\ominus}$ 为：

$$\Delta H_{T,3}^{\ominus} = \Delta H_{T,2}^{\ominus} - \Delta H_{T,1}^{\ominus}$$

物料吸热 $Q_{T吸,3}$ 为：

$$Q_{T吸,3} = Q_{T吸,1} - Q_{T吸,2}$$

绝热过程中的余热 $\Sigma Q_{T,3}$ 为：

$$\Sigma Q_{T,3} = \Delta H_{T,3}^{\ominus} + Q_{T吸,3}$$

上述计算值见表 6-2。

表 6-2 钠还原反应热平衡计算值

反应式	项 目		500K	800K	1000K	1200K
(6-1)′	$\Delta H_{T,1}^{\ominus}$	kJ/mol(Ti)	-925.48	-919.20	-912.09	-912.09
	$Q_{T吸,1}$		91.25	160.73	207.62	671.40
	$\Sigma Q_{T,1}$		-834.23	-758.47	-704.47	-495.18
(6-5)′	$\Delta H_{T,2}^{\ominus}$	kJ/mol(TiCl$_2$)	-609.45	-602.76	-592.71	-726.24
	$Q_{T吸,2}$		59.02	84.13	97.95	321.89
	$\Sigma Q_{T,2}$		-550.43	-518.62	-494.76	-404.35
(6-4)′	$\Delta H_{T,3}^{\ominus}$	kJ/mol(Ti)	-315.61	-316.03	-318.96	-440.35
	$Q_{T吸,3}$		26.79	76.18	109.25	349.51
	$\Sigma Q_{T,3}$		-283.80	-239.85	-209.71	-90.83

从表 6-2 可以看出，式 (6-1)′ 和式 (6-5)′ 的热效应都很大，仅式 (6-4)′ 的热效应略小些。它们都可靠自热维持反应。为了防止反应器壁超温，在还原过程中应及时排除余热或控制适宜的反应速度。

6.1.2 还原过程和动力学

6.1.2.1 还原过程和基本原理

钠还原 TiCl$_4$ 是一个复杂的反应过程，过程中伴随着一系列反应，在反应器内存在着由反应物、生成物和中间产物组成的复杂体系，在不同温度下各种物质的相态是不同的，其中生成的海绵钛聚集成块体，对反应过程有影响。而且，Na、TiCl$_2$、TiCl$_3$ 及 TiCl$_4$ 在熔融 NaCl 中又有一定的溶解度，也对反应过程有影响。

钠还原过程的阶段性更明显，因此，人为地控制不同的工艺条件，就可以制得各种状态的反应产物，如 TiCl$_2$、TiCl$_3$、海绵钛、粉末钛或结晶钛。即使同是海绵钛，由于工艺条件的差异，其结构也不尽相同。

在钠还原的实践中，人们已创造出多种工艺方法，如一段法、二段法。这些方法是按还原过程的阶段性来区分的，它们的还原过程和机理既有共性也有各自的特性。

本章主要介绍一段法工艺。按加料和加热方式不同又可分为3种方法：同时加料法、预加钠法和自热法。前两种方法是按加料方式来命名的。自热法目前一般采用同时加料方式，主要靠自热进行生产，从还原过程而言，可归入同时加料法。

A　同时加料法

反应器内升温至适宜温度时，将反应物 $TiCl_4$ 和钠按既定配比同时加料。在一般情况下，为了达到一步制取钛的目的，瞬时摩尔加料配比是按 $Na : TiCl_4 = 4$ 连续加料的，反应生成钛和 $NaCl$。当温度较低或配比不适宜时，还有 $TiCl_2$ 和 $TiCl_3$ 稳定存在，随着反应的进行，熔体内逐渐积累了由 $TiCl_4$-Na-Ti-NaCl-$TiCl_3$-$TiCl_2$ 组成的复杂体系。这些物质的性质见表6-3。

表6-3　钠还原系各组分性质比较

组　分		Na	NaCl	$TiCl_2$	$TiCl_3$	$TiCl_4$	Ti
密度 /g·cm⁻³	25℃	0.97	2.3	3.13	2.66	1.73	4.51
	800℃	0.757	1.535				
熔点/℃		98	801	1030	920	−23	1668
黏度/Pa·s		$0.173×10^{-3}$ (850℃)	$1.49×10^{-3}$ (816℃)			$0.395×10^{-3}$ (110℃)	
表面张力/N·m⁻¹		0.152 (500℃)	0.114 (801℃)			$2.34×10^{-5}$ (100℃)	

反应初期一般温度较低，加入反应物料后，在物料混合和接触时进行液（$TiCl_4$）—液（Na）相反应；部分 $TiCl_4$ 吸热后汽化，同时又存在气（$TiCl_4$）—液（Na）相反应。生成物是 Ti、$TiCl_2$、$TiCl_3$ 的混合物，温度升高后 $TiCl_2$ 和 $TiCl_3$ 又继续被剩余钠还原。

在正常反应过程中，一般维持熔体温度大于800℃，诸成分除了钛外均为液相，按其密度它们可以自然分层。钛的密度最大，生成的钛粒向下沉积聚集成钛坨。液钠的密度小，对铁壁、海绵钛和NaCl的湿润性都差，所以容易自动上浮暴露于熔体表面。液NaCl密度较大，往下沉积，逐渐累积占据反应器下部除钛块以外的容积。

在同时加料时，受加料动能冲击，$TiCl_4$和钠坠入熔体内，液钠很快上浮至熔体表面，而$TiCl_4$在低温下比液钠重，只在吸热后才逐渐上浮并汽化逸出熔体表面。此时在熔体表面进行着以气（$TiCl_4$）—液（Na）相反应为主的反应。由于反应剧烈，反应区中心的温度超过钠的沸点（>1000℃），此时还原反应是在沸腾的液钠表面进行的。高温下必然有部分钠汽化，所以在熔体表面还进行着气（$TiCl_4$）—气（Na）的相态反应。此外，在熔体内部，液相物料相互接触时又进行了液（$TiCl_4$）—液（Na）的相态反应。

在整个加料过程中，由于反应物是逐次加入反应器中的，并都在熔体表面，生成的钛粒沉积在反应器下部呈坨状，在一般情况下是不会搭"桥"的。Na、NaCl密度差较大，NaCl熔盐易沉积在反应器的下部。因此，反应物$TiCl_4$和钠相互接触的途径短，扩散速度快，能保持较大的反应速度一直到反应后期。由于熔体内存在较大的温度梯度和浓度梯度，料液冲击熔体发生的波动，以及熔体内部存在着缓慢的流动，这些都加速扩散过程，有利于提高反应速度。

反应主要生产钛，当生成$TiCl_2$或$TiCl_3$时，它们都溶解于液NaCl中，与溶于液NaCl中的钠接触，便在熔体内发生液（$TiCl_2$或$TiCl_3$）—液（Na）的相态反应。反应速度不同，生成的钛颗粒也不一样。直接反应生成的钛颗粒较小，而熔体内依靠扩散生成钛颗粒较大，有的为结晶钛。

反应区为高温区，熔体表面属高温带。随着料液的累积，熔体液面逐渐上升，高温区也由反应器底逐渐上升到上部。由于反应物集中在熔体中心部位，生成的钛也集中，并聚集呈坨。还原产物结构如图6-1（a）所示。钛坨四周都是NaCl层，因此不易被氧和铁污染。因钠不粘壁，所以海绵钛也不粘壁。当底部有剩余钠时，沿着钛坨四周的盐层向上扩散是比较容易的。某些钛坨中心部位有空心。

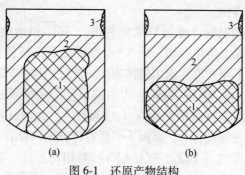

图 6-1　还原产物结构

（a）同时加料法；（b）预加钠法

1—钛坨；2—NaCl；3—爬壁钛

在一定条件下，反应空间也会发生气相反应，生成一些爬壁钛和粉末钛。爬壁钛黏附在反应器壁上，粉末钛则沉积于熔体里或爬壁钛上。爬壁钛主要是挥发在空间或冷凝在反应器壁上的钠与气相 $TiCl_4$ 进行还原反应的产物。爬壁钛一般质量较差，易燃烧，既影响还原产物的取出，又降低钛的实收率，应设法尽量使其减少，可采取的措施基本和镁法工艺相同。

B　预加钠法

预加钠法的还原过程和机理与同时加料法大同小异，差别由加料方式不同引起。从操作过程来说，它类似镁法工艺，钠是一次预加的，然后徐徐加入 $TiCl_4$。

预加钠法和同时加料法相比较，其还原过程和相态反应是相同的。也就是主要反应区在熔体的整个表面，反应主要相态是在整个熔体沸腾的钠面进行的气（$TiCl_4$）—液（Na）相反应，其次还有熔体表面上空进行的气（$TiCl_4$）—气（Na）相反应和熔体内进行的液（$TiCl_4$）—液（Na）相反应。只要熔体温度控制在 800℃ 以上，反应主要生成海绵钛粒，并向反应器下部沉积和聚集成块体。还原过程和同时加料法大致相同。

在预加钠法还原过程中，海绵钛块也不搭"桥"，对熔体下部的预加钠扩散上浮有利。但随着反应的进行，在反应后期，反应生成物海绵钛和 NaCl 的累积，熔体高度增加，反应器底部的钠上浮至液面途径增长，扩散阻力有所增加，还原速度稍有降低。因此，反应速度与反应过程的阶段性有关。反应前期和反应中期速度较大，反应后期速度有所降低。

反应初期生成的钛粒在高温下活性很大，吸附液钠中的杂质氧等，并沉积至底部，形成氧含量、铁含量高的底部黏壁钛。反应接近终点时，加入的 $TiCl_4$ 和溶于液 NaCl 中的钠作用，由于扩散阻力大，反应速度逐渐变小。所以临近终点时应适时地停止加料。

预加钠法工艺，按理论计算最终生成物的容积比反应前约增加37%。若在竖式罐体里，预加钠初始液面为 1.2~1.6m 处，反应区域较狭窄。

预加钠法的还原产物结构如图 6-1（b）所示。产品仍然聚集成坨状，沉积在熔体下部，盐层分布在熔体上部，钛坨中间夹杂有盐。如果熔体的温度较低（<800℃时），钛坨中间夹杂的盐就更多。

钠还原法钠的利用率很高，如果 $TiCl_4$ 略过量，钠的利用率可接近100%。

6.1.2.2 还原动力学

在钠还原过程中，一般情况下反应速度很大，欲提高生产率，必须设法提高过程的扩散速度或提高反应区的散热能力。还原动力学影响因素主要有反应表面积的大小和生成物、加料速度和反应温度，其次还有反应压力。这些影响因素既相互联系又相互影响。

A 反应表面积的大小和生成物

钠还原反应是一个多相反应，该过程常受到扩散的影响。因此，在熔体表面进行的总反应速度与熔体的表面积有关。反应器横截面积越大，其反应表面积也越大。由于大型反应器的横截面大，熔体内的钛块与反应器壁间的间隙也宽，便于罐底钠的上浮扩散，对提高还原速度十分有利。这种影响对预加钠工艺尤为明显。由于在大型反应器内，器壁离中间高温区的距离较大，所以器壁不易超温，反应容器空间大，反应压力波动较小，操作平稳，所以可以允许采用较大的加料速度。但是，因钠还原反应热效应很大，所以必须考虑排除上部余热，才能进一步提高加料速度。

生成物的相态与熔体温度有关，它们对还原过程影响较大。

当熔体温度小于 800℃时，NaCl 和其他一些生成物均为固相，此时熔体为一种固液混合物。由于生成的是固相产物，对反应物的扩散和接触起到阻碍作用，使反应速度大为下降。另外，在这样的温度下，反应不能进行到底，特别在低于 650℃时，生成物为 NaCl 和 TiCl$_2$、TiCl$_3$、Ti 的混合物。这是因为 TiCl$_4$ 具有分步还原的特征，气相 TiCl$_4$ 的扩散速度大，较易还原，一旦生成中间产物 TiCl$_2$ 和 TiCl$_3$ 后，便变成挥发性小的固体，使扩散阻力大为增加，成为控制因素。欲提高低温还原的反应速度，可使物料成湍流状态或进行搅拌，以增加反应物的反应接触面。这也是二段法的第一段低温还原制取低价氯化钛常用的措施。

当熔体温度大于 800℃时，除钛外，NaCl 等生成物均为液相。由于 Na、NaCl 的密度差大，容易分层，熔体中的液钠上浮的扩散阻力小，有利于还原反应。另外，生成的钛粒下沉并聚集成坨状，一般不在熔体表面搭“桥”，对反应物间的扩散阻力小，大大提高了反应速度，这种情况在大型反应器内尤为明显。此时，还原速度很大，控制因素是必须及时排除余热。但对于预加钠法（特别是在小型反应器内）的反应后期，由于生成物的累积，熔体底部液钠上浮的扩散阻力较大，扩散变成了控制因素，降低了反应速度。实践表明，当 NaCl 呈液相时，它对还原过程的影响并不大，可以不排放。而且，NaCl 的覆盖可使海绵钛免受泄漏气体的污染，但是却降低了反应器的利用率。

B 加料速度

在还原作业时,反应物 $TiCl_4$（同时加料法还有钠）是徐徐加入反应器内的。因此,反应物的加料速度体现了反应物的瞬时浓度,它可对反应速度进行控制,并且又会引起反应温度和反应压力的变化。

对于预加钠法工艺,有类似镁还原工艺的特征。实践表明,在适宜的温度下和一定的加料速度范围内,化学反应速度和 $TiCl_4$ 的加料速度成正比。$TiCl_4$ 的加料速度越大,反应速度也就越大;反之亦然。但是,增大加料速度不仅受到反应温度和反应压力的限制,还与熔体内钠的上浮扩散速度有关。当 $TiCl_4$ 的加料速度超过一定量后,由于受钠扩散速度的限制,反应速度无法增大,加料速度只能维持这一最大值。特别到反应后期,钠上浮扩散阻力增大,相应的反应速度有所降低。因此,$TiCl_4$ 的加料速度还与反应时期有关,实践中常制定出适宜的加料制度。

对于同时加料法,反应速度与 $TiCl_4$ 和钠的加料速度均有关。一般来说,在较宜操作温度下,反应速度取决于其中料速较小者。如加料配比 $Na : TiCl_4 \geq 4$（摩尔比）时,反应速度取决于其中 $TiCl_4$ 的加料速度,生成物为 NaCl 和钛;当 $Na : TiCl_4 < 4$（摩尔比）时,反应速度取决于钠的加料速度,生成物为 NaCl、$TiCl_2$、$TiCl_3$ 和 Ti,这时过程更为复杂。

C 反应温度

反应温度对钠还原反应速度影响很大。随着反应温度的提高,化学反应速度也增加。反应速度还受反应物扩散速度的影响。反应温度对还原反应的影响的定性规律为:

（1）当反应温度小于 100℃ 时,虽然 $TiCl_4$（液）—Na（固）的反应按热力学计算是可以进行的,但反应物间的扩散阻力很大,反应实际上是不能进行的。

（2）当反应温度在 100~800℃ 时,反应物 $TiCl_4$（液）—Na（液）反应或 $TiCl_4$（气）—Na（液）反应均可进行。但由于生成物 NaCl 为固相,对反应物的扩散有一定的影响,反应速度随着反应温度的增加而逐渐提高：在 100~160℃ 反应速度很小，在 160~400℃ 时已有一定的反应速度，400℃ 以上已有较大的反应速度。

（3）当反应温度大于 800℃ 时，反应物 $TiCl_4$（气）—Na（液）的反应速度较大，生成物 NaCl 为液相，反应物的扩散阻力较小，随着温度的增高反应速度增加较快。因此，工艺上采用的反应温度和熔体的温度必须大于 800℃。

D 反应压力

反应压力包括反应物（$TiCl_4$ 和 Na）、生成物（NaCl 和 Ti）、中间生成物（$TiCl_3$ 和 $TiCl_2$）和充入的氩气分压。由于生成物的分压较小，所以反应压力为：

$$p_{总} = p_{TiCl_4} + p_{Na} + p_{TiCl_3} + p_{TiCl_2} + p_{Ar}$$

式中，p_{TiCl_4} 和 p_{Ar} 分压较高，对还原过程的影响也较大。一般情况下，提高反应物浓度，如 p_{TiCl_4} 值，可以增大反应速度，对于反应是有利的。但在还原作业过程中，由于容积逐渐减少，反应压力的增高有时是由氩气的膨胀造成的；有时如果加料速度过大或加料配比不均时，反应压力的增高可能是剩余反应物（$TiCl_4$ 或 Na）挥发变成蒸气造成的。若是氩气膨胀造成的，往往采用放气操作，排除多余的氩气；若因加料引起的，应及时降低加料速度或调整加料配比。

6.2 水洗浸出和真空干燥的理论基础

6.2.1 水洗浸出的基本原理和动力学

钠还原产物是海绵钛和 NaCl 的混合物。由于 NaCl 不吸水、易溶于水，也不发生水解，因此，常用水洗浸出法使 NaCl 和海绵钛分离。

海绵钛是钛颗粒在还原过程中的聚集物，它是多孔海绵状固体，内部有许多毛细孔。毛细孔内黏附有 NaCl 和少量的 Na 以及 $TiCl_2$、$TiCl_3$。为了叙述简单，讨论时 Cl^- 含量是按 NaCl 计算的。

水洗浸出的过程就是 NaCl 在水洗液溶解的过程。所以洗涤过程大致分为 3 个步骤：第一步是水洗液向海绵钛毛细孔内的渗透；第二步是海绵钛黏附的 NaCl 溶解于水；第三步是毛细孔内溶液中的 NaCl 向水洗液的扩散。

水洗浸出的过程中，对于多孔物质而言，其表面现象和毛细现象是不可忽视的。水对海绵钛是湿润的，水很容易向海绵钛毛细孔内渗透，并取代其中的空气。由于 NaCl 在水中的溶解度很大，溶解也很快，因此，上述过程中第一步和第二步都比较快。

第三步是一个扩散过程。一般来说，海绵钛颗粒外表的溶液中的 NaCl 向水洗液扩散，由于扩散途径短，因此是比较容易向水中扩散的。而海绵钛颗粒毛细孔内的溶液中的 NaCl，因毛细管力的束缚，扩散途径较长，向水洗液的扩散是比较慢的。所以，水洗浸出的总速度取决于第三步，第三步成为控制步骤。

另外，还原产物中还存在少量的 $TiCl_3$、$TiCl_2$ 和 Na，它们都会发生水解反应：

$$TiCl_2 + H_2O =\!\!=\!\!= Ti(OH)Cl_2\downarrow + \frac{1}{2}H_2\uparrow \qquad (6\text{-}12)$$

$$TiCl_3 + H_2O =\!\!=\!\!= Ti(OH)Cl_2\downarrow + HCl \qquad (6\text{-}13)$$

$$Na + H_2O =\!\!=\!\!= NaOH + \frac{1}{2}H_2\uparrow \qquad (6\text{-}14)$$

其中 $Ti(OH)Cl_2$ 不稳定，还能继续水解生成 $Ti(OH)_2Cl$ 或 $Ti(OH)_3$。由于上述反应生成物 NaOH 和 HCl 能起中和反应，降低了水洗液的酸度，此时更有利于式（6-12）和式（6-13）两式水解反应的发生。一旦生成了低价钛的碱式盐，便增加了产品的杂质含量。为了抑制低价钛的水解发生，使它们随水洗液流出去，常在水洗浸出初期的水洗液中加入一些盐酸，以提高水中的酸度，此时也俗称酸洗。实践表明，在酸洗过程中，采用含

0.75%~1.0%HCl 的水洗液的效果不错。但对于含钠多的还原产物，应酌情增加水的酸度。

在流动水洗液的浸出过程中，紧贴着海绵钛颗粒表面的一层相对不动液膜，称为扩散层。而毛细孔内的 NaCl 是通过扩散层向外扩散，进入水洗液。因此，浸出过程遵循扩散速度（kg/(m² · h)）方程式：

$$u_{扩} = \frac{DA}{V\delta}(C_s - C_0) \tag{6-15}$$

式中　$u_{扩}$——扩散速度；

　　　δ——扩散层厚度；

　　　A——多相界面积；

　　　D——扩散系数，与温度、扩散物质和扩散介质有关；

　　　V——溶液体积；

　C_s，C_0——分别为扩散层两边的 NaCl 浓度。

对于连续水洗浸出过程，按式（6-15）讨论其动力学影响因素。

6.2.1.1　水洗液的条件

水洗液越多，越利于降低 C_0，提高 C_s-C_0，增大扩散速度。但是水洗液量太大，并不能明显地提高浸出速度，因而会造成浪费。所以，在连续水洗设备中，水洗液一定要控制适量，也就是要控制一定的水洗液流量。为了增大 C_s-C_0 值，常使水洗液和海绵钛粒呈逆向前进，以提高扩散速度。

提高水温虽然能使 NaCl 的溶解度 C_s 略有增加，并使扩散系数 D 也有所增大。事实上因对浸出速度影响并不显著，所以常用常温的水浸出。

增加还原产物在水洗液中的停留时间，使 NaCl 向水洗液中的扩散接近平衡，有利于降低产品中的 Cl⁻ 含量，但水洗生产率随之下降。实践表明，停留时间过长，并不能明显提高洗涤效果，因此，适宜的停留时间应按水洗设备和其他条件经实验后反复确定。

分析表明，水质对水洗的影响不大。自来水中含 Cl^- 约为 0.00075%，由此引起的产品中 Cl^- 含量的增加可以忽略不计。因此，水洗液常用普通自来水或地下水。

6.2.1.2 还原产物的粒度

还原产物的粒度越小，多相界面积 A 越大，这有利于扩散。但是，颗粒太小的海绵钛外表面积大，表面吸附的影响增大，产品中 Cl^- 含量并不能降低，而且水洗实收率下降。所以，还原产物的粒度不宜太小。实践表明，还原产物粒度在 0.2~10mm 时，经水洗后的产品中含 Cl^- 量大致相同，结果见表6-4。

表6-4 海绵钛粒度不同的 Cl^- 含量分析

颗粒平均粒径/mm	9.5	4.5	1.35	0.70	0.44	0.19	平均
Cl^- 含量平均值/%	0.21	0.19	0.19	0.19	0.21	0.21	0.20

6.2.1.3 水洗液的湍动程度

水洗液的湍动程度越大，扩散层越薄，越有利于扩散。因此，水洗液湍动越激烈，或者增加搅拌速度，越能提高浸出效果。事实上，扩散层是不能完全消除的，增加水洗液的湍动，使其降低至最小值。而最小值又与水洗设备及其搅拌速度有关。

6.2.1.4 海绵钛结构

海绵钛结构很复杂，其毛细孔可分为闭孔和开孔两种。

闭孔毛细管主要是海绵钛在还原过程中经烧结而成的，也可能在机械破碎时有时将开孔毛细管挤压而成闭孔。由于其中包裹的 NaCl 无法和洗涤液接触，所以全部残留在产品中。因此，闭孔率高的产品中 Cl^- 含量必然高。

闭孔率与还原产物的破碎粒度有关。在一般情况下，大颗粒的钛块的闭孔率高。若将大块的海绵钛破碎成小块，可使其部分闭孔毛细管变成开孔毛细管。为了降低产品的闭孔率，应将其破碎成适当的小颗粒。闭孔率还与生产工艺、钛坨的部位和反应温度有关。

在开孔毛细管中，残留的 NaCl 主要是由毛细管力吸附了
NaCl 液而存在。事实上，在水洗浸出时，毛细孔吸附的影响是
无法避免的。这种吸附的影响又与开孔率的多少、毛细管的长短
和曲折程度有关。

孔隙率的多少与生产工艺有关，图 6-2 所示为不同工艺方法
的产品的样品显微照片。从图 6-2 中可以看出，不同试样的海绵

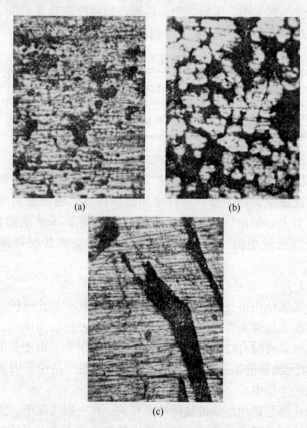

(a)　　　　　　　　　　　　(b)

(c)

图 6-2　海绵钛或结晶钛样品显微照片（×400）

（黑色部分为孔洞）

（a）一段法海绵钛；（b）二段法海绵钛；（c）结晶钛

钛结构，钛晶粒大小不同，孔隙率大小不同，孔隙的弯曲程度也不同。各种工艺方法制得的产品所含 Cl⁻ 所占的比例见表 6-5。事实上，即使同一炉产品，其结构也不同。所以，产品的结构最终又取决于还原速度。反应速度越大的产品，Cl⁻ 含量越多；反之亦然。

表 6-5　产品中 Cl⁻ 含量所占的比例

产品中 Cl⁻ 含量/%		0.03 ~ 0.10	0.10 ~ 0.15	0.15 ~ 0.20	0.20 ~ 0.25	>0.25	统计炉次
比例/%	同时加料一段法	34.0		49.6	11.4	5.0	377
	预加钠一段法	27.3		45.5	27.3		11
	二段法	67	33				15
	结晶钛	86	14				15

总之，采用钠还原—水洗法所制得的海绵钛，其 Cl⁻ 的含量除了与水洗工艺有关外，主要还与海绵钛块的致密程度密切有关，后者最终又取决于还原反应速度的大小。

6.2.2　真空干燥的基本原理和动力学

经水洗后的湿海绵钛必须进行干燥脱水。

湿海绵钛所含的水可分为外表吸附水和毛细管水两种，其结合力很弱，干燥脱水比较容易。其干燥过程符合下列干燥速度（kg/(m² · h)）方程式：

$$u_干 = -\frac{G\mathrm{d}C}{F\mathrm{d}\tau} \tag{6-16}$$

式中　$u_干$——干燥速度；

　　　G——物料（海绵钛）质量；

F——物料与气体接触的湿表面积；

C——物料的水分含量；

τ——干燥时间。

按式（6-16）可以分别绘制得到典型的干燥曲线（见图6-3）和干燥速率曲线（见图6-4）。

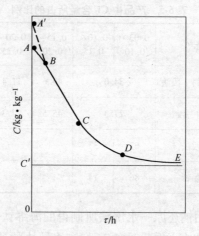

图 6-3 干燥曲线（恒干燥情况）

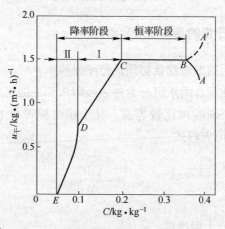

图 6-4 干燥速率曲线（恒干燥情况）

6.3 钠的准备

6.3.1 钠的性质

钠是元素周期表第三周期 IA 族元素，它是一种碱金属，具有强烈的金属光泽。其晶格内的自由电子极为活泼，所以它的导电性和导热性都很好。钠的密度小，硬度也低，常温下柔软，可用刀切成块。

钠的主要物理性能为：

原子序数   11

原子量   22.9898

核外电子结构 $1s^2 2s^2 2p^6 3s^1$

晶格类型   体心立方晶格，$a = 0.424nm(4.24Å)$

原子半径 $0.1572nm(1.572Å)$

离子半径（Na^+） $0.095nm(0.95Å)$

电离势   5.138eV

熔点   97.8℃

沸点   882.9~887.5℃

着火点   115℃以上

熔化热   113.44J/g

蒸发热   102.97kJ/mol(97.8℃)

      105.98kJ/mol(883℃)

比热容   固体 1.277J/(g·℃)，液体 1.298J/(g·℃)

密度 $0.968g/cm^3(20℃)$

$$\rho(固体) = 0.973 - 2 \times 10^{-4}t - 1.5 \times 10^{-7}t^2$$
$$(0 \sim 97.8℃)$$

$$\rho(液体) = 0.949 - 2.2 \times 10^{-4}t - 1.75 \times 10^{-8}t^2$$
$$(97.8 \sim 640℃)$$

熔化时的体积增加   2.17%

临界温度   2573K

临界压力   35MPa(350atm)

液体黏度　　　　　0.690×10⁻³Pa·s（97.8℃）

$\lg \mu = -4.09127 + 382/(t+313)$ （97.8 ～ 930℃）

液体表面张力　　　0.192N/m（97.8℃）

$\sigma = 0.202 - 10^{-4}t$ （97.8 ～ 500℃）

液钠对于液氯化钠的表面张力为121N/m（790℃）

导热系数　　　　　1.314W/（cm·℃）（25℃）

$\lambda(\text{固体}) = 1.356 - 1.67 \times 10^{-3}t$

（0 ～ 97.8℃）

$\lambda(\text{液体}) = 0.9066 - 4.86 \times 10^{-4}t$

（97.8 ～ 512℃）

电阻率　　　　　　4.985μΩ·cm（25℃）

$\gamma(\text{固体}) = 4.477 + 0.01932t + 4 \times 10^{-5}t^2$

（20 ～ 97.8℃）

$\gamma(\text{固体}) = 6.225 + 0.0345t$ （98 ～ 141℃）

磁化率　　　　　　16.0×10⁻⁶（顺磁性）（18℃）

钠蒸气随着温度的升高能形成双原子分子：

$$2Na(\text{气}) \Longrightarrow Na_2(\text{气})$$

由于钠的蒸气能形成二聚体，所以钠的蒸气压和一些热力学性质变得复杂化了。钠在各种温度下的蒸气压（包括单原子和双原子分子的总压）和其他一些物理性质数据见表6-6。

表6-6　钠的某些物理性质

温度 /℃	密度 /g·cm⁻³	黏度 /Pa·s	动力黏度 /N·m⁻¹	表面张力 /mN·m⁻¹	导热系数 /W·(cm·℃)⁻¹	电阻率 /μΩ·cm	蒸气压 /Pa
0	0.973				1.356	4.477	
25	0.967				1.314	4.985	
97.8(固)	0.951				1.193	6.750	

温度 /℃	密度 /g·cm⁻³	黏度 /Pa·s	动力黏度 /N·m⁻¹	表面张力 /mN·m⁻¹	导热系数 /W·(cm·℃)⁻¹	电阻率 /μΩ·cm	蒸气压 /Pa
97.8(液)	0.927	0.690	7.44	192.2	0.858	9.600	$1.31×10^{-5}$
100	0.9265	0.682	7.36	192.0	0.858	9.675	$1.60×10^{-5}$
105	0.925	0.665	7.18	191.5	0.854	9.848	$2.50×10^{-5}$
110	0.924	0.648	7.01	191.0	0.854	10.020	$3.86×10^{-5}$
115	0.923	0.633	6.85	190.5	0.850	10.193	$5.90×10^{-5}$
120	0.922	0.618	6.70	190.0	0.850	10.365	$8.90×10^{-5}$
125	0.920	0.604	6.56	189.5	0.846	10.538	$1.33×10^{-5}$
130	0.9197	0.590	6.42	189.0	0.846	10.710	$1.96×10^{-4}$
135	0.919	0.577	6.28	188.5	0.841	10.883	$2.89×10^{-4}$
140	0.917	0.565	6.16	188.0	0.837	11.055	$4.19×10^{-4}$
150	0.915	0.542	5.92	187.0	0.833	11.400	$8.61×10^{-4}$
160	0.913	0.520	5.70	186.0	0.829	11.745	$1.70×10^{-3}$
180	0.908	0.483	5.31	184.0	0.820	12.435	$6.13×10^{-3}$
200	0.904	0.450	4.98	182.0	0.808	13.125	$1.96×10^{-2}$
300	0.881	0.340	3.87	172.0	0.762	16.58	1.96
400	0.857	0.278	3.25	162.0	0.716	20.03	47.61
500	0.833	0.239	2.87		0.666		526.68
600	0.809	0.212	2.63				$3.27×10^{3}$
700	0.783	0.193	2.46				$1.39×10^{4}$
800	0.757	0.179	2.35				$4.48×10^{4}$
850		0.173	2.31				$7.43×10^{4}$
880		0.169	2.29				$9.84×10^{4}$

钠的化学性质异常活泼，可与许多元素和化合物反应。

钠在室温下与水激烈反应，生成氢氧化钠并放出氢气：

$$Na + H_2O \Longrightarrow NaOH + \frac{1}{2}H_2 \uparrow$$

该反应十分激烈，反应放出的热量足以使钠熔化。当钠与多量水反应时则发生爆炸。所以，钠绝对不可以和水接触。

钠与水蒸气反应，比与液体水的反应较为缓和，在低温下生成氢氧化物，在高温下生成氧化钠：

$$Na(液) + 2H_2O(气) == NaOH + \frac{1}{2}H_2\uparrow$$

$$2Na(液) + H_2O(气) == Na_2O + H_2\uparrow$$

固体钠暴露在空气中便迅速氧化，失去银白色金属光泽变成暗灰色。它在空气中燃烧时发出特征的黄色火焰。

钠在干空气或干氧气中氧化的基本产物是 Na_2O 和 Na_2O_2：

$$2Na + \frac{1}{2}O_2 \xrightarrow{<160℃} Na_2O$$

$$Na_2O + \frac{1}{2}O_2 == Na_2O_2$$

$$2Na + O_2 == Na_2O_2$$

钠在湿空气中除生成氧化钠外，并能与水蒸气和 CO_2 气体反应生成 $NaOH$ 和 Na_2CO_3。

钠主要有 3 种氧化物，它们的性质见表 6-7。

表 6-7　钠氧化物的性质

性　质	Na_2O	Na_2O_2	NaO_2
密度/$g \cdot cm^{-3}$	2.27~2.31	2.61	2.21
熔点/℃	920	约675	
沸点/℃	1350		

由此可见，钠的氧化物属于高熔点化合物，并可溶于液体钠中。

在熔点温度时，钠能缓慢吸收氢，在 200~400℃ 下迅速吸收氢生成 NaH：

$$Na + \frac{1}{2}H_2 \rightleftharpoons NaH$$

在温度大于 400℃ 时，NaH 发生分解。

在低温下，钠不与氮发生反应；在较高的温度（>300℃）

下，可与氮反应生成 NaN_3 和 Na_2N。氮及其氮化钠可溶于液体钠中，因此，不能用氮气作液钠的保护气。

在高温下（800～900℃），钠可与碳发生反应生成 NaC。

钠与卤素发生反应生成卤化物。氟在室温下便与钠迅速反应，并着火；钠与氯反应较缓慢，液钠与氯反应生成 $NaCl$；低温下钠不与溴、碘反应。

钠与饱和烃不发生反应，也不溶解。因此，通常用密度小、沸点高、闪电高和不易分解的饱和烃作为钠的油封保护剂。但钠可与不饱和烃发生反应，与醇发生反应放出氢并生成烷氧基钠：

$$2Na + 2C_nH_{2n+1}OH \Longrightarrow 2C_nH_{2n+1}ONa + H_2 \uparrow$$

6.3.2　钠的制取

钠的制取方法很多，常用的有电解法和热还原法。熔融 $NaCl$ 电解是工业生产金属钠的主要方法。熔融 $NaCl$ 电解法具有电流效率高（通常为 80%～85%）、成本低和副产品氯可以直接利用等优点，因而已为工业广泛采用。在钛钠联合生产工艺中，为了达到钠氯循环，应选用 $NaCl$ 熔盐电解法。该法的工业原料为 $NaCl$。

$NaCl$ 的主要物理性质为：

熔点	801℃
沸点	1465℃
晶格类型	正立方晶体，$a=0.5627nm(5.627\text{Å})$
密度	固体 $2.168g/cm^3$
	$\rho(液体) = 1.505 - 6 \times 10^{-4}(t - 850)$
熔化热	28.46～30.97kJ/mol
蒸发热	170.78～182.08kJ/mol
电阻率	3.66Ω·cm(850℃)
	3.77Ω·cm(900℃)
	3.88Ω·cm(950℃)
比热容	0.854J/(g·℃)

介电常数　　　5.82~6.29

蒸气压(Pa)　　$\lg p = -11530T^{-1} + 3.48\lg T - 18.65$ 　（801~1465℃）

温度与钠蒸气压的关系见表6-8。

表 6-8　温度与钠蒸气压的关系

温度/℃	820	840	854	894	915	940
蒸气压/Pa	5.32	39.9	42.56	99.75	143.64	324.52
温度/℃	960	1000	1106	1227	1298	1430
蒸气压/Pa	464.17	744.8	2327.5	13738.9	27424.6	102011

熔融 NaCl 的黏度如图 6-5 所示。

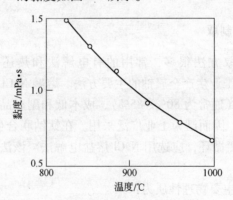

图 6-5　熔融 NaCl 的黏度

熔融 NaCl 在气相界面上的表面张力 σ_t (mN/m) 为：

$$\sigma_t = 114.1 - 0.071(t - 801)$$

NaCl 在水中溶解度见表6-9。

表 6-9　NaCl 在水中的溶解度

温度/℃	-15	0	5	9	25	40	50
溶解度/%	24.66	26.21	26.27	26.14	26.54	26.81	27.00
温度/℃	60	70	80	90	100	109.7	
溶解度/%	27.14	27.47	27.65	27.99	28.38	28.75	

钠在固体 NaCl 中的溶解度很小，但在熔融 NaCl 中有一定的溶解度，并随温度的上升溶解度显著增大。Na、NaCl 相互间的溶解度见图 6-6 和表 6-10。钠在 NaCl 熔盐中的饱和溶解，可使 NaCl 的熔点降低 9℃。当温度高于 1100℃ 时，Na、NaCl 间可相互溶解。

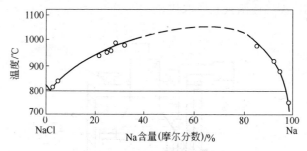

图 6-6 Na、NaCl 间的溶解度

表 6-10 **Na 在 NaCl 熔盐中的溶解度**

温度/℃	750	784	790	809	820	889	949
溶解度/%	0.03	0.04	0.06	1.12	1.92	3.87	9.64

NaCl 的熔点为 801℃，NaCl 直接电解约需温度为 850℃，在这样高的操作温度下，钠的蒸气压很高，设备易受腐蚀。所以，常加入其他氯化物与 NaCl 形成低熔点混合盐系，以降低电解温度。例如，可以加入 $CaCl_2$、KCl、$SrCl_2$、$BaCl_2$、KF、NaF 和 CaF_2 等。目前，工艺中采用的一种电解质成分有：NaCl 33%，$CaCl_2$ 28%，$SrCl_2$ 24%，$BaCl_2$ 15%，共熔温度为 460℃，电解温度为 600~650℃。

熔融 NaCl 电解的电极反应为：

$$NaCl \Longrightarrow Na^+ + Cl^-$$

在阳极上 $$Cl^- \Longrightarrow \frac{1}{2}Cl_2 + e$$

在阴极上 $$Na^+ + e \Longrightarrow Na$$

要求原料（食盐）含 NaCl 大于 99.8%，电解前应进行干燥，否则含有水分会使耗电量增加。另外，杂质硫酸盐的含量不能超过 0.2%，否则会破坏电解过程。

熔盐 NaCl 电解生产钠的槽型很多，目前生产中广泛采用的是比较先进的 Downs 电解槽，其结构示意图如图 6-7 所示。其他类型的槽型已逐渐被它所取代。

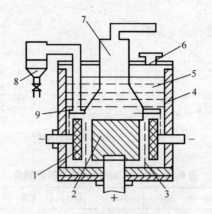

图 6-7　Downs 钠电解槽结构示意图

1—阴极（铸钢）；2—阳极（石墨）；3—隔膜；4—电解槽壁；
5—电解质；6—加料口；7—氯气室；
8—钠接收器；9—钠捕集沟

该种槽型的结构特点是阳极设在中心，以阴极围绕之，限定了一个环形电解区。电解槽的外部是钢壳，内部用耐火绝热砖砌成。石墨阳极从电解槽底部向上伸出，阴极是铸钢制的圆筒形环圈。在阳极上面有一个浸入电解质熔盐的钟式锥形氯收集器。在它的下端四周是一个倒置的环形槽，沉没在电解质中，以收集电解出的金属钠。钠的密度比电解质小，可沿着上升管陆续流到槽外的接收器中。为了防止生成的钠重新和阳极氯气化合，在阳极和阴极间装有钢制网状隔膜。工业 Downs 电解槽是按上述结构加以改进设计的。

国外 NaCl 电解生产钠的主要技术经济指标为：

电解温度	600℃
电解电压	7~8V
电流效率	80%~85%
电力消耗	13000~14000kW·h/t（Na）
NaCl 单耗	2.8~3.0t/t（Na）
副产品氯气	1.54t/t（Na）

6.3.3 钠的精制

电解 NaCl 制取的钠含有较多的杂质，这些杂质可分为两类：

第一类是金属杂质，与钠形成合金的有钾、铅、银、汞、铯、锑等；溶于钠的有钙、镁、锂、锌、镉、铁、铝、铬、钼、镍等，其中以钾、钙、镁和铁的含量较大。

第二类是气体杂质，以氧和氮含量较大。氧以 Na_2O、Na_2O_2、Na_2CO_3、NaOH 等形式存在，氮是以氮化钠的形式存在。

这些杂质，特别是气体杂质，对产品质量的影响很大。因此，用于制取海绵钛的金属钠必须经过精制。对用做 $TiCl_4$ 还原剂的钠的纯度（质量分数）要求为：Na>99.9%，Cl^- 0.0015%~0.005%，SO_4^{2-} 0.002%~0.005%，Fe 0.001%~0.005%，Pb 0.001%~0.005%，SiO_2<0.005%，Ca 0.005%~0.1%，N<0.002%，PO_4^{3-}<0.001%，O 0.005%~0.01%。

钠的精制方法大约有下面 4 种：

（1）过滤。因低温（110~150℃）下大部分杂质在液钠中的溶解度较小，采用过滤器过滤可以除去其中的大部分。

（2）冷阱。用不锈钢丝（屑）或其他金属丝（屑）填充于一容器内，保持 110~150℃，称为冷阱。低温液钠通过冷阱时，其中的杂质便在金属丝（屑）上析出。钠在冷阱内停留 5~10min，便可得到净化。

（3）热阱。用活性金属丝（如锆和钛丝等）填充于一容器内，保持 400~600℃，称为热阱。当较高温度的液钠通过热阱时，其中杂质（如氧和氮）被活性金属吸收而达到净化。

（4）蒸馏。由于钠和其他杂质的沸点差别较大，可用蒸馏的方法精制。

在钛的生产工艺中，钠的精制大多采用过滤法。该法不仅操作简单，而且可以除去许多金属（如钙和重金属）和气体杂质（如氧和氮），经过滤的纯钠可以满足要求。

从钠的氧化物在液钠中的溶解度（见图 6-8）可以看出，溶解度随着温度的上升而增加。在 150℃ 时，氧在液钠中的溶解度不超过 0.002% ~ 0.003%。因此，过滤温度不宜太高。另外，过滤时必须用惰性气体氩气作保护气，以避免大气污染金属钠。

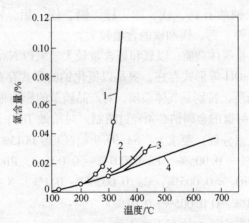

图 6-8　钠的氧化物在液钠中的溶解度
1—$Na_2O+Na_2CO_3+NaOH$；2—Na_2CO_3；
3—Na_2O；4—NaOH

一种钠过滤设备结构如图 6-9 所示。它是在圆筒形设备内安装有多根过滤管，这种过滤管可以用铜、镍、不锈钢等金属多孔过滤管，也可用陶瓷多孔过滤管，过滤孔隙为 10 ~ 15μm。外面用电感加热。为了便于清理，过滤设备外面多加一套罐，清理时，带电感线圈的外套罐可以固定不动。

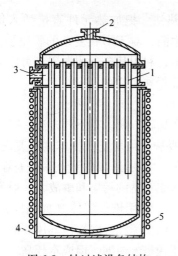

图 6-9 钠过滤设备结构

1—过滤管；2—出料管；3—加料管；4—外套罐；5—电感线圈

在 110~150℃ 的过滤温度下，液钠通过过滤管时，不溶的固体杂质被过滤管截留，液钠则通过微孔得到精制。过滤管上的过滤饼累积到一定的厚度，经反吹可使其脱落，过滤管即回复原来的过滤速度。钠渣应定期加以清理。

6.3.4 液钠的处理技术

6.3.4.1 加热

从安全生产考虑，不能用水蒸气加热钠，只能用热的油介质或电加热钠，而工艺上常用电加热钠。电加热钠的方式有如下几种：

（1）感应电加热法。因钠是良导体，可把感应线圈围绕在钠容器或管道外的绝缘材料上，当感应线圈上通以交流电时，液体金属钠便产生涡流而被加热。这种加热法简单可靠，但效率较低，耗电量大。多用于钠的熔化和精制设备上。

（2）间接加热法。将加热元件放置在钠容器或管道外壁，通电加热。这种加热法热量损失也较大。

（3）直接加热法。把加热元件直接插入钠中，通电加热。该法的热能利用率高，对于形状复杂的管路加热尤其简单方便。因此对于输钠管道，利用其自身的电阻，可以采用低电压（36V以下）直接加热，操作也简单。

6.3.4.2　输送

液体钠的输送比较方便，有下列方法：

（1）真空抽吸法。可用空气冷却的往复真空泵（不能使用水冷却的真空泵）运转后造成的真空，进行泵吸输送液钠。该法可能因漏气而造成对钠的污染和事故，一般不常用。

（2）气体压送。利用惰性气体（如氩气）的压力输送。这种方法简单可靠，但要消耗许多惰性气体。对于小型实验或间隙作业，采用气体压送是方便的，但成本较高。

（3）电磁泵输送。机械泵因有活动部件，所以密封必须可靠。钠的电导率高，可借助电磁泵的电动力驱使液钠流动。因电磁泵无活动部件，不存在密封问题，可靠性很好。其中平面交流感应电磁泵结构简单，容易制造，维护方便。实践证明，这种泵用于液钠的输送效果良好，适用于工业生产。

6.3.4.3　计量

液钠的液面计量除可用通常的液体计量技术外，还可利用钠的优良导电性能这一特性进行计量。它的液面测量方式有接触式（如浮标式、电极式、电阻式和电容式等）及非接触式（如电感应式和超声波式等）两种。

接触式测量要把感受元件沉浸在液钠中，由于钠黏附在感受元件上会引起测量误差。对低于420℃的液钠，这种黏附特别严重，所以应用受到了限制。

利用电的感应原理把电流导入液钠中也可测量钠的液面。其原理是：感应线圈安装在液钠容器的管套中，当交流电通入线圈时，便在线圈周围任一闭合导电回路中产生感应电流，即导管周围的液钠和导管形成了一个导电回路，产生感应电流，消耗主线圈的能量，主线圈的能量消耗速度随钠的液面沿着导管上升或下降发生变化，所以，主线圈的电流变化便可成为液面变化的量度。这种测量方法的缺点是受温度变化影响大，需要进行温度补偿或采用互感线圈，以降低温度变化的影响。

超声波式液面计也是属于非接触式，但不适用于高温的场合。

在钠法生产海绵钛工艺中，测量钠液面的准确度一般要求达到±0.1mm。目前，许多液面计尚未达到上述精确度。但称量法是一种使用的精确计量方法，此时必须采用软管连接。

应用孔板流速计来测量液钠的流量时，会遇到测量压差的问题。应用转子流量计时，存在对流量计加热的困难。应用电磁流量计时，由于110~150℃的液钠对管壁湿润性差，氧化钠容易在电极上析出，使信号很不稳定。应用涡轮流量计，即在管道中安装一个可转动的涡轮，它的转速随液钠的流速而变化，测定涡轮转速就可以知道钠的流量，对于低温液钠，这是一种可应用的测量方法。另外，还可以使用定量阀来控制或计量液体钠流量。

6.4 钠还原工艺流程和主要设备

6.4.1 钠还原工艺流程

常用的钛钠联合生产的一种钠还原工艺流程如图6-10所示。在这一流程中，NaCl被循环使用，因此能合理利用原料、降低生产成本、减少"三废"。因此，钠还原法生产海绵钛工厂应附设钠生产车间和烧碱生产车间。

钠还原的副产品NaCl若无色透明，则可直接送往NaCl熔盐电解车间生产金属钠。氯碱车间产出的钠和氯可分别返回还原和氯化工序。但在这些NaCl中往往含有一定量的低价氯化钛，在电解过程中，电解钛析出后沉于槽底，需要定期清理，操作比较麻烦。因此，有的工艺将这些NaCl化为饱和盐水，加入适量的碱液，予以中和，澄清之后送烧碱电解车间，作为制取烧碱的原料。

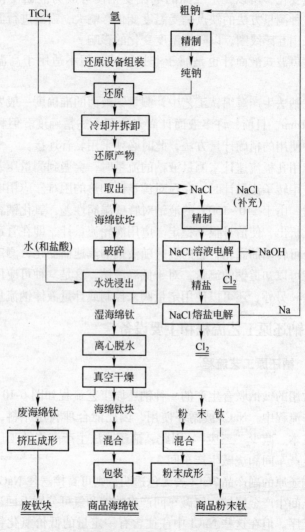

图 6-10　钠还原工艺流程

　　还原产物的处理作业包括产品取出、破碎、水洗、干燥、混合与包装等工序，可以组成操作线，举例如图 6-11 所示。

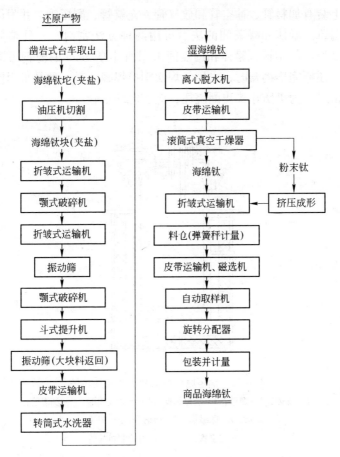

图 6-11 钠法工艺还原产物处理作业设备流程举例

6.4.2 钠还原主要设备

钠还原主要设备包括还原反应器、加热炉、控制机构、高位槽和真空泵等。

6.4.2.1 还原反应器

还原反应器（还原罐）一般采用圆筒形竖式反应器，它由罐体和罐盖两部分组成。罐体一般为一只直立式圆筒形容器，罐盖上装有加料管、抽空管和放气管、充氩管、测压管,并附设有保温罩。罐体和罐盖间的法兰可用两种方法密封。一种是如图6-12所示的结构,罐体和罐盖间采用两片厚5mm的薄钢板圈焊接,还原完毕揭盖时,采用气焊吹割掉焊缝。另一种是采用橡皮圈密封,为了防止橡皮圈烧坏,应加冷却水套。

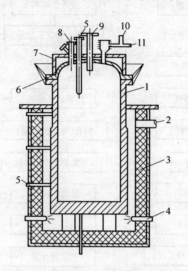

图 6-12　钠还原反应器和天然气加热炉

1—罐体;2—烟道;3—加热炉壁;4—天然气喷嘴;5—测温管;

6—罐盖;7—保温罩;8—加钠管;9—加 $TiCl_4$ 管;

10—充氩管;11—接压力控制机构管

　　加料管尽量安装在罐盖中心部位,特别是 $TiCl_4$ 加料管一定要安装在罐盖中心,否则高温区易偏离中心,造成烧穿罐壁,并使生成的钛坨形状不正。

　　测温方法有外测温和内测温两种。外测温操作简单,产品取出方便,比较多用。

　　目前采用的大多数大型反应器规模为炉产海绵钛 1.5~2t,反应器宜采用高度与直径比较小的罐体,其高度与直径比可取 1 或略大于 1。反应器壁材料可用 20~50mm 的普通钢板或耐热钢板、不锈钢板。为了提高罐体的使用寿命,普通钢可经外部渗铝工艺处理。

应用举例:图 6-12 所示的反应器,炉产 1.6t 海绵钛,反应器外形尺寸为 $\phi1800mm \times 3600mm$,罐底厚 50mm,罐壁上部 20mm,下部 35mm,反应器上部不保温,罐盖在加完料后再加保温罩保温。

6.4.2.2 加热炉

加热炉的结构随加热方式而异,有电加热炉、气体燃料加热炉和液体燃料加热炉等典型炉体。

气体燃料加热炉结构如图 6-12 所示。气体燃料喷嘴在炉底,鼓风燃烧。它使反应器的氧化严重,因此反应器底下部采用厚壁钢板焊成。

对于自热还原炉,除了备用加热炉供还原完毕烧结用外,正常反应时所用的炉体仅仅是一个保温层,以备保温和蓄热,炉内无需加加热元件,仅要求保温良好。

6.4.2.3 控制机构

还原控制机构包括 $TiCl_4$ 和钠的加料控制和计量、温度(反应器和钠容器)控制、压力(反应器和高位槽)控制等。

加料机械可采用调节阀或调节泵,如隔膜泵或隔膜阀等。对于同时加料工艺,为了达到同步按比例加料,加料机械调速要精确。

6.4.2.4 真空机械泵

还原反应器预抽真空要求达到极限真空度 1.33Pa(0.01mmHg),可采用真空机械泵。

6.4.3 还原产物处理设备

6.4.3.1 打取设备

钠还原法产物容易打取,在钛坨或钛块四周是盐层,盐层取出后钛坨即可取出。打取设备可用凿岩台车和风镐。

6.4.3.2　破碎设备

钠还原法产物中海绵钛夹带盐，较易破碎。破碎设备包括一台油压机和两级颚式破碎机。油压机规格为 200t，装有专用刀具。颚式破碎机可用标准设备进行中碎，如果采用类似镁法产物所用高强度颚式破碎机更好。颚式破碎机进料口规格举例：第一级 600mm×300mm，第二级 380mm×200mm。

还原产物用折褶式输送机、改进后的皮带输送机或斗式提升机输送。破碎后的物料用振动筛筛分，粗粒返回重新破碎。

6.4.3.3　水洗浸出设备

浸出设备有多种，可分为间歇式和连续式两种。在工业生产中一般采用连续式浸出器。应用举例如下。

一种是转筒式连续浸出器。还有一种类似的设备，外形为横卧筒身，支撑于滚轮上，筒身被齿轮带动而旋转，筒身略有倾斜，筒内由隔板隔成若干仓。而隔板内径在筒内依次逐渐变小，加料口在高端，出料口和加水口在低端，盐酸在中间加入。筒内安装有许多与轴倾斜的挡板，它推动物料在筒内呈旋转运动前进，并和洗涤液逆流接触。海绵钛从低端出料口排出，水洗液从高端携带粉末钛排出，进入沉降槽沉降收集粉末钛。某转筒式连续浸出器，外形尺寸为 ϕ900mm×9000mm，斜度为 1/90，转速为 0.7r/min，生产率为 1t/d，内衬不锈钢，共分 9 仓，前 4 仓为酸洗，后 5 仓为水洗。

另一种是螺旋浸出洗涤槽，它是由数条洗涤槽串联组成，槽身为圆筒形，内装螺旋，由电动机带动推动物料前进。材质全为钛材。某水洗器由 7 条洗涤槽串联组成，每条槽型尺寸为 ϕ450mm×600mm，螺旋翼距 450mm，其中 4 条为酸洗，3 条为水洗。

6.4.3.4　真空干燥设备

干燥设备包括脱水器和真空干燥器。

脱水器较多是采用离心式脱水机，这种脱水机有间隙式和连续式之分。可按产量的大小和需要选用。

真空干燥器常用的有盘架式真空干燥器和滚筒式真空干燥

器。它们都是由盘架式干燥器和滚筒式干燥器改进的干燥设备，要求设备密封，并配用低真空泵，如水环泵或普通机械泵。一般来说，盘架式真空干燥器干燥速率低，而滚筒式真空干燥器干燥速率较高。在工业生产中常采用后一种。

盘架式真空干燥器外形呈厢状，内有多层隔板，湿海绵钛装入盘内放置隔板上，用热蒸气通过外壁夹套或弯管加热。抽真空，物料中的水分则被排除。

滚筒式真空干燥器是在一密封的筒体内，将湿海绵钛加入后，用热蒸气通过外壁夹层加热，物料在旋转的筒体中不断翻动，水蒸气不断被真空泵排除。应用举例：某厂真空干燥器外形尺寸为 $\phi 2000\text{mm} \times 3000\text{mm}$，转速为 1r/min，一次干燥 1.5t 海绵钛。设备结构比较复杂，外形近似滚筒式干燥器和混合器。这种干燥器兼有使产品混合的作用，可省去混合操作。

6.4.3.5 混合及包装设备

产品混合器结构可参考镁还原工艺设备。

粉末钛成形机是一种对辊式挤压机，它可以将粉末钛挤压成条块状。既有利熔铸锭成形，产品也不易自燃。

6.5 钠还原工艺及产品质量分析

6.5.1 对设备组装的要求

反应器必须清理干净，内有铁锈必须经酸洗然后水洗并干燥后才能使用。新反应器必须经酸洗处理。

设备预抽真空度要达到 $39 \sim 46\text{Pa}$，失真空度不大于 2.7Pa/ 10min 方为合格。

6.5.2 一段钠还原工艺条件的选择

6.5.2.1 同时加料法工艺

A 反应温度

较宜反应温度为 $850 \sim 900℃$，反应器壁温度应在 $1000℃$ 以下；熔体温度保持在 800~860℃，为了缩短生产周期，充分利用反应热，初始加料温度可在 400~500℃；反应器空间温度应保持在 700℃以下。

加料完毕后，为了使剩余反应物反应完全和使钛颗粒更好聚集，需要提高温度烧结一段时间，俗称"恒温"阶段。这段时间常保持 900~920℃，时间为 2~3h。

B　加料制度

钠和 $TiCl_4$ 在同时加料时，其加料配比应按式（6-1）计算，即瞬时物料摩尔配比为 Na : $TiCl_4$ = 4。若实际上不能完全做到时，为了避免高温下造成的钠挥发，引起气相反应，以保持 $TiCl_4$ 微过量为宜，以使系统内具有较高的 $TiCl_4$ 分压，抑制钠的挥发。但 $TiCl_4$ 不宜过量太多，否则物料反应不完全，会出现低价氯化钛。

匀速加料能使反应温度和压力都稳定，钛坨中心不会出现孔洞，所生成的钛粒也大，产品结构有利于水洗除盐，Cl^- 含量较低。如果达不到匀速加料，反应温度和压力会忽高忽低，钛坨易出现孔洞，生成的钛粒也不均匀，有些颗粒较小，粉末也多，产品结构水洗后 Cl^- 含量较高。

应该指出，反应前期因温度低，料层薄，反应空间温度也低，允许采用较大的加料速度。反应后期因料层厚，反应阻力增大，应该采用稍小的加料速度。

因反应热效应很大，加料速度往往受反应温度和压力的制约。因此，反应温度主要用加料速度来调节，辅以适当的外加热。

加料制度举例：反应前中期（0~80%加料量），$TiCl_4$ 的加料速度控制在 $30~40kg/(m^2 \cdot h)$；反应后期（80%~100%加料量），$TiCl_4$ 的加料速度控制在 $20~30kg/(m^2 \cdot h)$。

C　加料终点的控制

加料终点最理想的是达到按式（6-1）计算的理论加料配比，此时反应器内无剩余反应物料，熔体中 NaCl 为无色，但实践中很难达到这种理想状况。若还原产物中有剩余钠，不仅给水洗操作带来困难，而且钠的自燃会提高水温，使海绵钛易吸附氢等气体，影响产品质量。所以实践中可使反应终点的 $TiCl_4$ 略过量。此时，NaCl 中溶解了少量的低价氯化钛，依 $TiCl_4$ 过量的多寡，盐呈艳丽的深蓝色至浅蓝色。若 NaCl 溶解有少量的钠时，盐呈粉红色至浅黄色；过饱和的钠在盐中呈乳白色离析出来。因此，从盐的色彩也可判断加料终点的控制是否适宜。

D 反应压力

为了保证反应器安全，反应压力应控制在 26.6~53.2kPa 内。

6.5.2.2 自热法工艺

实践表明，采用同时加料法和相应增大反应物批量，容易实现自热法工艺。自热法工艺在操作上除下列几点不同外，其余均与同时加料法工艺相同。

A 加料制度

自热法生产海绵钛，必须采用低温开始加料。实践证明，低温开始加料操作是可以实现的。当反应器吸收了炉体余热或稍加热后，达到 160~200℃ 时便可开始加料。但此时反应速度小，$TiCl_4$ 的初始加料速度不宜太快，以免温度陡然增高，未反应的 $TiCl_4$ 大量挥发，造成反应压力突然上升。

低温开始加料操作的实现，对其他工艺方法也有参考价值。

自热法加料配比与同时加料法相同。因反应温度和熔体温度靠反应热来维持，所以加料速度的调节便成为关键因素。当达到较高的反应温度时，必须适时加大料量，使反应前期的反应温度迅速提高至 880~920℃，并使之维持下去。由于反应温度较高，可保持较高的熔体温度，但此时易发生气相反应，使爬壁钛增多。为了防止爬壁钛的生成，保留一定的（$TiCl_4$）残压，避免钠的挥发；降低反应空间温度，使气相反应速度放慢。

加料制度举例：预加钠 2.5%；反应前期（0~23%加料量），$TiCl_4$ 加料速度控制在 36~50kg/(m² · h)；反应中期（23%~50%加料量），$TiCl_4$ 加料速度控制在 29~36kg/(m² · h)；

反应后期（50%~100%加料量），$TiCl_4$ 加料速度控制在 15~29kg/($m^2 \cdot h$)。

　　B　高温烧结

　　自热法还原后辅以高温烧结，对提高产品实收率和反应完全都有利。因此，将加料完毕的反应器吊入备用加热炉，在 900~920℃下恒温 2~3h。

6.5.2.3　预加钠法工艺

　　预加钠法工艺除了加料制度外，其余工艺条件和同时加料法相同。

　　预加钠法的加料制度有些类似于镁还原法。钠是一次预加入的（也可以分几次加入），然后连续不断地加入 $TiCl_4$。反应初期，一般温度较低，加料速度较小，反应中期加料速度最大，反应后期加料速度又有所降低。

　　加料制度举例：待反应器温度达到 650℃时即可预加钠；反应前中期（0~75%加料量），$TiCl_4$ 加料速度控制在 30~45kg/($m^2 \cdot h$)；反应后期（75%~100%加料量），$TiCl_4$ 加料速度控制在 15~30kg/($m^2 \cdot h$)。

　　综上所述，每一个工艺方法均有其各自的特点。预加钠法的钠加料设备可以直接采用台包，操作和计量都很简单；自热法可以省电或热能；同时加料法的钠扩散速率高，反应后期可以保持较大的加料速度。这 3 种工艺均有一段法共同的特点：反应速度快，周期短，工艺简单。

6.5.3　还原产物处理的工艺条件

　　还原产物处理的工艺条件为：

　　（1）还原产物破碎粒径为 0.25~10mm。

　　（2）酸洗液的酸浓度为 0.75%~1%HCl。水洗浸出的工艺条件按具体情况由实验确定。水洗后产品含 Cl^- 小于 0.30%，否则返回重洗。

　　（3）离心机脱水，要求湿海绵钛含水分小于 10%。

（4）若采用滚筒式干燥器时，其真空度应达 13.3kPa 左右，干燥物料 1.5t 海绵钛，干燥温度为 100℃，时间约为 24h。当海绵钛外表出现白盐时应返回重洗。

（5）商品海绵钛桶装前必须经过磁选除铁。

（6）桶装成品海绵钛，经过检查后即可封存，无需充氩保护。

（7）海绵钛的合理使用。钠还原产品中的废钛较少，除了爬壁钛和预加钠法底部的黏壁钛质量差外，其余质量都比较好。这些废钛应单独水洗和干燥，可用处理镁法外钛和废钛的方法处理，并根据不同情况用做炼钢的添加剂等。但钠还原法产品的粉末钛较多，常按产品的粒度大小合理使用。小于 0.246mm（60目）的粉末钛可直接作为粉末产品出售，也可按用户的要求供应一定粒度的钛粉。2.5~10mm 粒度的产品以商品海绵钛出售。0.25~2.5mm 的粉末钛常经成形加工，挤压成条块状，再作为商品海绵钛出售。

钠还原法产品中的粉末钛（有小于 0.246mm（60目）和小于 0.147mm（100目）两种）化学成分举例，含杂质（质量分数）分别为：O < 0.10% ~ 0.12%，C 0.015%，N 0.007%，Cl⁻ 0.22%，Si 0.013%，Fe 0.005%，Na 0.021%。该粉末钛经粉末冶金加工成钛材后，力学性能等项指标实测见表 6-11。

表 6-11　粉末钛加工成钛材后的性能

松装密度	$2.1g/cm^3$（小于 0.147mm(100目)）; $2.2g/cm^3$（小于 0.246mm(60目)）	
流动性	流速均为 52~60s/（50g）	
粉体形状	颗粒较大	
力学性能	粒　度	抗拉强度 σ_b/MPa	伸长率 δ/%
	小于 0.246mm（60目）	4.75	8.5
		3.95	
	小于 0.147mm（100目）	7.40	9.0
		5.20	
	加工性能	在 850℃ 的空气中锻造性能良好	

6.5.4　异常现象及处理

在钠还原法海绵钛生产过程中，所出现的异常现象和处理方法见表 6-12。

表 6-12　异常现象及处理方法

名　称	现　象	原　因	处　理
堵塞加料管	加不进料；反应器出现负压	空间温度高；加料管太长	拆下加料管，打通或换装加料管
反应器烧漏	真空度骤降；炉膛内冒烟	罐壁烧穿	停电停料，冷却后吊出炉膛补焊，并连续充氩保护
颚式破碎机被卡	破碎口不能运动自如	被硬质物料或铁块卡住	立即停机，取出铁块后再用
海绵钛着火	燃烧	粉末钛在干燥、混合及装料过程中易自燃	含有粉末钛的产品处理要特别小心，应备有灭火罩和其他灭火器材

6.5.5　海绵钛中杂质分布规律和影响因素

一段法海绵钛，由于它沉浸在 NaCl 熔盐中，大气和铁壁对它不易污染，因此氧、氮和铁含量都比较低，仅杂质 Cl^- 含量比较高。但该产品的假密度小，粉末钛多。

6.5.5.1　海绵钛中杂质分布规律

钛坨中底部与反应器接触，因此铁含量比较高。对于预加钠工艺，由于初生钛吸收了钠中的氧，沉积在反应器底部，这一层钛氧含量也较高。熔体表层的海绵钛和爬壁钛氧含量和氮量也较高。除此之外，钛坨其余部位的氧、氮、铁和硅、碳含量大体上是相近的，质量也比较好。

钛坨中 Cl^- 含量与海绵钛结构（致密性）有关。由于海绵钛结构的非均一性，因此各部位的 Cl^- 含量也是非均一性的。一般来说，钛坨中心部位比较致密，Cl⁻含量低；钛坨边部和空心部位比较疏松，Cl⁻含量比较高。

6.5.5.2　海绵钛中杂质的影响因素

A　铁

海绵钛中铁的影响因素有：

（1）钛铁合金的生成。钛坨底部接触反应器壁，当反应器超温时（接近钛铁共熔点 1085℃），底部的这层钛易被铁壁污染或生成钛铁合金。一般来说，高温烧结时间较短，比镁法产品污染程度小。

（2）铁锈的污染。反应器壁黏附有铁锈时，易被 TiCl₄ 反应生成氯化铁：

$$FeO + TiCl_4 == FeCl_2 + TiOCl_2$$

生成物进入反应区，发生下列反应：

$$FeCl_2 + 2Na == Fe + 2NaCl$$

$$FeCl_2 + Ti == Fe + TiCl_2$$

反应生成的铁和 TiOCl₂ 中的氧均进入产品，增加了产品中杂质铁和氧含量。

（3）铁屑。在产品的取出、破碎、水洗等操作中，混入某些铁屑，称为机械夹杂物。但这些铁屑易用磁选分离除去。

B　氮

反应器预抽真空度越低，残留的空气越多。这些气体均被海绵钛吸附。

使用的氩气纯度较低，所含氮等杂质气体就越多，也被海绵钛吸附。

反应器的密封性能越差，泄漏气体的可能性越大，海绵钛吸附气体的机会就越多。

C　氧

凡是增加氮的因素均会增加氧。

原料 TiCl₄ 和钠含氧越多，产品中氧含量就相应增高。特别是钠容易氧化，而且 Na_2O 和 Na_2O_2 在液钠中有一定溶解度，所以产品的氧含量与钠的纯度密切相关。

与水洗浸出过程也有关。还原产物中夹杂有少量低价氯化钛——$TiCl_2$、$TiCl_3$，产物取出后如果放置时间较长，这些低价氯化钛和大气接触，容易发生潮解生成 $Ti(OH)Cl$ 或 $Ti(OH)Cl_2$，水洗时这些碱式氯化物呈沉淀物进入海绵钛中，使产品中氧含量增高。

D　氯根（Cl^-）

与水洗浸出的工艺条件有关。

与产品的结构关系密切。海绵钛越致密，孔隙越少，相应的 Cl^- 含量就越低；反之，海绵钛越疏松，孔隙也就越多，相应的 Cl^- 含量也就越高。

一段法钠还原制取的海绵钛，Cl^- 含量较高，在熔铸成钛锭的过程中，挥发分 $NaCl$ 多，使炉体的真空度降低，易污染泵油和炉膛。为了改善熔铸性能，在真空熔铸设备熔铸时应加大真空机械泵的排气速率，在真空系统中设置粉尘捕集器，强制收尘即能克服这一缺点。

E　其他杂质

硅可能是由 $TiCl_4$ 以 $SiCl_4$ 的形式带入的，也可能是在产物处理时由带进的沙粒带入的。

碳可能是在钠的精制过程中，由保护性油层——矿物油带入的。

F　产品的 HB 硬度

海绵钛硬度是杂质含量的综合指标，也是产品质量的综合指标。它与产品中的杂质，除 Cl^- 含量外均有关系。产品的 HB 硬度与杂质氮、氧、铁的含量关系最密切，而且具有加和性。因此，一段法钠还原海绵钛，钛坨底部硬度较高，其余部位产品硬度相近，但一般均比镁法产品硬度小。

但是，钠还原法海绵钛质量比较好，主要问题是 Cl^- 含量偏高。钠还原法海绵钛质量，包括一段法和二段法实际分析结果详见表 6-13。

表 6-13 钠还原法海绵钛质量比较（质量分数）

方法[①]	$w(Ti)/\%$	杂质含量/%					
		O	N	C	Fe	Cl[-]	Si
一段法	99.63	0.063	0.009	0.015	0.091	0.188	0.003
二段法	99.65		0.01	0.02	0.05	0.20	

①一段法分析值是天津化工厂产品数据；二段法分析值是美国活性金属公司平均值数据。

6.6 钠还原法工艺制取钛粉

钠还原法制取海绵钛时，无论是一段法还是二段法都可获得部分钛粉。即钠还原法制取海绵钛时能同时获得海绵钛和钛粉。将钠还原法制取海绵钛工艺稍加改进，就可成为制取钛粉工艺。

6.6.1 钠还原法海绵钛质量

美国活性金属公司在 1952 年建立钠还原法生产海绵钛厂，年产能 7kt，采用半连续二段钠还原工艺。稍后，英国帝国化学公司用类似美国活性金属公司工艺建立了钠还原法二段法生产海绵钛厂，年产能为 4kt。

二段法海绵钛工艺过程表明，第一段反应连续化作业，生产能力大，一个连续反应器可向多个烧结锅供料。同时，二段法海绵钛粒级小，产品质量较好，杂质含量 O、N、C、Fe 都低，仅 Cl[-] 和钠含量偏高。美国活性金属公司钠还原法产品质量见表 6-13。

一段法海绵钛质量也较好，为了便于比较，海绵钛质量比较见表 6-13。

从表 6-13 中可见，钠还原法海绵钛质量，一段法和二段法大体相当，质量均达到含钛大于 99.6% 的水平，而且批量间质量差异较小。

但是，从还原产物的结构来看有差异，一段法在还原产物中下部有呈坨状海绵钛聚集物，而二段法还原产物海绵钛块不呈坨状，而是海绵钛层状分布在盐层中，钛呈纤维状或针状结晶态，钛粒结晶聚合物尺寸较小。由此看来，二段法工艺经过改进，更适宜生产钛粉。

6.6.2　一段法生产钛粉

日本新金属公司（曹达公司）于 1970 年建立了年产 2200t 级的钠还原法海绵钛厂，后关闭。但利用该设备组建了年产 200t 的钛粉生产车间，正常运转多年，生产海绵钛是采用一段预加钠法工艺。生产钛粉时，工艺流程仍然是原海绵钛生产工艺。

为了制得更多的钛粉，在原生产海绵钛工艺的基础上加以改进，先将几个主要作业改进后的操作条件介绍如下。

6.6.2.1　还原

为了制得颗粒小的粉末钛，钠还原 $TiCl_4$ 的反应需在较高温度下（$800 \sim 850\,℃$）进行，反应器压力控制低一些，以利于生成针形细结晶。另外，应尽量除去还原产品中残留游离的金属钠，因为金属钠在其后的粉碎过程中容易着火。因此，在还原过程中要适当减少 $TiCl_4$ 的过量。

6.6.2.2　取出

反应产物中钛与 NaCl 的质量比约为 1∶5。把这种含有大量 NaCl 的反应产物直接进行粉碎会影响粉碎机的效率，因此，在取出反应产物过程中应除去部分 NaCl，一般采用 Ti∶NaCl = 1∶1 的混合物进行研磨较为合适。

6.6.2.3　研磨

研磨是钠还原法生产钛粉末的关键步骤。钠还原产物是金属钛和 NaCl 的混合物，在金属钛的表面上一般覆盖一层 NaCl，在研磨过程中钛不会被杂质污染，研磨时产生的热量大部分被 NaCl 吸收，不会使钛过热和着火，从而可以避免产品的氧化。此外，NaCl 还能促进钛的粉碎，起着粉碎介质的作用。研磨设备可以采用各种碾磨机。

6.6.2.4 浸出、水洗和干燥

浸出、水洗和干燥过程和生产海绵钛过程基本相同。因为粉末钛具有更大的活性，因此浸出液中酸的浓度应小一些，一般可用 0.5%~1.0% 盐酸浓度的水溶液进行浸出。在干燥时温度尽量低一些，同时要防止着火。

钠还原法生产的钛粉末的性质和成分见表6-14。实际的钠还原法钛粉化学成分参见第6.5.3节。

表 6-14 钠还原法生产的钛粉末的性质和成分

性质和成分		级别[①]	
		M-60	M-100
松装密度/g·cm^{-3}		2.1±0.2	2.1±0.2
50g 粉流速/s		62	44
HB 硬度		120	135
粒度组成/%	0.25~0.15mm	32±3	
	0.15~0.1mm	19±3	28±4
	0.1~0.075mm	17±3	25±4
	0.075~0.04mm	20±3	29±4
	<0.04mm	12±3	18±4
化学成分（质量分数）/%	O	≤0.10	≤0.12
	H	≤0.015	≤0.015
	N	≤0.01	≤0.01
	C	≤0.015	≤0.015
	Fe	≤0.02	≤0.02
	其他	≤0.28	≤0.28
	Ti	其余	其余

① 级别中 M-60 为 -60 目（即 <0.246mm）钛粉；M-100 为 -100 目（即 < 0.147mm）钛粉。

由此可见，钠还原法钛粉产品纯度很高，特别是氧、氮、铁、碳杂质含量比其他方法低，而且流动性也好，其性能也特别适用于粉末冶金过程，粉末制品的加工性能良好。

6.6.3　钛的粉末冶金工艺和特点

粉末冶金是将制取的金属粉末采用成形和烧结的工艺制成制品的工艺技术。它与陶瓷制品的生产工艺形式上类似，所以它又被称为金属陶瓷法。

粉末冶金工艺包括3个基本工序，即制取金属粉末、成形和烧结。

钛的粉末冶金工艺基本流程是：

钛料→制粉→钛粉（或合金粉）→成形→烧结→后处理→钛制品（或钛合金制品）

钛的粉末冶金特点是：

（1）能生产熔铸法无法生产的材料，如多孔钛材或多孔钛元件、各种难熔钛化合物材料、熔点相差很大的钛合金、钛与其他金属和非金属按比例组合的钛合金，它具有组成设计的高自由度。

（2）钛合金制品的偏析少。

（3）是一种切削少的近净成形加工工艺，材料利用率高。

（4）流程短、工序少，批量大时可降低成本。

（5）粉末钛及钛合金制品具有组织细小、力学性能能够达到塑性变形钛合金的水平。

但是，钛粉末冶金制品的力学性能取决于合金成分、密度和最终的微观组织。制品的密度和微观组织依赖于粉末特性、采用致密化技术和致密化的后续处理（如二次压制或热处理）。为了制取优质高强度的钛合金粉末冶金制品，必须采用全致密化工艺，获得全致密化制品。

显然，它有明显的缺陷，钛的粉末冶金最适用于外形尺寸小而批量生产的钛制品。同时，它对钛粉末的要求比较苛刻，它的应用受到限制。它的经济效益必须形成规模时方能显现出来。

钛的粉末冶金属于近净成形工艺，成材率高，大约接近100%。而传统的塑性变形加工工艺成材率低，大约10%~30%左右，加工过程又产生大量的钛屑，使最终加工成品或零件成本大大提高。显而易见，钛的粉末冶金具有经济优势。

鉴于航空航天工业安全出发，对钛的粉末冶金提出了苛刻的要求。不仅必须选用优质的钛或钛合金粉末，而且必须将钛制品最终实现全致密化。

致密化被认为是改善粉末冶金材料质量的关键。压制成形后烧结的方法虽然可以改善致密程度，但对于粉末冶金材料性能的提高是有限的。对于钛的粉末冶金而言，有些材料，如飞机零件（结构）材料，为了安全，必须要使钛全致密化，方能获得钛的优异力学性能。

经过多年的研究，钛和钛合金粉末冶金的全致密化技术已经成熟，并使粉末冶金全致密化的钛或钛合金零件在飞机工业等中获得应用。

6.6.4 钠还原法钛粉的竞争力

制取钛和钛合金粉末的方法很多，传统的方法仅有氢化—脱氢法（HDH法）和钠还原法成为工业方法，其他方法如镁法、钙还原 TiO_2 法、电解法已经被淘汰。随后，又开发了一系列的新工艺，包括离心雾化法、旋转电极法（REP）、旋转圆盘电子束熔化法（EBRD）、旋转电极电子束熔化法（EBREP）、旋转电极等离子熔化法（PREP）和气雾化（TGA）等工艺。这些新工艺大多技术难度大，批量小，钛粉成本高。

钠还原法钛粉和其他工艺相比较具有下列优势：

（1）质优。评价钛粉或钛合金粉优劣，常常根据其综合性能，而综合性能包括化学性能、物理性能和工艺性能。钛是一种活泼金属，实践中评价钛粉优劣的标准，常常抓住其中关键因素——氧含量的多少，大体上评价是正确的，即钛粉的质量视其氧含量的高低而定，优质钛粉必须是低氧含量，它们是同义词。主要制取方法钛粉的氧含量见表 6-15。

表 6-15　主要制取方法钛粉的氧含量

序号	品　种	国　家	制取方法	氧含量/%	粒　度
1	Ti	日本、中国	HDH	0.25~0.60	范围大
2	Ti	日　本	HHDH	≤0.15	范围大
3	Ti	日　本	钠法	0.10~0.12	粗
4	Ti-6Al-4V	中　国	REP	0.14	粗
5	Ti-6Al-4V	中　国	PREP	0.11~0.15	粗
6	Ti-6Al-4V	美　国	REP	0.116	粗
7	Ti-6Al-4V	美　国	PREP	0.13~0.20	粗
8	Ti-6Al-4V	法　国	ERREP	0.18	粗
9	Ti-6Al-4V	德　国	EBRD	0.13~0.15	粗
10	Ti		TGA	≤0.08	粗
11	钛铝化合物		TGA	≤0.08	粗

由此可见，钠还原法钛粉氧含量低，它比 HDH 法生产的钛粉好，它与新工艺生产的钛粉质量相差不大，大体上属于同一数量级的产品，而且钠还原法钛粉在粉末冶金中应用良好，这说明钠还原法钛粉是优质钛粉。即使其 Cl^- 含量高，对粉末冶金工艺和钛制品也无不良影响。

(2) 价廉。钠还原法钛粉是用 $TiCl_4$ 做原料，一步钠还原直接制取的钛粉，流程短。而 HDH 法和各种雾化法都是采用钛做原料，经过二次再加工获得的钛粉，流程长。从生产成本来说，钠还原法钛粉和钠还原法海绵钛大体相当，而钠还原法钛粉的成本比 HDH 法成本低，更比各种雾化法成本低很多。它是一种价廉的产品，并且能进行大规模的生产。

(3) 工艺性能好。钠还原法钛粉在过去粉末冶金的应用中，证明它的流动性和压制性等粉末冶金、工艺性能都很好，适宜被粉末冶金工艺加工成粉末冶金制品。

总之，钠还原法钛粉是一种质优价廉和加工性能好的钛粉末，具有竞争力。虽然就生产海绵钛工艺而言，钠还原法海绵钛生产失去竞争优势，但钠还原法作为生产钛粉的工艺而言，具有竞争优势。在美国，早在 1952 年就建立了钠还原法生产海绵钛的工厂，重新启动钠还原法钛粉的生产，这是顺理成章的事。

6.6.5 钠还原法生产钛合金粉

传统的塑性加工钛合金材料工艺中发现，钛合金材料的分布均匀性受到质疑。20 世纪 80 年代，许多国家科学家曾试图采用共还原法从钛冶金——加工生产链的前端，即在冶金阶段就可制备钛合金海绵钛，企图用它生产出分布均匀的钛合金材。

共还原法既可用钠还原法，也可用镁还原法，钠法工艺中既可用一段法，也可用二段法。它是针对特定的钛合金牌号，如 Ti-6Al-4V 等设计，将原料 $TiCl_4$ 中渗入合金牌号需要的合金元素氯化物，制备混合元素氯化物一起被镁或钠还原，产物便为海绵钛合金或粉末钛合金。

过去，苏联曾进行过镁还原 $TiCl_4$-VCl_4 制备海绵钒钛合金、镁还原 $TiCl_4$-$MoCl_5$ 制备海绵钛钼合金、钠还原 $TiCl_4$-$AlCl_3$-VCl_4 制备钛铝钒合金等项试验。我国也曾进行过镁还原 $TiCl_4$-$MoCl_5$ 制取钛钼合金的试验。但这些大多处于试验阶段，均未被正式工业应用。

理论上，共还原法可以按许多钛合金配比进行制备，但事实上最常用的是应用最广泛的钛合金设计制造，如 Ti-6Al-4V 是可行的。

共还原关键步骤是准备工序，要准备好多组元混合氯化物，随着制备混合金属氯化物的完成，其他过程就和正常的镁还原法和钠还原法一样。该工艺过程有两个要点。以制备 Ti-6Al-4V 合金为例，首先要制取 $AlCl_3$-VCl_4 混合物，或者 $AlCl_3$ 和 VCl_4 单一氯化物，它们应在隔绝空气条件下，分别选用 Al-V（质量比为 6:4）合金，或金属铝和钒，进行直接氯化。为了制备纯的金属氯化物，避免氧化生成氯氧化物，应防止 $AlOCl$、$VOCl_3$、$VOCl_2$ 等的生成；其次按钛合金名义成分配置按比例的 $TiCl_4$-$AlCl_3$-VCl_4 混合液。

目前，美国用钠还原法工艺完成了共还原制备 Ti-6Al-4V 钛合金粉末的研究，并应用于工业生产。

实践表明，共还原工艺的成功与合金成分的氯化物和 $TiCl_4$ 的原有特性有关。因为钛合金中钛为基体，所以以氯化物混合液中 $TiCl_4$ 是母液。在配置添加的金属元素氯化物时，最好为液体，而且最好希望在 $TiCl_4$ 中溶解，或溶解度较大。如 Ti-6Al-4V 中，$AlCl_3$ 和 VCl_4 均为液体，而且 $TiCl_4$ 和 VCl_4 为无限互溶，$AlCl_3$ 在 $TiCl_4$ 中的溶解度也较大。所以配置的 $TiCl_4$-$6AlCl_3$-$4VCl_4$ 的混合液容易混合均匀。钠还原后钛合金粉容易达到均布，容易获得均质产品。而对于 Ti-32Mo 合金而言，$MoCl_5$ 是固粒，在 $TiCl_4$ 中不溶解，出现分层，即使在共还原时，将 $TiCl_4$-$MoCl_5$ 混合液强力搅拌，还原产物钛合金也不易达到均布，所以共还原制取 Ti-32Mo 钛合金比较困难。

钠法工艺不仅能生产钛粉，而且可以生产优质的成分均布的钛合金粉，这也是钠法生产钛粉工业生产工艺的另外一个优势。

6.6.6　连续化制造钛及钛合金粉

国际钛粉公司(简称 ITP)公开了一种钠还原法连续制造钛粉的方法，称为 Armstrong 法，该反应器示意图如图 6-13 所示。它

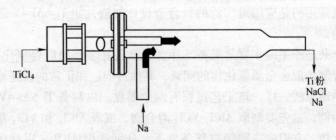

TiCl$_4$

Na

Ti 粉
NaCl
Na

图 6-13　Armstrong 法反应器

也是亨特法中的一种工艺。

Armstrong 是在一个形成了熔化钠流体回路的"钛反应器"（见图6-13）中，反应是连续进行的。液钠用泵送进粗圆管中，粗圆管中心处还有一根同心圆管。而蒸气 $TiCl_4$ 则是通过这根同心的小圆管喷入。当 $TiCl_4$-Na 连续加入后，在喷嘴口外相遇，反应立即发生，生成的钛粉和 NaCl 被过量的钠流带出去。由于该过程属于连续注入，在低温下使它们反应生成单颗粒的金属钛和副产物氯化钠，不断流动的钠流体及时将生成的钛颗粒从反应区分离出来，而不致使其颗粒长大，也不致使颗粒被未反应物和副产物包裹而降低产品的纯度和性能。控制反应物流体的速度和反应器的几何尺寸，则可控制颗粒的形状和粒度分布。

夹带反应产物的钠流体通过钠分离过滤器时，过滤器收集钛颗粒和氯化钠，钠流体通过过滤器继续流动。当这个过滤器收集足够量的产品后，将流体切换到另一个过滤器，使钠流体不致被中断，使还原反应能连续进行。

从收集了产品的过滤器中蒸馏出残留的金属钠，将产品分离出来，经过水洗除去氯化钠而获得钛粉，钛粉质量达到工业纯一级的标准。其中含 $O<0.1\%$，$Cl<0.05\%$。水洗液中的氯化钠经处理、电解分解为金属钠和氯气，实现钠、氯的循环使用。

ITP 的连续制造钛粉的方法，可用于直接制造钛合金粉，如以 $TiCl_4$、VCl_4 和 $AlCl_3$ 按适当比例混合为原料，可以制造Ti-6Al-4V合金粉。用此法可以制得合金元素均匀分布的钛合金，从而确保最终钛合金产品性能的均匀性和一致性。ITP 将要建造的工业规模装置除了能制造纯钛粉外，也能制造 Ti-6Al-4V 合金粉。2007年，ITP 生产 Ti-6Al-4V 合金粉 1820t。

LMC 公司制成的粉末冶金钛部件在航空航天和生物医疗等领域广泛应用。证明用该法生产的钛粉压制性能好，更致密。

钠还原法工艺生产海绵钛，虽然缺乏竞争力已被淘汰，但是该工艺潜在的优势被美国科学家发掘利用，创新地利用连续化钠还原法制取钛粉和钛合金粉，并进一步开拓了钛的粉末冶金市场。这是件值得称赞的钛业创新案例，因为钛冶金能连续化生产十分困难，这开创先例。

6.6.7　关于我国建立钠还原法钛粉生产线的建议

钠还原法工艺是最早的生产海绵钛的工艺，尽管后来由于镁还原法的进步而被淘汰，但是钠还原法工艺因自己固有的特性用做（海绵）钛粉工艺具有明显的技术优势。经过评估，认为在我国建立一个或两个钠还原法钛粉生产线是十分必要的。

初步估计，我国钠还原法钛粉生产需求量为年产数千吨（钛粉）级，建议先建立一个百吨级的试验厂，最理想的状况是试验厂应与钠厂和氯碱厂相邻为好。

钠还原法钛粉生产工艺如可能可以引进美国连续化生产技术，如不可能也可以用我国已实践过的一段法工艺起步。如果用一段法工艺生产，可以获得两种产品，即优质的钛粉和少量优质的海绵钛。因为还原产品夹杂的少部分海绵钛不易粉碎，因此必然是优质的。因此，该生产工艺是有前途的。但希望避免无序竞争，盲目上马，生产产能过剩。

7 高纯钛

高纯钛是一种新材料，也是正在积极开发的新产品。本章为开发新产品集思广益，抛砖引玉。

7.1 高纯钛概述

7.1.1 高纯钛及其特性

理论的纯金属应是纯净的不含杂质的，并有恒定的熔点和晶体结构。但任何金属都不能达到不含杂质的绝对纯度，即使是高纯金属和超高纯金属也是如此。所以纯金属只有相对含义，它只是表明技术上达到的标准。

实际上，纯金属最常见的是经过提取冶金获得的工业纯金属，它含有一定的杂质。钛也是如此，冶金工业制取的海绵钛，国家标准将钛的质量分数为 98.5% ~ 99.7% 范围内的产品称为工业纯海绵钛。当然，依据国家标准，比工业纯低的海绵钛，即钛的质量分数小于 98.5% 的称为等外钛；比工业级纯度高的，即钛的质量分数不小于 99.9% 的称为高纯钛。

高纯金属的纯度表，实际使用中有一习惯性表示法，常将主金属含量的 "9" 用 N 取代缩写。这样表达简单明了。如金属纯度为 99.9%，俗称三个九，纯度记为 3N；纯度为 99.99%，俗称四个九，纯度记为 4N；纯度为 99.995%，俗称四个九，一个五，纯度记为 4N5；其余以此类推。

按国际公认的分类，依据钛中主成分的含量多少，还有进一步细分。高纯度钛分两个档次，高纯钛是指钛纯度达 3N ~ 5N 者；超高纯钛是指钛纯度达到或超过 6N 者。

由于钛是高活性金属，在它被提纯的工艺中，很难避免被大气中的氧和氮气污染，即很难避免高纯钛中增加 O 和 N。在计算高纯钛化学成分时，可以不将 O、N 含量计算在内。这也是惯例。

7.1.2　高纯钛的应用

随着电子产业和计算机产业的飞速发展，在电子材料领域，特别是作为溅射靶材，要采用高纯度钛。超大规模集成电路要求将用作栅极材料（扩散屏蔽材料和配线材料）中使用的高纯单晶硅片表面镀 $TiSi_x$、TiN 膜。由于硅片属高纯和超高纯材料，因此，将用作镀膜材料——钛的靶材必须与它相匹配，也必须是高纯和超高纯材料，镀膜后的硅片对基材有保护作用。

镀膜工艺用阴极溅射技术，它属于物理气相沉积中的一种。溅射是指真空中辉光放电等离子体中的离子与作为固体靶——钛靶的蒸发体的表面撞击引起蒸发体钛原子发射，凝结到基体硅片上形成镀层的过程。其中，如镀 $TiSi_x$ 层是真空镀膜；如果镀 TiN 应充高纯氮镀膜。

电子材料中需用 4N5 级（除 O、N 成分）~6N 级（除 O、N 成分）的高纯钛和超高纯钛。高纯钛制备中，要特别重视重金属 Fe、Ni、Cu、As、Sb 等的污染，这些重金属元素对性能影响敏感。所以，冶金反应器的器壁材质应尽量不含或少含这些元素。

7.1.3　高纯钛制取可能的途径

理论上讲，高纯金属制取的可能途径有两条路线：第一条路线是按工业纯金属生产途径，先将原材料提纯，得到高纯原材料，再制取高纯金属；第二条路线是将生产出的工业纯的金属再提纯，提纯的方法有化学法和物理法两种。其中，化学提纯法有电解精炼、氯化精炼、歧化冶金等；物理提纯法包括区域熔炼、真空精炼、真空蒸馏和真空熔炼等。

高纯钛的制取符合一般高纯金属的规律，但有其特殊性，这与钛的高活性等因素有关。如在化学提纯法中，钛和锆、铪、钽、铌、钍、铬等十几种金属可以用碘化物热分解法精炼。这与常见普通金属是不同的。又如在物理提纯中，无法用常见的真空精炼或真空熔炼来提纯钛。

海绵钛在真空熔炼时，无论是自耗电弧炉、非自耗电弧炉、冷床炉或者电子束熔炼炉，获得的钛锭精炼效果甚微。钛锭和原料海绵钛成分相比，同属一个数量级，变化不大。仅是钛锭中杂质 H、Mg 和 $MgCl_2$ 的含量降低了。这说明用真空熔炼时虽有精炼效果，但效果较小。

在真空熔炼等工艺中，许多专家曾讨论了用真空除气达到脱氧的可能性。

脱气的方案之一是加碳脱氧，在真空熔炼的系统中加入碳，有利于系统中下列反应生成：

$$[O] + [C] \Longrightarrow CO\uparrow \tag{7-1}$$

式中，$[O]$、$[C]$ 表示钛中熔解的氧和碳。式中生成气体 CO，并被排出体系，借此达到排除金属中的氧的目的。尽管该方案可使铌、钽、钨、铁达到除氧的目的，但对钛而言是无效的，是不可能实现的。

脱气的方案之二是低价氧化物挥发脱氧。即通过下列反应：

$$Ti + [O] \Longrightarrow TiO\uparrow \tag{7-2}$$

真空脱气时，随 TiO 的挥发，钛中氧含量降低。此时，Ti 和 TiO 是否分离必须要观察分离系数 $\alpha = \dfrac{p_{TiO}}{p_{Ti}}$ 的大小。事实上，$\alpha \approx 1$，它表明 Ti 和 TiO 无法分离，因为 p_{TiO} 和 p_{Ti} 值相当。这表明不能用该法使钛脱氧。

这是因为钛吸附气体 O、N 后，Ti—O 或 Ti—N 间亲和势很大，结合力特别强，无法脱附，也可以说钛吸附气体，除氢外，是不可逆的。所以，生产过程中获得海绵钛坨或熔铸钛锭，只能将表面污染气体部分剥皮除去。欲借助真空熔炼时真空脱气是达不到除 O、N 等气体的目的的。

7.1.4　钛提纯的实践

后面考察 4 种精炼提纯工艺，分析它们是否能成为制取高纯钛的途径。这些都是我国钛冶金工作者过去在实验和实践中早已有的经验。

7.1.4.1　电解精炼

将含杂质的钛或者其合金作为可溶性阳极，以钢棒（或板）作为阴极，在 NaCl 或 NaCl-KCl 熔盐电解质中进行电解制取纯钛的过程。在电解过程中，阳极发生钛的电熔解反应：

$$Ti - 2e \longrightarrow Ti^{2+}$$

$$Ti^{2+} - e \longrightarrow Ti^{3+}$$

钛以低价形式进入熔盐中，不溶解的杂质则残留在阳极中或沉积在电解槽底部。与此同时，阴极则发生低价钛的电还原反应：

$$Ti^{3+} + e \longrightarrow Ti^{2+}$$

$$Ti^{2+} + 2e \longrightarrow Ti$$

金属钛以结晶形态在阴极上析出。

钛在电解质内的离子浓度为 3%~6%，其平均价为 2.2~2.3。初始阴极电流密度为 $0.5~1.5 A/cm^2$，阳极电流密度小于 $0.5 A/cm^2$，电解温度为 1073~1123K。

电解精炼对除去钛中氧、氮等气体杂质的效果较好，也能有效地除去硅、碳和电极电位比钛正的铁、镍、锡、钼等金属杂质。但对除电极电位与钛相近的铝、钒、锰等杂质的效果较差。

精炼在充有氩气的密闭电解槽中进行。阴极产物由专门设置的刮刀切下，经破碎、酸浸、湿磨、洗涤以及烘干制成钛粉。钛粉杂质含量（质量分数）为：Fe 0.05%~0.1%，Cr 0.002%~0.034%，Si 0.02%~0.03%，Cl 0.04%~0.1%，O 0.03%~0.06%，

H 0.003%~0.005%，N 0.03%~0.05%，C 0.013%~0.025%。钛粉重熔后，金属钛的布氏硬度为 80~100。

工业精炼电解槽的电流为 10~30kA，槽电压为 8~11V。按 Ti^{2+} 放电计算的电流效率为 90%，钛回收率为 60%~85%，每吨钛的电耗为 15MW·h。

钛渣直接用铝热还原法制得的粗钛，或以碳还原制得的碳化钛，也可用电解精炼除去杂质。

电解精炼（及氯化精炼）工艺只能获得优质海绵钛，产品纯度可达 2N 级。用该法要得到高纯钛很困难。

7.1.4.2 钠还原法

钠还原法分为一段法和二段法两种工艺方法。在钠还原工艺过程中，因为有熔盐层 NaCl 的保护，还原产物中的海绵钛中氧含量低，纯度较高，但含 Cl^- 高。获得的海绵钛和钛粉末都为工业级。其中仅仅含有一定比例的晶状钛，特别是在二段法还原工艺中，控制的反应速度较慢时，含有较多结晶钛。这部分结晶钛挑选出来，就是高纯钛。

如果改进工艺，提高钠还原时所加入的物料纯度，即将 $TiCl_4$ 和 Na 均进一步提纯，达到高纯度，再进行钠还原，那么肯定能提高海绵钛纯度。挑选优质品，也可能达到高纯级品。所以钠还原法是制备高纯钛一种可行的工艺。

7.1.4.3 镁还原法

镁还原产物最终呈坨状，所以称为海绵钛坨。这种钛坨化学成分很不均匀，但有一定规律。坨外表层质量最差，铁、氧含量都高，一般后处理时要削去表皮，无论周边、底还是顶部都要削去，当做等外品。去皮后的坨状几乎都为等级品，但它的成分也不均匀，呈层状分布，外层产品几乎相近，越到坨中心质量越好。特别是大型还原釜（10t/炉级），中心部位总是有一大块韧性好、HB 硬度低、很难破碎的海绵钛，它是质量最好的、氧等气体杂质和铁等金属杂质含量都低的优质海绵钛。这就是说，即便是生产工业级海绵钛，钛坨的质量也不均衡，坨中心是质量最好的部位。

　　原因是对于大型反应器，加料管位于中心，加料时反应速度很大。由于镁还原时反应热效应很大，同时海绵钛属导热系数低的金属，大量的反应热累积不能及时排出，使反应釜表面层中心部位反应快速集中，区域反应温度可达约 1600℃，甚至更高，局部海绵钛熔融并黏结成大块状，中心部位的海绵钛孔隙少，较致密，形态和边皮的海绵钛不大一样。而且位于坨中心部的钛块受炉内气体污染机会也少。因此，钛坨越到中心质量越好，杂质越少。大型反应器生产过程中，大型钛坨的产品质量层次分明。可以看出，工业生产过程中获得的钛坨中心部位钛块软、HB 值低、致密，杂质含量低，是海绵钛中的优质品。

　　北京有色金属研究总院韩天佑等人在 20 世纪 60 年代初曾做过高纯钛的实验，他们采用克劳尔法工艺，对原料 $TiCl_4$ 进行再精馏，达到 5N 级；对金属镁进行二次蒸馏和一次熔炼，将获得的镁锭剥皮去锭底，熔炼时为了避免反应器污染，使用钛坩埚，获得的精制镁达到 99.96%（即 3N6）。还原—蒸馏工艺同克劳尔法工业钛生产工艺，采用的还原釜为钛质。最后制取获得千克级高纯钛，质量达到 3N6 水平。该新产品后送给用户使用。这是我国最早的高纯钛实验，它给大家借鉴和启示。

7.1.4.4　区域熔炼法

　　区域熔炼，又称区域提纯，简称区熔。它是基于简单的物理提纯原理——分凝效应的研究，形成的一种冶金工艺新技术，广泛应用于稀有金属冶金和半导体材料制备领域。现在可将锗提纯达到 7N~9N 水平。

　　1980 年，北京有色金属研究总院曾试验将钛用区域工艺处理。钛原料采用碘化法晶状钛（Ti>3N），经二次电子轰击炉轰击提纯，然后挤压成 $\phi 20mm$ 的料棒，再经扒皮，表面酸洗处理，该光棒即为电子束区熔的钛棒。实验结果列入表 7-1 中，表中列出了两个样品（Ti-7-2 和 Ti-7-10）和原料的成分对比。

表7-1 区熔高纯钛分析（质量分数）

（10⁻⁴%）

样品	Al	Si	P	K	Ca	Co	S	Mo	Mn	Fe	Ni	Zn
Ti-7-2	30	2	0.4	0.2	0.8	<0.1	3	<4	0.09	6	2	0.4
Ti-7-10	50	<1	0.05	<0.07	0.4	<0.1	1	<4	0.07	3	0.1	<0.1
活化分析						0.1		3	0.047	50		4
碘化法晶状钛	200	200							50	200	100	
二次电子轰击钛	230				15	<5.1			12	220	16	<17

样品	Zr	Au	Sn	Hf	W	Pb	Cr	Cu	Na	Ta	Ag	Ti
Ti-7-2	20	<0.3	0.5	0.8	2	0.9						99.991%
Ti-7-10	20	<0.3	1	<0.2	<0.2	0.3						99.996%
活化分析	40	<0.0044		<0.26	1.8	1.7	22	4.8	0.0026	0.28	8.1	
碘化法晶状钛	20						100					
二次电子轰击钛			<0.8			1.8	90					

从表中可见：

(1) 区熔提纯有一定效果。金属元素中，对 Ca、Mn、Ni、Zn 等提纯效果好；而对 Al、Zr 提纯效果差；Fe 有争议，按质谱分析，也有效果。

(2) 区熔提纯对气体杂质 O、N 提纯效果差，对 C 提纯略有效果，如表 7-2 所示。

表 7-2　区熔后气体杂质含量（质量分数）　　　　（%）

项目	C	O	N	H
原料钛棒	0.012	0.035	0.0092	0.0023
区熔后钛棒	<0.005	0.038	0.0095	0.0005
气体杂质范围	0.005~0.007	0.02~0.04	0.0005~0.01	

(3) 按质谱分析，钛光棒其 Ti 纯度大于 4N。

总之，区熔作业 3 次，钛纯度由原料碘化法晶状钛（Ti≥3N）可提纯到试样棒（Ti≥4N），纯度提高了一个数量级，说明该法对钛材提纯效果有限。

7.1.4.5　碘化钛热分解

碘化钛热分解是把粗钛精炼为高纯钛的一种方法。其原理基于下列反应：

$$Ti(粗) + 2I_2(气) \xrightarrow{100 \sim 200℃} TiI_4(气)$$

$$\xrightarrow{1300 \sim 1500℃} Ti(纯) + 2I_2(气)$$

钛与碘在低温下（150~200℃）就可以反应生成 TiI_4，而 TiI_4 在 1380℃时几乎可以完全分解为金属钛和碘。

把经过表面净化的粗钛与碘（约为粗钛质量的 1/4~1/5）放入碘化器内，在真空中加热时粗钛与碘反应生成 TiI_4，TiI_4 蒸发至碘化器中的炽热金属丝（如钛、钨等）上，分解析出金属钛并放出碘，碘再循环与粗钛反应。在炽热金属丝上沉积的钛量随过程的进行逐渐增加，最后成为一根钛棒。在这个过程中，碘起着载体的作用,只需少量存在便可促成钛的循环转移。除了那些挥发性的氯化物外,粗钛中的其他杂质不会转移至金属丝沉积物上,因此可以得到高纯钛棒。

在碘化过程中生成的 TiI_4 在温度超过 200℃时,可与钛反应生成 TiI_2,即存在下列平衡:

$$Ti + TiI_4 = 2TiI_2$$

若碘化器在 150~200℃ 的低温区操作,此时 TiI_2 的蒸气压很低,所以在炽热金属丝上发生分解的主要是 TiI_4:

$$TiI_4 = Ti + 2I_2$$

如果碘化器在 500~800℃ 的高温区操作,此时 TiI_2 的蒸气压大为增加,在炽热金属丝上发生分解的主要是 TiI_2:

$$TiI_2 = Ti + I_2$$

高温区碘化操作温度范围宽达 500~800℃,沉积速度也可增加,而且可以更有效地除去铁、硅、铝等金属杂质,所以产品质量更高。以质量分数分别为 Fe 0.1%~0.3%、Si 0.05%~0.10%、Mg 0.05%、Cl^- 0.06%、C 0.06%、O 0.20%、N 0.05%的海绵钛为原料,在 650~700℃ 碘化,在 1300~1500℃ 的炽热钛丝上沉积的金属钛纯度达到 99.9%以上,杂质总的质量分数小于 0.1%,布氏硬度为 70~80,其中杂质的质量分数为:Fe 0.002%~0.006%,Si 0.0006%~0.001%,Al 0.001%~0.0075%,Mg 0.003%~0.009%,C 0.005%,O<0.05%,N 0.007%~0.008%,Mn 0.001%~0.005%,Ni 0.0001%~0.0004%,Cr<0.0001%。

由于碘化法可以有效地除去氧、氮和碳等气体杂质和铁、硅、铝等许多金属杂质,因此它是制取高纯钛的基本方法之一。但是,由于碘化钛的分解反应在电热丝上发生,电热丝随过程的进行变粗,电阻下降,需要低电压、大电流操作,设备费用较高,生产效率低。

在碘化过程中碘会有少量损失,碘的价格高,使得碘化法产品的成本高,加上生产批量又小,所有这些因素都限制了碘化法的应用。

碘化物热分解法简称碘化法。它所获得的产品钛结晶棒俗称碘化法钛。

该法提纯过程中将 2N 级工业纯钛提纯至 3N 级高纯钛。它是将原料粗钛提纯了近 1 个数量级的高纯钛。

同时，该法精炼制得的钛质量与原料的（粗）钛纯度有关。如果原料的（粗）钛纯度提高，则获得的碘化法钛的质量也可提高。

总之，从上述实践经验和实验知识可知，高纯钛的生产方法可能的途径是镁还原法和碘化物离解法，或许钠还原法也是一种可能的途径。

7.1.5　高纯钛生产工艺

从文献介绍的已公布的日本制造高纯钛的工艺来看，认为对于制备约 5N 的高纯钛而言，采用克劳尔法最为合适。因为可以借用工业海绵钛生产工艺，略加改进，容易达到目标，而且批量大，成本低，也可以实现规模生产。它的生产工艺流程如图 1-3 所示。

对于要制取 5N 以上的，达 6N 的超高纯钛，宜在上述制取获得 5N 海绵钛基础上再采用碘化物离解法生产。由于碘化物法仅能将钛物料提纯一个数量级水平，视钛料的情况，也可再返回用碘化法再加工一次。但是碘化物法加工量小，耗电量高，所以成本高。

如果要制造超高纯钛，常常是先用克劳尔法加工制取高纯钛，紧接着将此高纯钛经过 1～2 次碘化法工艺再提纯，方能获得合格的 6N 级的产品。日本的实践表明，这是最佳的工艺流程。尽管还可能设计出其他流程，但效果不如这一流程。其中，镁还原法制取高纯钛的工艺流程，就是用克劳尔法，用镁还原制取工业海绵钛工艺，如图 1-3 所示。而将所制取高纯钛再加工是用塑性加工钛材工艺，即钛材和高纯钛材加工工艺相同，如图

7-1 所示，可以加工得到方坯和板坯两种钛成品，又可以获得多种纯度不等的高纯钛或超高纯钛。

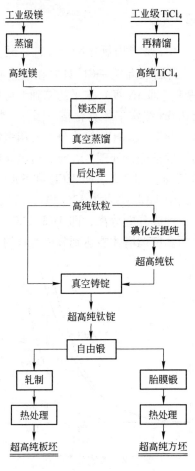

图 7-1 超高纯钛材工艺流程简图

7.2 制备高纯海绵钛

高纯钛的制造采用克劳尔法工艺，而其核心工序是镁还原过程。只有制备高纯海绵钛才能给制取高纯或超高纯钛奠定基础。

因此，在镁还原生产过程中，必须要使用高纯原材料，如 $TiCl_4$、镁及氩气。而且必须对生产设备进行系统改造。

7.2.1 制取高纯 $TiCl_4$

制取工业级 $TiCl_4$ 是采用氯化冶金工艺，其工艺如本书第 2 章~第 4 章所述。而制取高纯 $TiCl_4$ 只要在前述制取获得工业级 $TiCl_4$、纯度 99.9%（即 3N 级）水平的基础上再精馏提纯，即将 3N 级 $TiCl_4$ 精馏达 6N 级水平才算合格。因此，特别要注意蒸气压与 $TiCl_4$ 相近的 $SbCl_5$ 及 $AsCl_3$ 等成分，要用多级式精馏塔以及其他特殊杂质处理设备进行处理，方能制造出高纯 $TiCl_4$。图 7-2 所示为各成分蒸气压。图 7-2 表明 $TiCl_4$ 和 $SbCl_5$、$AsCl_3$ 等成分蒸气压的差异。其中 $TiCl_4$ 沸点为 136.4℃，所以图中在 136℃ 处加上标记。对于三种成分的分离，即 $TiCl_4$-$SbCl_5$-$AsCl_3$ 三组元的分离，至少需要两套精馏塔才能达到分离的目的。

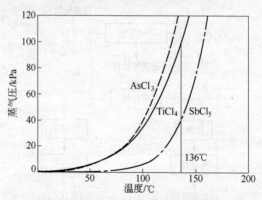

图 7-2　各成分蒸气压

从图 7-2 可见 $TiCl_4$ 和 $SbCl_5$、$AsCl_3$ 三者的蒸气压随温度的变化状况。而且由此看，$TiCl_4$ 和后者的沸点差较小。由第 4 章中精馏或蒸馏时引出的一个理论概念称为分离系数 α。两者的分离系数 $\alpha=1$ 时，两者不可以分离；$\alpha>1$ 时，α 越大越易分离；$\alpha<1$ 时，α 越小越易分离；反之亦然。

分离系数 α 值，按 $\alpha = \dfrac{p_{杂质}}{p_{TiCl_4}}$ 计算。其中，p 为某点的蒸气压。对于图 7-2 中三者的分离，则有下列分离系数 α 计算值（计算设定温度为 136℃）：

$$\alpha_1(SbCl_5/TiCl_4) = \frac{p_{SbCl_5}}{p_{TiCl_4}} \approx \frac{40kPa}{100kPa} = 0.4$$

$$\alpha_2(AsCl_3/TiCl_4) = \frac{p_{AsCl_3}}{p_{TiCl_4}} \approx \frac{150kPa}{100kPa} = 1.5$$

从 α_1 和 α_2 可知，分离系数离 1 比较近，分离有难度，（采用简单蒸馏时）必须精馏，而且塔板数比较大。从 α_1 值可知，$\alpha_1^{-1} = 2.2$，这说明 $SbCl_5$ 分离比 $AsCl_3$ 容易，精馏塔塔板数较少。

具体精馏塔塔板数可以在理论计算后先确定理论板数，再确定实际板数。并在实验中验证其正确后，方可进入工业设计和工业生产。

为了制取高纯 $TiCl_4$，必须在原有工业级 $TiCl_4$ 精制车间再配置一套高纯 $TiCl_4$ 再精制的精馏设备。高纯 $TiCl_4$ 精制示意图如图 7-3 所示。精馏塔均可用浮阀塔，详细的塔结构参见第 4 章。

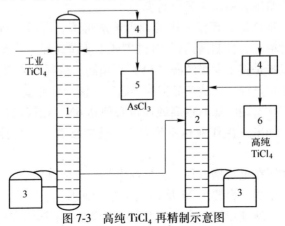

图 7-3 高纯 $TiCl_4$ 再精制示意图

1—1 塔（分离 $AsCl_3$）；2—2 塔（分离 $SbCl_5$）；3—蒸馏釜；

4—冷凝器；5—$AsCl_3$ 储罐；6—高纯 $TiCl_4$ 储罐

精馏塔操作温度：1 塔塔底为 140~145℃，塔顶为 120~130℃
（从图 7-2 中粗略看出 $AsCl_3$ 沸点约为 120℃）；2 塔塔底为 160~
170℃（从图 7-2 中粗略看出 $SbCl_5$ 沸点约为 160℃），塔顶为
137℃。其他工艺条件同工业 $TiCl_4$ 精制，参见第 4 章。

经过精制后高纯 $TiCl_4$ 纯度应达 6N 才算合格，如不合格返
回再精制。为了表明纯度间的差异，对重要的杂质 As、Sb、Sn
做分析，其质量标准的差异见表 7-3。达到高纯 $TiCl_4$ 标准后方
能使用。

表 7-3　$TiCl_4$ 中杂质含量（质量分数）　　　　　　　　（%）

成分标准	As	Sb	Sn
工业级 $TiCl_4$	$10×10^{-4}$	$2×10^{-4}$	$3×10^{-4}$
高纯钛	$<0.01×10^{-4}$	$<0.07×10^{-4}$	$<0.1×10^{-4}$

7.2.2　制备高纯镁

克劳尔法炼钛一般是采用镁钛联合工艺。它是在还原车间外
另设镁电解车间。采用电解镁作还原剂。所用电解镁是粗镁，必
须进一步精炼。精炼工艺分两步。

第一步是将电解镁采用熔剂再熔法再熔。所用设备是精炼
炉。经过精炼，精制镁达到 3N 纯度的工业镁（详见第 5 章）。

第二步是将工业级纯镁（3N）再精制。精制工艺用蒸馏法，
采用蒸馏炉蒸馏。此法产品俗称蒸馏镁。该产品纯度大为上升。

高纯钛所用的还原剂高纯镁也必须达 6N。在第二步蒸馏镁
工艺中，如果一次作业达不到要求，就要接着二次作业，再蒸
馏。

金属镁在电解槽内和二次提纯中都处于熔融状态，活性高，
很容易和坩埚、容器中 Ni 及 Cr 元素反应而被污染。所以熔融盐
电解槽、熔融镁坩埚和容器等不宜用镍容器或不锈钢容器。建议
使用内衬薄钛板的不锈钢容器，这样可避免镁被 Ni 和 Cr 污染，
可避免高纯钛中增加 Ni 和 Cr 含量。这两种杂质是特别要重视的

敏感元素。

用作还原剂的镁，工业纯和高纯级中标准成分所含 Ni 和 Cr 的差异见表 7-4。

表 7-4 镁中所含 Ni 和 Cr 的差异（质量分数）　　（%）

成分标准	Ni	Cr
工业级的镁	20×10^{-4}	30×10^{-4}
高纯钛的镁	1×10^{-4}	1×10^{-4}

达到高纯镁的纯度方可使用。

7.2.3　使用高纯氩

真空冶金中，必须使用氩气保护。市场有售工业级氩和高纯氩。但高纯氩贵，可用工业氩再提纯。有各种类型的高纯氩发生器。

工业级氩纯度为 3N 或 3N5。

高纯级氩纯度为 6N 以上。

7.2.4　还原制取高纯海绵钛

制取高纯海绵钛的镁还原过程完全和制取工业级海绵钛相同，详见第 5 章。

但是，镁还原过程是高温过程，反应容器必须承受 1000℃ 左右的高温。此时，反应容器材料容易污染高纯钛。所以必须装配又耐高温又避免 Ni、Cr 污染的反应容器。

日本的方案是采用 Ni、Cr 极低的碳钢用作还原容器，器外壁包覆不锈钢，或者器壁是钢-不锈钢复合材料制作的。

还原—蒸馏完毕的还原产物——钛坨的成分是不均匀的。钛坨中底部和边部被污染并浓缩了 Fe 和 Cr，而 Ni 呈均匀分布。因此，必须先清楚钛坨各部分的质量分布图。图 7-4 所示为海绵钛坨中 Fe 及 Ni 的分布，图 7-5 所示为海绵钛坨中高纯钛的分布。它表明钛坨中心部位的海绵钛质量好，越离中心处近高纯钛纯度越高。

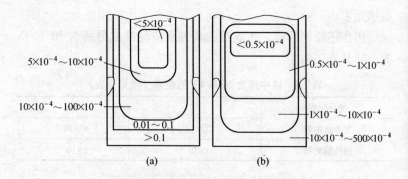

图 7-4　海绵钛坨中 Fe 及 Ni 的分布

（a）Fe 分布（质量分数/%）；（b）Ni 分布（质量分数/%）

对日本方案改进的另一个方案是建议
整体器采用不锈钢制作，内壁包覆一层薄
钛板。换句话说，还原器采用钛-不锈钢
复合板加工。因为反应器内壁是钛板，完
全避免了器壁材料的污染，大大减少了海
绵钛块体 Fe、Cr 和 Ni 的污染，使还原产
物中海绵钛整体纯度提高，使高纯钛质量
也有可能提高。或许海绵钛坨边皮部分钛
的纯度增加，又能达到工业级海绵钛。如

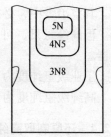

图 7-5　海绵钛坨中的
高纯度钛的分布

果果真如此，钛坨整体成品率增加，成本也可以下降。这需要试
验验证，然后再加以推广。

此时还原器必须增强气密性，降低漏气率；预抽真空度和蒸
馏终点时的真空度应达到较高水平，压力应达 $p \leqslant 0.1\text{Pa}$。

将海绵钛坨从还原器取出后，如图 5-12 所示，首先分级。
削边皮和切去底部，这部分是工业级或等外品；然后将坨内部高
纯钛取出，再分别按 3N8、4N5、5N 分级。

由于高纯钛软，可塑性好，HB 低。还原后处理时，海绵钛
破碎主要使用大型剪床剪切。将分级后的海绵钛块切成 10～
300mm 条块状，捆扎包装后，装进充满氩气的金属容器中。

由于海绵钛呈海绵状，孔隙中容易吸附水分和氧。因此，在后处理工序里，后处理要求迅速，必须在尽可能短的时间内完成，并且尽可能在湿度较低环境下，例如在室内作业或在冬季作业完成。日本住友钛公司用克劳尔法生产的高纯钛成分见表7-5。这里纯度不计 O、N 含量。

表 7-5　高纯钛成分（最大质量分数）　　　　（%）

成分	Fe	Ni	Cr	Al	Si	As	Sn	Sb	Mn	O	N
4N5 级	8.3 $\times10^{-4}$	0.6 $\times10^{-4}$	0.2 $\times10^{-4}$	0.3 $\times10^{-4}$	0.3 $\times10^{-4}$	<0.01 $\times10^{-4}$	<0.01 $\times10^{-4}$	<0.05 $\times10^{-4}$	<0.01 $\times10^{-4}$	250 $\times10^{-4}$	20 $\times10^{-4}$
5N 级	2.6 $\times10^{-4}$	0.3 $\times10^{-4}$	0.04 $\times10^{-4}$	0.3 $\times10^{-4}$	0.3 $\times10^{-4}$	<0.01 $\times10^{-4}$	<0.01 $\times10^{-4}$	<0.05 $\times10^{-4}$	<0.01 $\times10^{-4}$	210 $\times10^{-4}$	20 $\times10^{-4}$

7.3　碘化物热分解提纯钛

7.3.1　基本原理

随着高新技术的不断发展，对钛的纯度要求越来越高，用碘化物热分解法制成晶条棒是一种很好的精炼提纯方法。

能用碘化物热分解法精炼提纯的金属应该具有下列特性：能在较低温度下形成较易挥发的碘化物；这些碘化物能在低于金属熔点的温度下分解；金属在炽热丝上的沉积速度比其蒸发速度大得多。

钛、锆、铪是满足上述要求的典型金属，它们在碘化过程中的行为基本相似。而那些不与碘作用的杂质（包括原料金属的氧化物、氮化物、碳化物）、不形成挥发性碘化物的杂质以及在操作温度下其碘化物不在炽热表面上分解的杂质，都可以通过碘化精炼的方法除去。

反应过程可用下式表达：

$$Me + 2I_2 \xrightarrow{\text{低温}} MeI_4 \xrightarrow{\text{高温}} Me + 2I_2$$

　　原料金属在较低温度下与碘蒸气作用生成易挥发的碘化物蒸气，扩散到较高温度的炽热丝表面，碘化物分解，金属沉积于炽热丝表面，分解出的碘蒸气又返回到较低温度的原料金属表面与其作用。其总的结果是碘起一种搬运工具的作用，把原料金属搬运到炽热丝表面成为产品金属，在此过程中金属得到精炼提纯。

　　实现过程的关键是在反应设备中设置 3 个不同的温度条件，即料温、丝温和盖温。

　　（1）料温是原料与碘作用生成碘化物的温度，原料温度与金属沉积速度的关系比较复杂（见图 7-6）。在较低温度下，随料温升高沉积速度增加，这是由于金属四碘化物的蒸气压增加；温度继续升高时，由于生成较不易挥发的低价碘化物（MeI_3、MeI_2），从而使金属沉积速度下降；料温进一步升高时，低价碘化物挥发能力增加，使沉积速度再次回升。

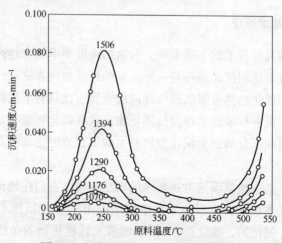

图 7-6　金属沉积速度与原料温度的关系

　　料温的控制由反应器外部加热或冷却来实现。对于钛的碘化过程，推荐的原料温度有两种范围，较低的为 200～400℃，较高

的为 $700 \sim 900 ℃$。在后一种情况下，体系内的工作气体主要为低价碘化物 MeI_2。

（2）丝温即炽热丝（母丝）温度，是碘化物分解沉积所需温度。丝温是由直接在母丝两端施加电压而获得的。随着丝温升高，沉积速度加大（见图7-7）。一般将丝温选定在曲线较陡区段，这一区段沉积速度对丝温变化较敏感。对于钛的碘化过程，丝温一般为 $1200 \sim 1400℃$。在操作过程中，一般是沉积初期取较低温度，使其较多形核，与丝结合牢固，而且晶粒较小。沉积到一定程度后升高丝温，使沉积速度增加。

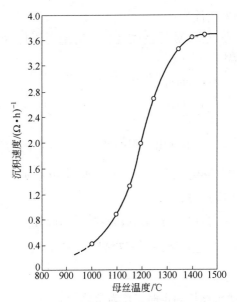

图7-7 沉积速度与母丝温度的关系

丝温的控制如下。

往热丝上供给的功率 W_1 为：

$$W_1 = IV = 4I^2 \rho L / (\pi D^2)$$

式中 W_1——功率；

I——电流；

V——电压；

ρ——电阻率；

L——丝长；

D——丝径。

在热丝足够长且四碘化物压力足够低时，由于热传导和对流的消耗很小，可以认为所有输送到丝上的能量 W_2 均通过辐射来消耗，这样做不会引起太大的偏差。

$$W_2 = \alpha\sigma\pi DLT^4$$

式中 α——发射能力；

σ——斯忒藩－玻耳兹曼常量，对绝对黑体为 5.671×10^{-8} W/($m^2 \cdot K^4$)；

D——丝径，cm；

L——丝长，cm；

T——温度，K。

由 $W_1 = W_2$，可推导出过程的丝径与电参数间的特别关系：

$$D = (4\rho\alpha\sigma T^4 L^2)/V^2 = I^{2/3}[4\rho/(\alpha\sigma T^4 \pi^2)]^{1/3}$$

经进一步转换得：

$$VI^{1/3} = L(4\rho\pi\alpha^2\sigma^2 T^8)^{1/3} = K'L$$

其中 $K' = (4\rho\pi\alpha^2\sigma^2 T^8)^{1/3}$, $K = K'L$

即 $VI^{1/3} = K$

即当温度与丝长固定时，K 为常数。

因此，可在碘化以前测定不同的丝温，根据当时的电流、电压计算 K 值，建立丝温与 K 值的对应关系，在碘化操作过程中用 K 值来表征温度，用调节电压的方法保持 K 值恒定而使丝温恒定。此法对碘化初期的丝温控制很有效。

（3）盖温是反应区域中的最低温度，起着控制反应区蒸气压，从而控制反应速度的作用（见图 7-8），具体操作参数通过

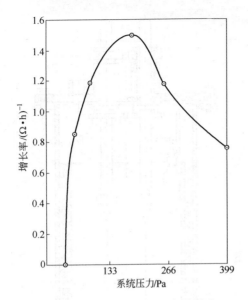

图 7-8 系统压力对沉积速度的影响

实验确定。盖温由盖子外部加热或冷却来控制。有人建议将盖子温度控制得比料温略高,以防止碘化物蒸气在盖子内表面凝结。

操作过程中,在丝温恒定的情况下,可由当时的电导值 S 来估计生长情况:

$$S = 1/R = 1/[4\rho L/(\pi D^2)] = [\pi/(4\rho L)]D^2$$

式中 R——热丝电阻;

   ρ——电阻率;

   D——热丝直径;

   L——丝长。

当丝温恒定时,ρ 恒定,热丝的电导与丝径平方成正比。

7.3.2 主要设备

碘化过程使用的主要设备如图 7-9 所示。

碘化设备采用直井式加热炉,圆底不锈钢反应罐。反应

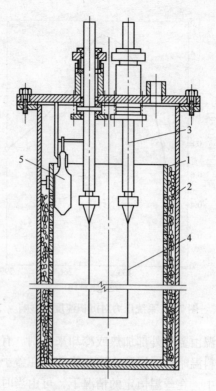

图 7-9　碘化物热离解法设备示意图

1—多孔钼屏；2—粗金属；3—电极；4—纯金属丝；5—加碘器

罐内装直径比罐内径稍小的筒形网。凹形顶盖上装有电极、真空管道、隔离阀和加碘装置。电极分为上下两部分，上电极为水冷铜电极，下电极材料和母丝材料与待处理材料相同。上下电极由螺纹连接。母丝与下电极连接，由供电设备经铜电极向母丝供电以控制丝温。顶盖与反应罐体由水冷真空橡皮密封。真空系统由机械真空泵加油扩散泵组成，最高真空度为 $1 \times 10^{-3} Pa$。

　　加热炉为原料加热设备，用电热丝进行加热控温，必要时可辅以鼓风机进行风冷。母丝供电系统是加热母丝及控制丝温的重要设备，由温控器、可控硅调压器、大电流变压器组成。

7.3.3 操作过程

碘化过程的工艺流程如图 7-10 所示。

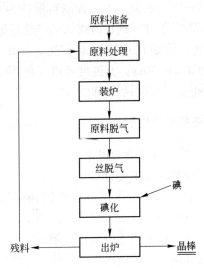

原料准备

原料处理

装炉

原料脱气

丝脱气

碘 → 碘化

残料 ← 出炉 → 晶棒

图 7-10 碘化过程的工艺流程

将待处理的原料（碎屑或海绵物）洗净后装入反应罐内壁和钼隔网之间的间隙内。在盖子上装好电极、母丝，再与反应罐体连接，吊入加热炉内，接好真空系统、碘瓶、母丝加热电源和冷却水管。

先将系统抽真空进行原料脱气，然后将加热炉升温进行热脱气，待真空度达到要求后降温至反应所需的温度，母丝脱气后隔断真空系统，升高丝温值操作温度（相应 K 值），将碘加入反应系统内，则碘化过程开始。根据过程要求调节丝温及料温、盖温。在正常碘化期间，生长速度基本恒定，当生长速度低于正常值 1/2 时，停止碘化，即母丝及原料、炉盖停止加热。待母丝彻底冷却后，在真空状态下往反应罐充水，打开盖子，取下成品晶棒，用水冲洗干净，取出残料清洗后返回使用。反应罐体及盖子彻底清洗烘干备用。

实例在第 7.1.4 节中已举一例。在中国专利中还有一例，供参考，该专利提出碘化精炼的工艺。它用高温耐蚀材料制作反应罐主体和沉积管。下端封闭的沉积管置于反应罐中间，罐内下端置加热体，外部作沉积表面。工艺控制料温约为 600℃、沉积温度约为 1100~1600℃条件下进行海绵钛的碘化精炼，碘化结束后升高沉积管温度，使碘化产物自动剥离。每炉加海绵钛 28~35kg，获得高纯钛 24~30kg。其纯度可由（海绵钛）2N6 提高到（碘化物热分解得到的高纯钛）4N。

7.3.4　技术经济指标的控制

7.3.4.1　影响产品质量的因素

影响产品质量的因素主要有：

（1）原料质量。通常情况下经过一次碘化过程，可使杂质水平降低一个数量级。所以为了提高产品纯度，必须提高原料纯度。可以采用先将原料金属进行碘化，随后将碘化物进行蒸馏提纯，再把碘化物气体通入反应罐内进行热丝分解。这种工艺用碘量很大，需要考虑碘的回收。

（2）设备材料。碘化物属卤素化合物，对一般材料有较强的腐蚀性，在高温下尤其严重。腐蚀产物可能转移到产品中，引起纯度下降。因此，反应罐采用耐腐蚀材料，或在反应罐壁加耐蚀涂层。

（3）设备密封性。金属钛在高温下极易与氧、氮等气体发生反应，引起产品氧、氮含量增加，影响其加工性能。因此，保证反应设备的气密性、原料在碘化前的脱气程度、真空度都非常重要。

7.3.4.2　提高炉产量的途径

选择适当的工艺条件组合，以提高反应速度；增加丝长，在反应罐内对称布置多根热丝，可使炉产量增加，并且由于热丝间的相互辐射，可降低加热电能单耗。

7.3.5 碘化法改进工艺

美国专利 US5232485 提出一种改进的碘化方法，所用设备如图 7-11 所示。

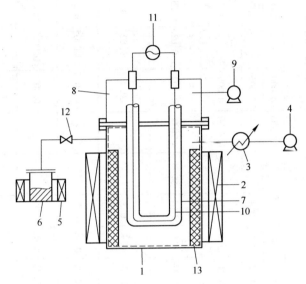

图 7-11　改进的碘化装置

1—反应罐；2—加热炉；3，12—阀门；4，9—真空泵；5—碘化物加热；
6—碘化物；7—纯钛管；8—真空室；10—加热丝；
11—电源；13—压制钛原料

此法采用碘化物提纯、压制钛原料、用钛管作为沉积表面、间接加热方法，可提高产品纯度、增加产量，且沉积温度易于控制。

除了上述各点外，采用几种工艺结合的方法可使纯度得到进一步的提高。例如美国专利 US2002/0194953 中指出，采用在海绵钛还原设备中原位电解精炼—碘化—电子束熔炼的综合工艺，可使钛的纯度达到 7N。各个阶段产品的杂质水平见表 7-6。

表 7-6　综合技术提纯钛过程中杂质钛含量平均值

(%)

材料处理环节	Fe	O	Cr	Zr	V	Al	Mn	Na	K	U	Th	Cu	Ni	合计
海绵钛制备														
原料中钠	2.4		<5		8.2	4	<1.2					<18	<9	
过滤后钠	0.9		0.8	2	0.02	1.6	0.4		0.0300	0.006		1.7	0.9	
去除金属氧化物蒸馏后钠	0.5		0.4	0.05	0.01	1.0	0.3		0.0300	0.006		1.5	0.8	
去除金属氧化物和氧氯化物,蒸馏后的 TiCl$_4$	0.4		0.1	<0.02	<0.004	0.4	0.01	0.08	<0.0005	<0.02	<0.02	0.25	0.01	
去除金属氧化物和氧氯化物的海绵钛,使用衬镍或衬钼罐制备	1	0.0300	0.5	0.05	0.02	0.4	0.3			0.02	0.02	1	0.5	<2.1
电解后去除金属杂质和一些气体	0.01	<0.0100	0.1	0.015	<0.02	0.08	0.3			<0.0005	<0.0005	0.2	<0.003	<0.75
碘化物热分解后降低氧	0.01	<0.0030	0.05	0.01	<0.02	0.025	0.05			<0.0005	<0.0005	0.2	<0.003	<0.75
电子束熔炼去除挥发性金属元素	0.01	<0.0030	<0.02	0.01	<0.02	<0.01	0.003	<0.001	<0.001	<0.0005	<0.0005	<0.01	<0.003	<0.1

　　后来，又有人改进了碘化法，新的碘化法的理论基础是使 TiI_2 分解。而 TiI_2 热分解反应比 TiI_4 热分解温度低 200℃，从而改进了工艺，降低了分解温度。并且以钛管代替了钛丝，用作高纯钛析出的基体，增加了反应析出面积，钛的析出量可增加 100 倍以上，所以可以提高生产效率。

7.4　高纯钛熔炼和加工

　　获得的高纯钛（或超高纯钛）可能是海绵钛，或碘化法钛。将它加工成溅射靶材，加工工艺过程先要铸锭，再加工成板坯或方坯，最后经切削加工成靶材成品，方可销售。其简明的工艺流程如图 7-12 所示。该工艺过程同工业钛材塑性加工工艺。

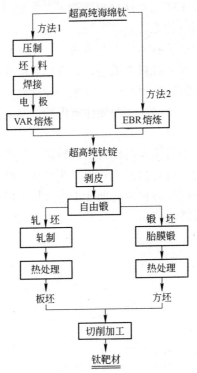

图 7-12　高纯钛靶材加工简明工艺流程

7.4.1　高纯钛铸锭

　　高纯钛铸锭同工业级钛铸锭相同，可以用真空自耗电弧炉（VAR）和冷床炉（EBR）熔炼。但在 VAR 炉中，制备电极时，压制的海绵高纯钛坯料必须用等离子焊接，因为它不用焊丝，减少了污染。同时，它也必须在有高纯氩气保护的焊箱内焊接。如果采用 EBR 法工艺，它可以将块料直接入炉，因此它不需要制备电极工序，减少了钛块污染的机会，有利于保证产品质量。一次熔炼即可获得钛铸锭，经剥皮即得钛精锭。

7.4.2　高纯钛材加工

　　高纯钛材加工同工业钛材塑性加工工艺相同。主要采用锻造和轧制等工艺进行加工。

　　高纯钛材的加工有两种工艺方法。

　　一种是将钛光锭经自由锻造，先开坯后锻成小块的锻坯，再进行胎模锻。在进行胎膜锻时，预先要设计好一套胎具，并使每次锻造时有适宜的压缩量，并要注意保持产品的高纯度。该锻件经热处理便是方坯料。

　　另一种工艺是将钛光锭经自由锻锻造，先开坯后锻成大块的轧坯。将轧坯再进行轧制，该轧件经热处理后便是板坯料。

　　最后将上述两种坯料用切削加工方法加工成成品钛靶材，这就是高纯钛的最终新产品。

参 考 文 献

[1] 莫畏. 钛 [M]. 北京：冶金工业出版社，2008.

[2] 李大成，等. 镁热法海绵钛生产 [M]. 北京：冶金工业出版社，2009.

[3] 草道英武，等. 金属钛及其应用 [M]. 北京：冶金工业出版社，1989.

[4] 中国大百科全书《矿冶》编辑委员会. 中国大百科全书·矿冶 [M]. 北京：大百科全书出版社，1984.

[5] 卢天雄. 流化床反应器 [M]. 北京：化学工业出版社，1986.

[6] 《稀有金属手册》编辑委员会. 稀有金属手册(下册) [M]. 北京：冶金工业出版社，1995.

[7] 熊炳昆，等. 锆铪冶金 [M]. 北京：冶金工业出版社，2002.

[8] 杨绍利，盛继孚. 钛精矿熔炼钛渣与生铁技术 [M]. 北京：冶金工业出版社，2006.

[9] 泽里克曼 A. H.，等. 稀有金属冶金学 [M]. 宋晨光，等译. 北京：冶金工业出版社，1982.

[10] 日本钛协会. 钛材料及其应用 [M]. 周连在，译. 北京：冶金工业出版社，2008.

[11] 《有色金属进展》编辑委员会. 有色金属进展(3) [M]. 长沙：中南工业大学出版社，1995.

[12] 《化学工程手册》编辑委员会. 化学工程手册 [M]. 北京：化学工业出版社，1989.

[13] 《中国冶金百科全书》编委会. 有色金属冶金 [M]. 北京：冶金工业出版社，1999.

[14] 张蓁，叶镇煜，林乐耘，等. 钛业综合技术 [M]. 北京：冶金工业出版社，2011.

[15] 罗远辉，刘长河，王武育，等. 钛化合物 [M]. 北京：冶金工业出版社，2011.

[16] 北京化工研究院"板式塔"专题组. 浮阀塔 [M]. 北京：燃料化学工业出版社，1972.

[17] 邓国珠. 钛冶金 [M]. 北京：冶金工业出版社，2010.

[18] 公开特許公报，昭64-28332.

[19] 王武育. 氟盐铝热还原法制取海绵钛的研究 [J]. 稀有金属，1996，20(3)：169.

[20] 野田敏男. 日本金属学会学报，1991，30(2)：150.

[21] 任铁梅. 国外稀有金属，1989，(3)：17.

[22] Okudaria shigenori. EPA. , 298698A, 1989.

[23] 公開特許公報, 昭 63-118089.

[24] Josepl M Gambogi, E&M J. Annual Commodities Review Issue. 1997, 3: 56.

[25] Hayes F H, et al. Journal of Metals, 1984, (6): 70.

[26] 野田敏男. 日本鉱業全誌, 1986, 84: 963.

[27] 魏寿庸, 孙洪志. 有色金属进展 (第 6 卷第 3 册) [J]. 长沙: 中南工业大学出版社, 1995: 146~148.

[28] 张喜燕, 等. 钛合金及应用 [M]. 北京: 化学工业出版社, 2005.

[29] 井閲顺吉. 国外稀有金属, 1987 (6) .

[30] 金家敏, 等. 第三届全国粉末冶金学术会议论文集 [C]//中国金属学会粉末冶金委员会等, 1983.

[31] Гаибеков, М Г. идр., Производство четырехлористово титана Металлургиздат. Москва, 1980.

[32] 邓国珠. 去除 $TiCl_4$ 中钒杂质各种方法的比较评价 [J]. 稀有金属, 1993, 17 (3): 218.

[33] 李日辉, 等. $TiCl_4$ 除钒方法的研究 [J]. 稀有金属, 1990, (1): 7.

[34] Голубев А А. 钒钛 [M]. 重庆: 科技文献出版社重庆分社, 1988, (5).

[35] 陈文广. 浅谈海绵钛布氏硬度与杂质关系 [J]. 稀有金属. 1983, (2): 30~32.

[36] Александровский, С В, 等. 钒钛 [M]. 重庆: 科技文献出版社重庆分社, 1983, (2).

[37] 张克从, 张乐潓. 晶体生长 [M]. 北京: 科学出版社, 1981.

[38] 傅杰, 等. 特种冶炼 [M]. 北京: 冶金工业出版社, 1982.

[39] 哈姆斯基, E B. 化学工业中的结晶 [M]. 古涛, 等译. 北京: 化学工业出版社, 1984.

[40] 佩克, R D, 著. 提取冶金单元过程 [M]. 黄桂柱, 等译. 北京: 冶金工业出版社, 1982.

[41] I Keshima, T. 海绵钛生产的最近发展. 钒钛 [M]. 重庆: 科技文献出版社重庆分社, 1985, (2).

[42] 《化学工程手册》编辑委员会. 多孔介质的导热系数, 化学工程手册 [M]. 北京: 化学工业出版社, 1989.

[43] Fuwa A. Kimura E, et al. Kinetics of iron chiorinnation of roasted ilmenite ore, Fe_2TiO_5 in a fiuidized-bed reactor [J]. Metallurgical Transactions B, 1987, 9B (12): 643~651.

[44] Elger G. W., Wright J. B., et al. Producing chlorination-grade feedstock from domestic ilmenite-laboratory and pilot plant studies [J]. U. S. Bureau of mines, 1986, report of investigations, RI 9002

[45] Rhee Kang-In. Selective chlorination of iron from low grade titanium ore in a fluidized bed reactor [D]. Doctoral Dissertation. University of Utah, U. S. A. July, 1988

[46] 温旺光. 钛铁矿选择氯化法制取人造金红石的热力学与动力学 [J]. 钢铁钒钛, 2003, 24 (1): 8~15.

[47] Huang Quanying, Wen Wangguang, et al. Fluidized bed chlorination of titanium raw meterials containing high magnesium and calcium from Panzhihua Mine [C]. W-Ti-Re-Sb' 88, Proceedings of the first international conference on the metallurgy and meterials science of tungsten, titanium, rare earths and antimony, Changsha, China, 1988, vol. 1, 288~292

[48] 广州有色金属研究院, 遵义钛厂, 等. 无筛板流化床冷模试验的基础研究. 1988.

[49] 遵义钛厂, 广州有色金属研究院, 等. 攀矿钛渣无筛板沸腾氯化炉 (φ1200 毫米) 制取 TiCl₄工艺设备研究工业试验报告 [R]. 1990.

[50] 中国有色金属工业总公司. "七五" 国家重点科技项目 (攻关) 计划专题验收评价报告 [R]. 专题编号: 75-30-01-05. 1991.

[51] 莫畏, 邓国珠, 等. 钛冶金 [M]. 北京: 冶金工业出版社, 1998: 243~246

[52] 《有色金属提取冶金手册》编辑委员会编. 有色金属提取冶金手册, 稀有高熔点金属 (上) (W、Mo、Re、Ti) [M]. 北京: 冶金工业出版社, 1999: 510~512.

[53] 王向东, 逯福生, 等. 2010 年的中国钛工业 [J]. 钛工业进展, 2010, 27 (5): 1~5.

[54] 王向东, 逯福生, 等. 2013 年的中国钛工业发展报告 [J]. 钛工业进展, 2014, 31 (3): 1~7.

[55] Wangguang Wen. Study on mathematical modelling of fluidized bed without perforated-plate for producing TiCl₄ and its industrial applications [C]. Titanium 99, science and technology, proceedings of the ninth world conference on titanium, Saint-petersburg, Russia, 7~11 June 1999, Vol. 3, 1300~1305.

[56] 梁德忠. 遵义钛厂. 我国海绵钛生产现状及发展方向 [J] 钛工业进展, 2002, No. 1.

[57] 温旺光主笔. 《有色金属进展, 第 5 卷, 稀有金属与贵金属, 第二册, 钛》, 1995.

[58] 温旺光. 无筛板流化床数学模型研究及其工业应用 [J]. 广东有色金属学报, 1999, 9 (1): 19~24.

[59] 熊丙昆, 温旺光, 等. 锆冶金 [M]. 北京: 冶金工业出版社, 2002: 221~222.

[60] 莫畏, 董鸿超, 吴享南编著. 钛冶炼 [M]. 北京: 冶金工业出版社, 2011: 75~95.

[61] 刘长河. 中信锦州金属股份公司. 钛氯化原料的选择, 2011.

[62] 陈甘棠, 王樟茂. 流态化技术的理论和应用 [M]. 北京: 中国石化出版社, 1996.

[63] 郭慕孙, 李洪钟. 流态化手册 [M]. 北京: 化学工业出版社, 2007: 152.

[64] 温旺光, 王英, 等. 大型无筛板流化床冷态模拟试验研究, 2011.

[65] 温旺光, 王英, 等. 沸腾氯化炉密闭自动排渣装置: 中国, ZL201110183460.9 [P]. 2011-11-02.

[66] 王向东, 徐彦儒. 关于年产 5000t 级海绵钛现代生产技术及装备产业化项目的推荐意见 [J]. 钛工业进展, 2001, (4): 1~3.

[67] 温旺光. 我国钛沸腾氯化炉的大型化 [C]//2019 年钛锆铪年会论文集, 2019.